普通高等教育规划教材

PUTONG GAODENG JIAOYU GUIHUA JIAOCAI

U0734157

工程材料及热处理

GONGCHENG CAILIAO JI RECHULI

主　编　罗军明　谢世坤　杜大明

副主编　乔　敏　邓莉萍　张剑平

参　编　尹　懿　王海波

北京航空航天大学出版社

内容简介

全书共分三部分。第一部分主要包括材料科学基础理论,讲述材料的性能、材料的结构与结晶、铁碳合金及其相图以及材料的塑性变形。第二部分主要包括热处理理论与实践,讲述热处理原理、热处理工艺、热处理设备与基本操作。第三部分主要包括常用工程材料,讲述金属材料、高分子材料、陶瓷材料、复合材料、典型机械零件选材及工艺分析。

本书可作为本科和高职院校的材料类、机械类教材,也可作为相关工程技术人员的参考书。

图书在版编目(CIP)数据

工程材料及热处理 / 罗军明,谢世坤,杜大明主编
. --北京:北京航空航天大学出版社,2010.8(2012.8 重印)
ISBN 978 - 7 - 5124 - 0205 - 8

Ⅰ.①工… Ⅱ.①罗… ②谢… ③杜… Ⅲ.①工程材料②热处理 Ⅳ.①TB3②TG15

中国版本图书馆 CIP 数据核字(2010)第 168056 号

工程材料及热处理

主　编　罗军明　谢世坤　杜大明
副主编　乔　敏　邓莉萍　张剑平
参　编　尹　懿　王海波
责任编辑　李　欣

*

北京航空航天大学出版社出版发行

北京市海淀区学院路 37 号(邮编 100191)　http://www.buaapress.com.cn
发行部电话:(010)82317024　传真:(010)82328026
读者信箱:bhpress@263.net　邮购电话:(010)82316936
北京市彩虹印刷有限责任公司印装　各地书店经销

*

开本:787×1092　1/16　印张:14　字数:358 千字
2010 年 8 月第 1 版　2012 年 8 月第 2 次印刷　印数:3000 册
ISBN 978 - 7 - 5124 - 0205 - 8　定价:29.00 元

前　言

　　"工程材料及热处理"以工程材料的选择为出发点，以"材料科学基础理论"、"热处理理论与实践"和"常用工程材料"为纲领，有机整合所涉及的各种材料和多学科知识的复杂内容，并结合编者多年的教学实践经验以及对课程改革的探索编写而成。

　　本书在编写中，突出实用性和综合性，注重对学生基本技能的训练和综合能力的培养，注重吸纳工程材料和热处理近 10 年出现的新技术（原理）和新工艺，内容结合工程实际，实例突出工程背景。其主要目的是使学生获得有关材料科学基础、工程材料及热处理的基本理论知识，了解常用工程材料的成分、组织和性能之间的关系及热处理（原理）工艺。通过这门课程的学习，使学生具备合理选用工程材料，正确选定热处理工艺方法，妥善安排加工工艺路线等能力。

　　全书共分三部分。第一部分主要包括材料科学基础理论，讲述材料的性能、材料的结构与结晶、铁碳合金及其相图以及材料的塑性变形。第二部分主要包括热处理理论与实践，讲述热处理原理、热处理工艺、热处理设备与基本操作。第三部分主要包括常用工程材料，讲述金属材料、高分子材料、陶瓷材料、复合材料、典型机械零件选材及工艺分析。

　　本书可作为本科和高职院校的材料类、机械类教材，也可作为相关工程技术人员的参考书。

　　本书共 11 章，由南昌航空大学、井冈山大学、九江学院和江西理工大学四所大学相关专业的老师联合编写，由罗军明、谢世坤和杜大明担任主编，乔敏、邓莉萍、张剑平担任副主编，鲁世强教授担任主审。具体编写分工如下：第 1、6、8 章由罗军明老师编写，第 10 章由谢世坤老师编写，第 5 章由杜大明老师编写，第 4 章由乔敏老师编写，第 3 章由邓莉萍老师编写，第 2 章由张剑平老师编写，第 7 章由金曼曼老师编写，第 9 章由有寿仁老师编写，第 11 章由易荣喜老师编写。尹懿、王海波也参加了部分内容的编写。全书由罗军明教授负责统稿和定稿。

　　由于编者水平有限，时间仓促，书中难免存在缺点和不妥之处，敬请广大读者和师生批评指正。

编　者
2010 年 8 月

目　录

第1章 绪 论

1.1 材料科学的发展与工程材料

材料是所有科技进步的核心,是人类生产和社会发展的重要物质基础,而且与人类文明的关系非常密切。人类历史的发展从原始时期的石器时代开始,经历了青铜器时代和铁器时代。18世纪钢铁时代的来临,带来了工业社会的文明。尤其是近百年来,随着科学技术的迅猛发展和社会的需求,新材料更是层出不穷,出现了高分子材料、半导体材料、先进陶瓷材料、复合材料、人工合成材料和纳米材料。历史证明,每次重大新技术的发现,往往都依赖于新材料的发展。而在20世纪60年代,人们把材料、能源、信息并列称为现代技术和现代文明的三大支柱,70年代又把新型材料、信息技术和生物技术列为新技术革命的主要标志。这都说明,材料的应用和发展与社会文明进步有着十分密切的关系。

材料科学主要研究材料的化学组成、微观组织与性能之间的关系。它以化学、固体物理和力学等为基础,是一门多学科交叉的边缘科学。材料经历了从低级到高级、从简单到复杂、从天然到合成的发展历程。近半个世纪以来,材料的研究和生产以及材料科学理论都得到了迅速的发展。1863年第一台金相光学显微镜面世,促进了金相学的研究,使人们步入材料的微观世界。1912年发现了X射线,开始了晶体微观结构的研究。1932年发明的电子显微镜以及后来出现的各种先进分析工具,把人们带到了微观世界的更深层次。X射线技术、电子显微镜技术和同位素技术等在材料科学中的应用成功,使材料科学进入了新的时代,推出了像"位错"、"断裂物理"等一系列新的金属理论。同时,一些与材料有关的基础学科(如固体物理、量子力学、化学等)的发展,更有力地推动了材料研究的深入。

随着金属材料的发展,一些非金属材料、复合材料也迅速发展起来,弥补了金属材料性能的某些不足。在机械制造业中这些新材料的份额在逐渐增加。从20世纪60年代到70年代,有机合成材料的产量每年以14%的速度增长,而金属材料的年增长速度仅为4%。到70年代中期,全世界的有机合成材料和钢的体积产量已经相等;除了用做结构材料代替钢铁外,目前正在研究和开发的有机合成材料具有良好导电和耐高温性能。陶瓷材料的发展同样引人注目,它除了具有许多特殊性能可作为重要的功能材料(例如可作光导纤维、激光晶体)以外,其脆性和热震性正在逐步获得改善,是最有前途的高温结构材料。机器零件和工程构件已不再只使用金属材料制造了。复合材料具备的优异性能使得其广泛应用于宇航、航空工业和交通运输工业中制造卫星壳体、飞机机身、螺旋桨、发动机叶轮和汽车车身等。在不久的将来,人工合成材料会得到更大的发展,金属、高分子、陶瓷和复合材料共存的时代即将到来。

材料按使用范围主要分工程材料和功能材料。功能材料包括高温超导材料、激光材料、磁性材料、电子材料、光电材料和形状记忆材料等;工程材料是人类生产和社会发展的重要物质基础,其应用十分广泛,主要指用于机械、车辆、船舶、建筑、化工、能源、仪器仪表和航空航天等工程领域中的材料,用来制造工程构件、机械装备、机械零件、工具、模具和具有特殊性能(如耐蚀、耐高温等)的材料。它通常用强度、硬度、韧性和塑性等力学性能指标来衡量其使用性能。

工程材料种类很多,用途广泛,有许多不同的分类方法,通常按其组成进行分类,如表1-1所列。

表 1-1　工程材料的种类

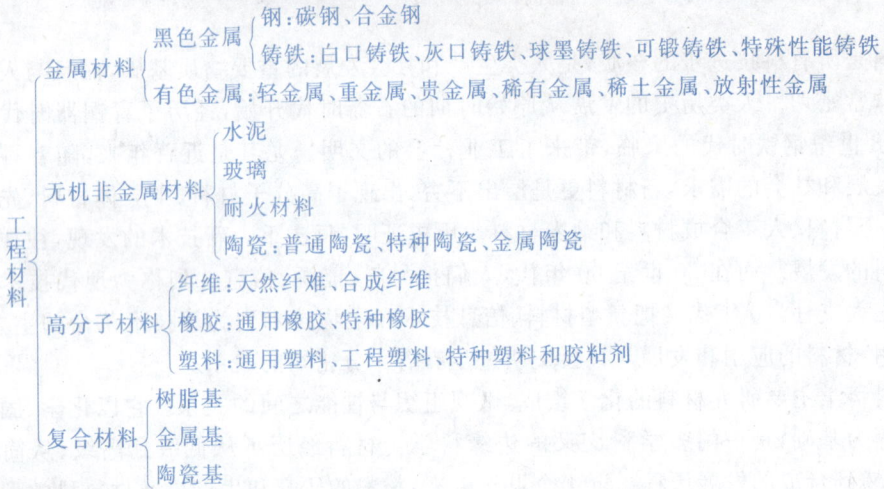

```
                                钢:碳钢、合金钢
                   黑色金属 ┤
                                铸铁:白口铸铁、灰口铸铁、球墨铸铁、可锻铸铁、特殊性能铸铁
         金属材料 ┤
                   有色金属:轻金属、重金属、贵金属、稀有金属、稀土金属、放射性金属

                          水泥
                          玻璃
         无机非金属材料 ┤ 耐火材料
                          陶瓷:普通陶瓷、特种陶瓷、金属陶瓷
 工
 程                 纤维:天然纤难、合成纤维
 材     高分子材料 ┤ 橡胶:通用橡胶、特种橡胶
 料                 塑料:通用塑料、工程塑料、特种塑料和胶粘剂

                   树脂基
         复合材料 ┤ 金属基
                   陶瓷基
```

(1)金属材料

金属材料是最重要的工程材料,包括钢铁、有色金属及合金。由于金属材料具有良好的力学性能、物理性能、化学性能及工艺性能,能通过比较简便和经济的工艺方法制成零件,因此金属材料是目前应用最广泛的材料。

(2)无机非金属材料

无机非金属材料主要是陶瓷材料、水泥、玻璃、耐火材料。它具有不可燃性、高耐热性、高化学稳定性、不老化性以及较高的硬度和良好的耐压性,且原料丰富,受到材料工作者和特殊行业的广泛关注。

陶瓷是一种无机非金属材料的通称。陶瓷是人类应用最早的材料,它坚硬、稳定,可以制造工具、用具,也可作为结构材料。陶瓷是一种或多种金属元素与一种非金属元素组成的化合物(主要为金属氧化物和金属非氧化物),其硬度很高,但脆性大。按照成分和用途,工业陶瓷材料可分为:

①普通陶瓷(或传统陶瓷),主要为含硅和铝氧化物的硅酸盐材料。

②特种陶瓷(或新型陶瓷),主要为高熔点的氧化物、碳化物、氮化物和硅化物等的烧结材料。

③金属陶瓷,主要指用陶瓷生产方法制取的金属与碳化物或其他化合物的粉末制品。

（3）高分子材料

高分子材料包括塑料、橡胶和合成纤维等。因其具有原料丰富、成本低,加工方便等优点,发展极其迅速,目前已在工业上广泛应用,并将越来越多地被采用。

工程上通常根据高分子材料的机械性能和使用状态将其分为三大类:

①塑料,主要指强度、韧性和耐磨性较好的、可制造某些机器零件或构件的工程塑料,分热塑料和热固性塑料两种。

②橡胶,通常指经硫化处理的、弹性特别优良的聚合物,有通用橡胶和特种橡胶两种。

③合成纤维,指由单体聚合而成的、强度很高的聚合物,通过机械处理所获得的纤维材料。

（4）复合材料

复合材料是两种或两种以上不同材料的组合材料,它的结合键非常复杂,其性能是它的组成材料所不具备的。复合材料通常是由基体材料(树脂、金属、陶瓷)和增强剂(颗粒、纤维、晶须)复合而成的,它既保持所组成材料的各自特性,又具有组成后的新特性。它在强度、刚度和耐蚀性方面比单纯的金属、陶瓷和聚合物都优越,且它的力学性能和功能可以根据使用需要进行设计、制造。所以自 1940 年玻璃钢问世以来,复合材料的应用领域在迅速扩大,其品种、数量和质量有了飞速发展,具有广阔的发展前景。

1.2　热　处　理

热处理对于充分发挥金属材料的性能潜力,提高产品的内在质量,节约材料,减少能耗,延长产品的使用寿命,提高经济效益都具有十分重要的意义。热处理是机械工业的一项重要基础技术,通常像轴、轴承、齿轮和连杆等重要的机械零件和工模具都是要经过热处理的。而且,只要选材合适,热处理得当,就能使机械零件和工模具的使用寿命成倍、甚至十几倍的提高,实现"搞好热处理,零件一顶几"的目标,收到事半功倍的效果。

热处理技术具有悠久历史,早在公元前 770—前 222 年,中国人在生产实践中就已发现,铜铁的性能会因温度和加压变形的影响而变化。白口铸铁的柔化处理就是制造农具的重要工艺。公元前 6 世纪,钢铁兵器逐渐被采用,为了提高钢的硬度,淬火工艺遂得到迅速发展。中国河北省易县燕下都出土的两把剑和一把戟,其显微组织中都有马氏体存在,说明是经过淬火的。随着淬火技术的发展,人们逐渐发现冷却剂对淬火质量的影响。三国蜀人蒲元曾在今陕西斜谷为诸葛亮打制 3 000 把刀,相传是派人到成都取水淬火的,这说明中国在古代就注意到不同水质的冷却能力了。中国出土的西汉(公元前 206—公元 24)中山靖王墓中的宝剑,心部含碳量为 0.15%～0.4%,而表面含碳量却达 0.6%以上,说明已应用了渗碳工艺。但这种工艺当时作为个人"手艺"的秘密,不易外传,因而发展很慢。1863 年,英国金相学家和地质学家展示了钢铁在显微镜下的六种不同的金相组织,证明了钢在加热和冷却时,内部会发生组织改变,钢中高温时的相在急冷中转变为一种较硬的相。法国人奥斯蒙德确立的铁的同素异构理论,以及英国人奥斯汀最早制定的铁碳相图,为现代热处理工艺初步奠定了理论基础。与此同时,人们还研究了在金属热处理的加热过程中对金属的保护方法,以避免加热过程中金属的氧化和脱碳等。1850—1880 年,对于应用各种气体(诸如氢气、煤气、一氧化碳等)进行保护加热曾有一系列专利。1889—1890 年英国人莱克获得多种金属光亮热处理的专利。1901—1925 年,在工业生产中应用转筒炉进行气体渗碳;20 世纪 30 年代出现露点电位差计,使炉内气氛的碳势达到可控,以后又研究出用二氧化碳红外仪、氧探头等进一步控制炉内气氛碳势的方法;60 年代以来,热处理技术中开始运用等离子场,发展了离子渗氮、渗碳工艺;激光、电子束技术的应用,则使人们获得了对金属新的表面热处理和化学热处理方法。

近 20 年来,热处理新技术大量涌现。主要表现为:①以保护气氛和控制气氛的少无氧化和少无脱碳方面的热处理技术越来越普及和日趋完善;②低压渗碳、可控渗氮、表面改性等新技术不断涌现;③真空热处理和高压气淬应用日益扩大;④节能热处理和绿色热处理技术获得发展;⑤热处理产品质量、精确生产更加严格;⑥计算机应用和控制技术进步;⑦热处理作业的自动化水平不断提高。

复习思考题

1. 常用的机械工程材料按化学组成可分为哪几大类? 什么是结构材料、功能材料和复合材料?

2. 热处理技术对工程材料有何作用? 其发展趋势如何?

第2章 材料的性能

材料的性能通常包括使用性能和工艺性能。使用性能是指材料在特定的条件下,能保证安全可靠工作所必须的性能,其中包括力学性能、物理性能和化学性能。工艺性能是指材料在加工过程中所反映出来的性能,如铸造性能、锻造性能、焊接性能、切削加工性能和热处理性能等。

2.1 材料的力学性能

材料的力学性能是材料在各种载荷作用下,抵抗变形和断裂的能力,包括弹性、刚度、强度、塑性、硬度、韧性、疲劳强度和高温力学性能等。

材料的弹性、刚度、强度和塑性一般是通过拉伸试验来测定的。它是在标准试样的两端缓慢施加拉伸载荷,试样的工作部分受轴向拉力作用产生变形,随着拉力的增大,变形也相应增加,直至断裂。试样拉伸试验如图2-1所示,根据国家标准GB/T228—2002,拉伸试样通常有 $l_0 = 10d_0$(长试样)和 $l_0 = 5d_0$(短试样)两种。通常以应力 σ(试样单位横截面上的拉力)与应变 ε(试样单位长度的伸长量)为坐标绘出应力-应变曲线,如图2-2所示。

由图图2-2可知,低碳钢试样在拉伸过程中,可分为弹性变形、塑性变形和断裂三个阶段。

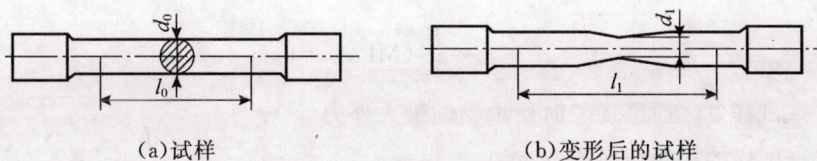

(a)试样 (b)变形后的试样

图2-1 试样拉伸试验

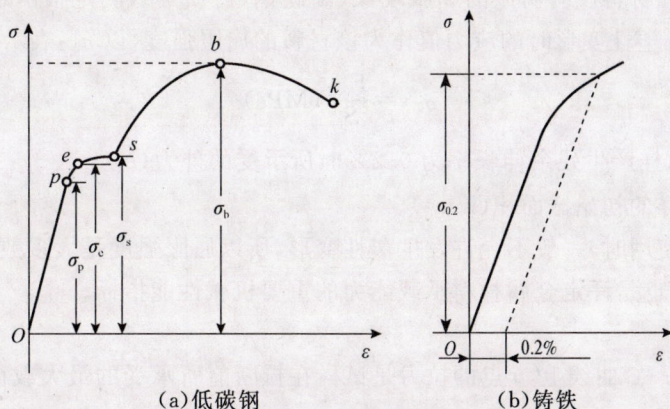

(a)低碳钢 (b)铸铁

图2-2 碳钢和铸铁的应力-应变曲线

2.1.1　弹性和刚度

1. 弹　性

在 $\sigma-\varepsilon$ 曲线上，Oe 段为弹性阶段，在此阶段，如卸去载荷，试样伸长量消失，试样恢复原状。材料的这种不产生永久残余变形的能力称为弹性。e 点对应的应力值称为弹性极限，记为 σ_e。

2. 刚　度

材料在弹性范围内应力与应变的比值为弹性模量，也就是 $\sigma-\varepsilon$ 曲线中 Oe 直线的斜率，用字母 E 表示：

$$E=\frac{\sigma}{\varepsilon}(\text{MPa}) \tag{2-1}$$

弹性模量 E 反映了材料抵抗弹性变形的能力，亦称为刚度。E 值主要取决于材料内部原子间的作用力，如晶体材料的晶格类型、原子间距等，一些处理方法（如热处理、冷热加工、合金化等）对它影响很小。

2.1.2　强　　度

强度是指材料在外力作用下抵抗塑性变形和破坏的能力。根据外力的作用方式，有多种强度指标，如抗拉强度、抗弯强度和抗剪强度等。当材料承受拉力时，强度性能指标主要是屈服强度和抗拉强度。

1. 屈服强度

在低碳钢的 $\sigma-\varepsilon$ 曲线上，es 段试样所承受的载荷虽不再增加，但试样仍继续产生塑性变形，$\sigma-\varepsilon$ 曲线上产生了近似水平段，这种现象叫材料的屈服。s 点对应的应力叫屈服强度，记作 σ_s，即

$$\sigma_s=\frac{F_s}{S_0}(\text{MPa}) \tag{2-2}$$

式中　F_s——试样发生屈服现象时所承受的最大外力（N）；

　　　S_0——试样的初始截面积（mm²）。

由于许多工程材料没有明显的屈服现象（高碳钢、铸铁等），测定很困难，规定用试样标距长度产生 0.2% 塑性变形时的应力值作为该材料的屈服强度，以 $\sigma_{0.2}$ 表示，即

$$\sigma_{0.2}=\frac{F_{0.2}}{S_0}(\text{MPa}) \tag{2-3}$$

式中　$F_{0.2}$——试样产生残余伸长率为 0.2% 时所承受的外力（N）；

　　　S_0——试样的初始截面积（mm²）。

机械零件在使用时，一般不允许发生塑性变形，所以屈服强度是大多数机械零件设计时选材的主要依据，也是评定金属材料承载能力的重要机械性能指标。

2. 抗拉强度

在低碳钢的 $\sigma-\varepsilon$ 曲线上，b 点的拉力是试样在拉断前所承受的最大载荷，其所对应的应力 σ_b 称为抗拉强度，即

$$\sigma_b = \frac{F_b}{S_0} (MPa) \tag{2-4}$$

式中　F_b——试样断裂前承受的最大拉力(N);

　　　S_0——试样的初始截面积(mm^2)。

抗拉强度也是零件设计和评定材料时的重要强度指标,其值测量方便,如果单从保证零件不产生断裂的安全角度考虑,可用作为设计依据,但所取的安全系数应该大一些。

屈服强度与抗拉强度的比值 σ_s/σ_b 称为屈强比。屈强比小,工程构件的可靠性高,说明即使外载或某些意外因素使金属变形,也不至于立即断裂。但屈强比过小,则材料强度的有效利用率太低。

2.1.3　塑　　性

材料在外力作用下,产生永久残余变形而不断裂的能力,称为塑性。塑性指标也主要是通过拉伸实验测得的。工程上常用延伸率和断面收缩率作为材料的塑性指标。

1. 延伸率 δ

试样在拉断后的相对伸长量称为延伸率,用符号 δ 表示,即

$$\delta = \frac{L_1 - L_0}{L_0} \times 100\% \tag{2-5}$$

式中　L_0——试样原始标距长度(mm);

　　　L_1——试样拉断后的标距长度(mm)。

同一材料用不同长度的试样所测得的延伸率 δ 数值是不同的,用长度为直径 5 倍的试样测得的延伸率用 δ_5 表示,用长度为直径 10 倍的试样测得的延伸率用 δ_{10} 表示。δ_{10} 常写成 δ,但 δ_5 不能把右下角的 5 省去,一般 $\delta_5 > \delta_{10}$。

2. 断面收缩率 ψ

试样被拉断后横截面积的相对收缩量称为断面收缩率,用符号 ψ 表示,即

$$\psi = \frac{S_0 - S_1}{S_0} \times 100\% \tag{2-6}$$

式中　S_0——试样原始的横截面积(mm^2);

　　　S_1——试样拉断处的横截面积(mm^2)。

延伸率和断面收缩率的值越大,表示材料的塑性越好。塑性对材料进行冷塑性变形有重要意义。此外,工件的偶然过载,可因塑性变形而防止突然断裂;工件的应力集中处,也可因塑性变形使应力松弛,从而使工件不至于过早断裂。这就是大多数机械零件除要求一定强度指标外,还要求一定塑性指标的原因。

2.1.4　硬　　度

硬度是材料表面抵抗局部塑性变形、压痕或划裂的能力,是衡量材料软硬程度的指标。硬度测试应用得最广的是压入法,即在一定载荷作用下,用比工件更硬的压头缓慢压入被测工件表面,使材料局部塑性变形而形成压痕,然后根据压痕面积大小或压痕深度来确定硬度值。从这个意义来说,硬度反映材料表面抵抗其他物体压入的能力。工程上常用的硬度指标有布氏硬度、洛氏硬度和维氏硬度等。

1. 布氏硬度

布氏硬度的原理如图 2-3 所示，是用一定载荷 F，将直径为 D 的球体（淬火钢球或硬质合金球），压入被测材料的表面，保持一定时间后卸去载荷，根据压痕面积确定硬度大小。其单位面积所受载荷称为布氏硬度，用 HB 表示，单位是 MPa，但一般不标出。

$$HB = \frac{0.102F}{\pi dh} = \frac{0.204F}{\pi D(D - \sqrt{D^2 - d^2})} \tag{2-7}$$

式中 F——载荷(N)；

D——钢球直径(mm)；

d——压痕直径(mm)。

由于布氏硬度所用的测试压头材料较软，所以不能测试太硬的材料。当测试压头为淬火钢球时，只能测试硬度小于 450HB 的材料，用 HBS 表示；当测试压头为硬质合金时，可测试硬度小于 650HB 的材料，用 HBW 表示。对金属来讲，钢球压头只适用于测定退火、正火、调质钢、铸铁及有色金属的硬度。

布氏硬度实验的优点是测量结果较准确，但操作麻烦，压痕大，不适于成品和薄壁件检验。

2. 洛氏硬度

洛氏硬度的原理如图 2-4 所示，是将顶角为 120° 的金刚石圆锥或直径为 1.588 mm 的淬火钢球压头用规定压力压入被测材料表面，根据压痕深度来确定硬度值。洛氏硬度值以符号 HR 表示，HR 值可由洛氏实验机上直接读取。

$$HR = 100 - \frac{h}{0.002} \tag{2-8}$$

式中 h——压痕深度。

根据压头的材料及压头所加的负荷不同又可分为 HRA、HRB、HRC 三种，其实验规范见表 2-1。洛氏硬度操作简便、迅速，压痕小，硬度值可直接从表盘上读出，所以得到更为广泛的应用，三种洛氏硬度中以 HRC 应用最多。但是由于压痕小，硬度值的代表性差。

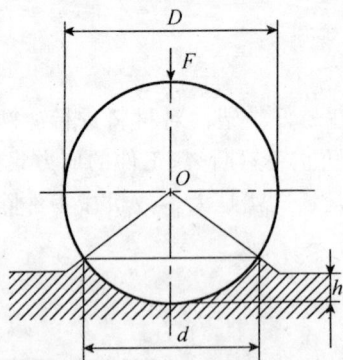

图 2-3　布氏硬度实验原理示意图　　　　图 2-4　洛氏硬度实验原理示意图

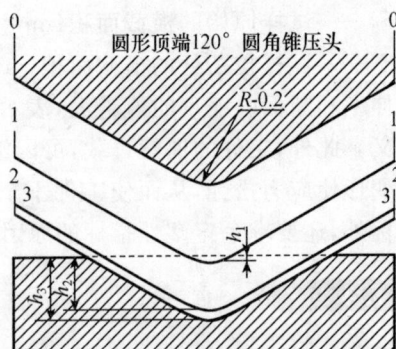

表 2-1　洛氏硬度实验规范

标度	压头	预载荷/N	总载荷/N	实用范围	适用的材料
HRA	120°的金刚石圆锥	98.07	60×9.807	70～85HRA	硬质合金、表面淬火钢等
HRB	ϕ1.588 的淬火钢球	98.07	100×9.807	25～100HRB	软钢、退火钢、铜合金等
HRC	120°的金刚石圆锥	98.07	150×9.807	20～67HRC	淬火钢等

3. 维氏硬度

维氏硬度的实验原理与布氏硬度相同,如图 2-5 所示,不同点是压头为金刚石四方角锥体(一般直接叫"四棱锥"),所加负荷较小(5～120 kgf)。它所测定的硬度值比布氏、洛氏精确,压入深度浅,适于测定经过表面处理的零件的表面层的硬度,改变负荷可测定从极软到极硬的各种材料的硬度,但测定过程比较麻烦。

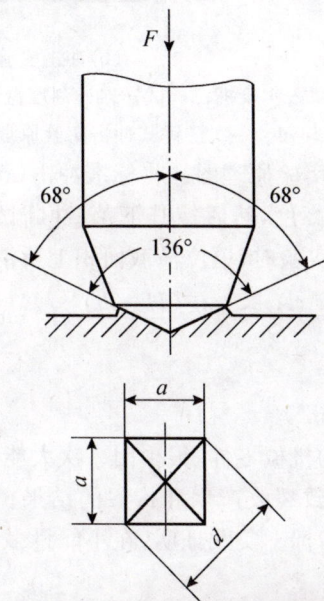

图 2-5　维氏硬度实验原理示意图

$$HV = \frac{F}{A} = \frac{0.1891F}{d^2} \tag{2-9}$$

式中　F——载荷(N);

　　　A——压痕表面积(mm^2);

　　　d——压痕对角线长度(mm)。

2.1.5　韧　性

材料的韧性是断裂时所需能量的度量。描述材料韧性的指标通常有冲击韧性和断裂韧性。

1. 冲击韧性

冲击韧性是在冲击载荷作用下,抵抗冲击力的作用而不被破坏的能力。通常用 a_k 来表示。

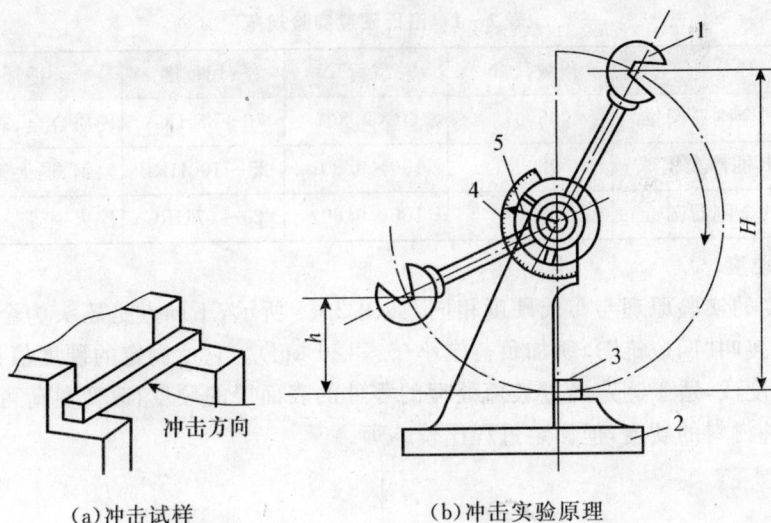

（a）冲击试样　　　　　（b）冲击实验原理

1—摆锤；2—实验机；3—试样；4—刻度盘；5—指针

图 2-6　一次摆锤式冲击实验原理图

图 2-6 为一次摆锤式冲击实验原理图。将标准冲击试样放在实验机的机架上，试样缺口背向摆锤，将摆锤抬高到一定高度，然后使其下落，冲断试样后又上升到一定高度。冲击韧性 α_k 是试件在一次冲击弯曲实验时，单位横截面积上所消耗的冲击功。

$$\alpha_k = \frac{A_k}{S} = \frac{mg(H-h)}{S} \ (\mathrm{J}/\ \mathrm{cm}^2) \tag{2-10}$$

式中　A_k——冲击吸收功（J）；

　　　S——缺口原始截面积（cm^2）。

实际工作中承受冲击载荷的机械零件，很少因一次大能量冲击而遭破坏，绝大多数是因小能量多次冲击使损伤积累，导致裂纹产生和扩展的结果。所以需采用小能量多冲击作为衡量这些零件承受冲击抗力的指标。实践证明，在小能量多次冲击下，冲击抗力主要取决于材料的强度和塑性。

2. 断裂韧性

在实际生产中，有的大型传动零件、高压容器、船舶、桥梁等，常在其工作应力远低于 σ_s 的情况下，突然发生低应力脆断。通过大量研究认为，这种破坏与制件本身存在裂纹和裂纹扩展有关。实际使用的材料，不可避免地存在一定的冶金和加工缺陷，如气孔、夹杂物、机械缺陷等，它们破坏了材料的连续性，实际上成为材料内部的微裂纹。在服役过程中，裂纹扩展的结果，造成零件在较低应力状态下，即低于材料的屈服强度，而材料本身的塑性和冲击韧性又不低于传统的经验值的情况下，发生低应力脆断。

材料中存在的微裂纹，在外加应力的作用下，裂纹尖端处存在有较大的应力场。断裂力学分析指出，这一应力场的强弱程度可用应力强度因子 K_I 来描述。K_I 值的大小与裂纹尺寸和外加应力有如下关系：

$$K_I = Y\sigma\sqrt{a} \ (\mathrm{MPa} \cdot \mathrm{m}^{1/2}) \tag{2-11}$$

式中　Y——与裂纹形状、加载方式及试样几何尺寸有关的系数，一般 $Y = 1 \sim 2$；

　　　σ——外加应力（MPa）；

　　　a——裂纹的半长(m)。

　　由上式可见,随应力的增大,K_I 也随之增大,当 K_I 增大到一定值时,就可使裂纹前端某一区域内的内应力大到足以使裂纹失去稳定而迅速扩展,发生脆断。这个 K_I 的临界值称为临界应力强度因子或断裂韧性,用 K_{Ic} 表示。它反映了材料抵抗裂纹扩展和抗脆断的能力。

　　材料的断裂韧性 K_{Ic} 与裂纹的形状、大小无关,也和外加应力无关,只决定于材料本身的特性(成分、热处理条件、加工工艺等),是一个反映材料性能的常数。K_{Ic} 可通过实验来测定。

2.1.6　疲劳强度

　　许多零件和制品,经常受到大小及方向变化的交变载荷作用,在这种载荷反复作用下,材料常在远低于其屈服强度的应力下即发生断裂,这种现象称为"疲劳"。

　　疲劳强度用来表示材料抵抗交变应力的能力,常用 σ_γ 表示。其下脚标 γ 为应力循环对称因素:

$$\gamma = \sigma_{min} / \sigma_{max} \tag{2-12}$$

式中　σ_{min}——交变循环应力中的最小应力值;

　　　　σ_{max}——交变循环应力中的最大应力值。

　　对于对称循环交变应力,$\gamma = -1$,这种情况下材料的疲劳强度代号为 σ_{-1}。

　　材料所受交变应力 σ 与其断裂前所经受的循环次数 N 之间的曲线叫疲劳曲线或 $\sigma - N$ 曲线,如图 2-7 所示。对于一般具有应变时效的金属材料,如碳钢、合金结构钢、球铁等,当循环应力水平降低到某一临界值时,低应力段变成水平线段,表示试样可以经无限次应力循环也不发生疲劳断裂,故将对应的应力称为疲劳极限,记为 σ_b。实际生产中通常用材料在规定次数(一般钢铁材料取 10^7 次,有色金属及其合金取 10^8 次)的交变载荷作用下,而不至引起断裂的最大应力称为"疲劳极限"。一般钢铁的 σ_{-1} 值约为其 σ_b 的一半,非金属材料的疲劳极限一般远低于金属。

　　疲劳断裂的原因一般认为是由于材料表面与内部的缺陷(夹杂、划痕、尖角等),造成局部应力集中,形成微裂纹。这种微裂纹随应力循环次数的增加而逐渐扩展,使零件的有效承载面积逐渐减小,以至于最后承受不起所加载荷而突然断裂。通过合理选材,改善材料的结构形状,避免应力集中,减小材料和零件的缺陷,提高零件表面光洁度,对表面进行强化如表面淬火、喷丸处理、表面滚压等,可以提高材料的疲劳抗力。

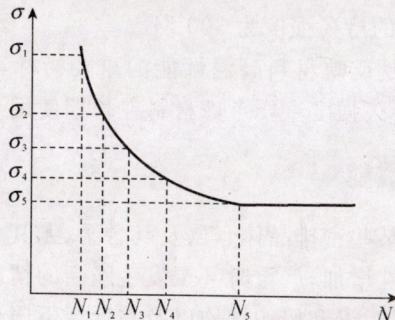

图 2-7　疲劳曲线($\sigma - N$ 曲线)

2.1.7 高温力学性能

高压蒸汽锅炉、汽轮机、内燃机、航空航天发动机、炼油设备等机器设备中的一些构件是长期在较高温度下运行的。对这类构件仅考虑常温下的力学性能是不够的。一方面是因为温度对材料的力学性能指标影响较大。随着温度升高,强度、刚度、硬度下降,塑性增加。另一方面是在较高温度下,载荷的持续时间对力学性能也有影响,会产生明显的蠕变。因此,分析材料的高温力学性能十分重要。

高温力学性能指标主要有蠕变极限、持久强度等。

1. 蠕变及蠕变极限

金属在一定温度和静载荷长期作用下,发生缓慢塑性变形的现象称为蠕变。如碳钢当温度超过 300 ℃,合金钢超过 400 ℃时,在一定的静载荷作用下,都会产生蠕变,温度越高,蠕变现象越显著。典型的蠕变曲线如图 2-8 所示,可以分为减速蠕变、恒速蠕变和加速蠕变三个阶段。

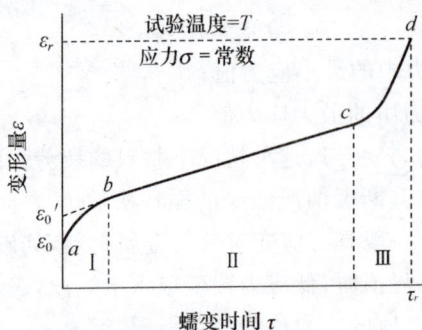

图 2-8 典型的蠕变曲线

蠕变极限是试样在一定温度和规定的持续时间内,产生的蠕变变形量等于规定值时的最大应力。用符号 $\sigma_{\varepsilon/\tau}^{t}$ 表示,其中 σ 为极限应力,单位为 MPa;t 为试验温度,单位为℃;τ 为试验时间,单位为 h;ε 为变形量,用蠕变变形量与总长比值×100%表示。例如 $\sigma_{1/10\,000}^{700}$,表示在 700 ℃时,持续时间为 10 000 h,产生蠕变总变形量为 1%的蠕变极限。

2. 持久强度

持久强度极限是试样在一定温度和规定的持续时间内引起断裂的最大应力值,以符号 σ_{τ}^{t} 表示。其中,t 为试验温度,单位为℃;τ 为试验时间,单位为 h。例如,$\sigma_{100}^{700}=300$ MPa,表示 700 ℃时,持续时间为 100 h 的持久强度为 300 MPa。

蠕变极限和持久强度都是反映材料高温性能的重要指标,其区别在于侧重点不同。蠕变极限是考虑变形为主,而持久强度主要考虑材料在长期使用下的断裂破坏抗力。

2.1.8 低温力学性能

体心立方金属及合金或某些密排晶体金属及其合金、尤其是工程上常用的中、低强度结构钢随温度的下降会出现脆性增加,严重时甚至发生脆断的情况,这种现象就是材料的低温脆性。低温脆性对压力容器、桥梁和船舶结构以及在低温下服役的机件是非常重要的指标。

在冲击功 A_k 与温度的关系曲线上,材料由韧性状态转变为脆性状态的温度称为韧脆转变温度,以 t_k 来表示,如图 2 - 9 所示。

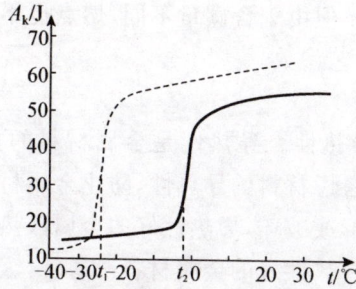

图 2 - 9　两种钢的温度-冲击功关系曲线

韧脆转变温度是衡量材料冷脆转化倾向的重要指标。它也是材料的韧性指标,因为它反映了对韧脆性的影响。t_k 是从韧性角度选材的重要依据之一,可用于抗脆断设计,保证机件服役安全,但不能直接用来设计和计算机件的承载能力或截面尺寸。对于低温下服役的机件,依据材料的 t_k 值,可以直接或间接地估计它们的最低使用温度。

2.2　材料的物理化学性能

2.2.1　材料的物理性能

材料受到自然界中光、重力、温度场、电场和磁场等作用所反映的性能,称为物理性能。物理性能是材料承受非外力的物理环境作用的重要性能,随着高性能材料的发展,材料的物理性能越来越受到重视。

材料的物理性能包括热性能、电性能、磁性能和光学性能。金属及合金的物理性能主要有密度、熔点、膨胀系数、导电性、导热性和电磁性等。

1. 密　度

某种物质单位体积的质量称为该物质的密度。密度的表达式如下:

$$\rho = \frac{m}{V} (kg/m^3) \tag{2-13}$$

式中　ρ——物质的密度(kg/m^3);

　　　m——物质的质量(kg);

　　　V——物质的体积(m^3)。

密度是最常见的物理性能。按照密度大小,金属可分为轻金属(密度小于 4.5 g/cm^3)和重金属(密度大于 4.5 g/cm^3)。抗拉强度与密度之比称为比强度;弹性模量与相对密度之比称为比弹性模量。这两者也是考虑某些零件材料性能的重要指标,如飞机和宇宙飞船上使用的结构材料,对比强度的要求特别高。

2. 熔点

金属和合金从固态向液态转变时的温度称为熔点。金属都有固定的熔点。

按照熔点的高低,金属可分为易熔金属(熔点小于 1 700 ℃)和难熔金属(熔点大于 1 700 ℃)。通常,材料的熔点越高,高温性能就越好。陶瓷熔点一般都显著高于金属及合金的熔点,所以陶瓷材料的高温性能普遍比金属材料好。合金的熔点决定于它的成分,例如钢和生铁虽然都是铁和碳的合金,但由于含碳量不同,熔点也不同。熔点对于金属和合金的冶炼、铸造、焊接是非常重要的工艺参数。

3. 导热性

材料传导热量的能力叫导热性。导热性是金属材料的重要性能之一,在制定焊接、铸造、锻造和热处理工艺时必须考虑材料的导热性,防止金属材料在加热或冷却过程中形成过大的内应力,以免金属材料变形或破坏,导热性好的金属散热也好,因此在制造散热器、热交换器与活塞等零件时,要选用导热性好的金属材料。通常,金属及合金的导热性远高于非金属材料。

4. 导电性

金属材料传导电流的性能称为导电性。

一般用电阻率来表示材料的导电性能,电阻率越低,材料的导电性越好。电阻率的单位用 $\Omega \cdot m$ 表示。金属及其合金一般具有良好的导电性,而高分子材料和陶瓷材料一般都是绝缘体,但是有些高分子复合材料却具有良好的导电性,某些特殊成分的陶瓷材料则是具有一定导电性的半导体。

通常金属的电阻率随温度的升高而增加,而非金属材料则与此相反。

5. 热膨胀性

金属材料随着温度变化而膨胀、收缩的特性称为热膨胀性。一般来说,金属受热时膨胀,体积增大;冷却时收缩,体积缩小。

热膨胀性的大小用线膨胀系数 α_l 和体膨胀系数 α_v 来表示。线膨胀系数计算公式如下:

$$\alpha_l = \frac{l_2 - l_1}{l_1 \Delta t} = \frac{\Delta l}{l_0 \Delta t} (1/K \text{ 或 } 1/℃) \tag{2-14}$$

式中　α_l——线胀系数($1/K$ 或 $1/℃$);

　　　l_2——膨胀前长度(m);

　　　l_1——膨胀后长度(m);

　　　Δl——长度变化量 $\Delta l = l_2 - l_1$(m);

　　　Δt——温度变化量 $\Delta t = t_2 - t_1$,(K 或 ℃)。

体胀系数近似为线胀系数的 3 倍。

在实际工作中考虑热膨胀性的地方颇多,例如铺设钢轨时,在两根钢轨衔接处应留有一定的空隙,以便使钢轨在长度方向有膨胀的余地;轴与轴瓦之间要根据膨胀系数来控制其间隙尺寸;在制定焊接、热处理、铸造等工艺时必须考虑材料的热膨胀影响,以减少工件的变形和开裂;测量工件的尺寸时也要注意热胀的因素,以减少测量误差。

6. 磁　性

金属材料在磁场中受到磁化的性能称为磁性。根据金属材料在磁场中受到磁化程度的不同,可分为铁磁性材料(如铁、钴等)、顺磁性材料(如锰、铬等)和抗磁性材料(如铜、锌等)三类。铁磁性材料在外磁场中能强烈地被磁化;顺磁性材料在外磁场中,只能微弱地被磁化;抗磁性材料能抗拒或削弱外磁场对材料本身的磁化作用。工程上实用的强磁性材料是铁磁性材料。

铁磁性材料可用于制造变压器、电动机、测量仪表等。抗磁性材料则可用于制造要求避免电磁场干扰的零件和结构材料。

当铁磁性材料的温度升高到一定数值时,磁畴被破坏,变为顺磁性材料,这个转变温度称为居里点,如铁的居里点是 770℃。

2.2.2 材料的化学性能

材料与其他化学物质起化学反应时所显示出的性能,称为化学性能,例如耐腐蚀性、高温抗氧化性等。

1. 耐腐蚀性

耐腐蚀性是指材料抵抗介质侵蚀的能力,材料的耐蚀性常用每年腐蚀深度(mm/年)来表示,一般非金属材料的耐腐蚀性比金属材料高得多。对金属材料而言,其腐蚀形式主要有两种,一种是化学腐蚀,另一种是电化学腐蚀。化学腐蚀是金属直接与周围介质发生纯化学作用,例如钢的氧化反应。电化学腐蚀是金属在酸、碱、盐等电介质溶液中由于原电池作用而引起的腐蚀,电化学腐蚀比化学腐蚀更常见。提高材料的耐腐蚀性的方法很多,如均匀化处理、表面处理等都可以提高材料的耐腐蚀性。

2. 高温抗氧化性

对于象发动机这样在高温下工作的设备而言,除了要在高温下保持基本力学性能外,还要具备抗氧化性能。所谓高温抗氧化性通常是指材料在迅速氧化后,能在表面形成一层连续而致密并与母体结合牢靠的膜,从而阻止进一步氧化的特性。

3. 化学稳定性

化学稳定性是金属材料的耐腐蚀性和抗氧化性的总称。金属材料在高温下的化学稳定性称为热稳定性。在高温条件下工作的设备(如锅炉、加热设备、汽轮机、喷气发动机等)上的部件需要选择热稳定性好的材料来制造。

2.3 材料的工艺性能

工艺性能是指材料在加工过程中所反映出来的性能,即可加工性,如铸造性能、压力加工性能、焊接性能、切削加工性和热处理性能等。材料工艺性能的好坏,直接影响到制造零件的工艺方法、质量和制造成本。所以,选材时必须充分考虑其工艺性能。

1. 铸造性能

铸造性能是指浇注铸件时,材料能充满比较复杂的铸型并获得优质铸件的能力。对金属材料而言,铸造性主要包括流动性、收缩率、偏析倾向等指标。流动性好、收缩率小、偏析倾向小的材料其铸造性也好。

2. 压力加工性能

压力加工性能是指材料是否易于进行压力加工的性能。可锻性好坏主要以材料的塑性和变形抗力来衡量。一般来说,钢的可锻性较好,而铸铁不能进行任何压力加工。

3. 焊接性能

焊接性能是指材料是否易于焊接在一起并能保证焊缝质量的性能,一般用焊接处出现各种缺陷的倾向来衡量。低碳钢具有优良的可焊性,而铸铁和铝合金的可焊性就很差。

4. 切削加工性

切削加工性能是指材料是否易于切削加工的性能。它与材料种类、成分、硬度、韧性、导热性及内部组织状态等许多因素有关。有利切削的硬度为 HB160～230,切削加工性好的材料,切削容易,刀具磨损小,加工表面光洁。

5. 热处理性能

热处理性能是指金属经热处理后其组织和性能改变的能力。在热处理过程中,材料的成分、组织、结构发生变化,从而引起了材料的机械性能发生变化。热处理性能包括淬透性、变形开裂倾向、过热敏感性、回火脆性、氧化脱碳和冷脆性等。

复习思考题

1. 解释下列名词:

强度和刚度 塑性和韧性 屈强比 韧脆转变温度 断裂韧度 疲劳强度 蠕变 应力松弛 高周疲劳和低周疲劳 耐磨性

2. 15 钢从钢厂出厂时,其力学性能指标应不低于下列数值:$\sigma_b = 375$ MPa、$\sigma_s = 225$ MPa、$\delta_5 = 27\%$、$\psi = 55\%$,现将本厂购进的 15 钢制成 $d_0 = 10$ mm 的圆形截面短试样,经过拉伸试验后,测得 $F_b = 33.81$ kN、$F_s = 20.68$ kN、$l_k = 65$ mm、$d_k = 6$ mm,试问这批 15 钢的力学性能是否合格? 为什么?

3. 下列各种工件应该采用何种硬度试验方法来测定硬度? 写出硬度符号。

(1)锉刀;(2)黄铜轴套;(3)供应状态的各种碳钢钢材;(4)硬质合金的刀片;(5)耐磨工件的表面硬化层。

4. 有关零件图图纸上,出现了以下几种硬度技术条件的标注方法,问这种标注是否正确? 为什么?

(1)600～650HBS;(2)220HBW;(3)12～15 HRC;(4)71～77 HRC;(5)HRC55～60 kgf/mm²;(6)HBS220～250 kgf/mm²。

5. 有了塑性指标为何还要测定 α_K 和 K_1

6. 疲劳破坏是怎样产生的? 提高零件疲劳强度的方法有哪些?

7. 工程材料工艺性能有哪些? 物理化学性能有哪些?

第3章 材料的结构、结晶与相图

3.1 纯金属的结构与结晶

3.1.1 纯金属的晶体结构

金属在固态下通常都是晶体，在晶体中原子排列的规律不同，其性能也不同，因而有必要研究金属的晶体结构。

1. 晶体的概念

晶体是指原子(离子、分子或原子团)在三维空间作有规则的周期性重复排列的物质。在自然界中，除了少数物质(如玻璃、松香及木材等)以外，包括金属在内的绝大多数固体都是晶体。晶体之所以具有这种规则的原子排列，主要是由于原子之间的相互吸引力与排斥力平衡的结果。晶体往往具有规则的外形，如钻石、食盐及明矾等。各种金属制品，如门锁、钥匙以及汽车、飞机上的各种金属构件，虽然看不到规则的外形，但研究证明也是晶体。

为了便于研究晶体中的原子排列规律，如图 3-1(a)所示，把晶体中的原子等想象成几何结点，用直线将其中心连接起来而构成的空间格子称为晶格(或点阵)，如图 3-1(b)所示。显然，由于晶体中原子重复排列的规律性，可从晶格中选取一个能够代表其晶格特征的最小几何单元，称之为晶胞，如图 3-1(c)所示。晶胞的大小和形状，常以晶胞的棱边长度 a、b、c 和棱边夹角 α、β、γ 六个参数来表示 Å(埃)($1\ \text{Å}=10^{-10}\text{m}$)。其中 a、b、c 称为"晶格常数"，其长度单位为 Å(埃)($1\ \text{Å}=10^{-10}\text{m}$)。如图 3-1(c)所示的简单立方晶胞，其晶格常数 $a=b=c$，而 $\alpha=\beta=\gamma=90°$。具有简单立方晶胞的晶格叫做简单立方晶格。简单立方晶格只见于非金属晶体中，在金属中则看不到。

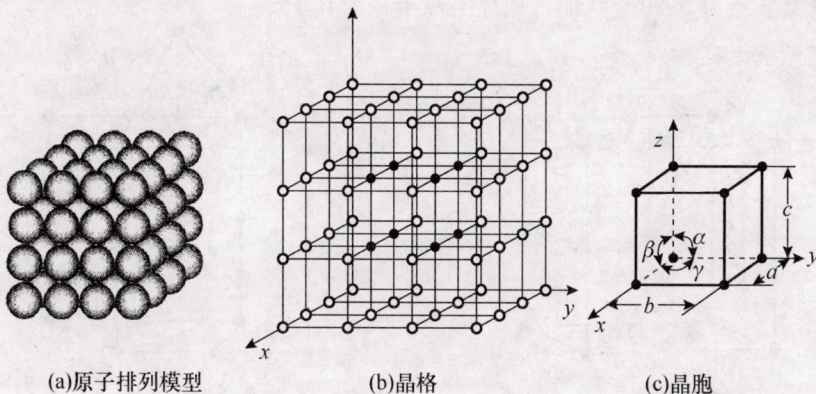

(a)原子排列模型　　　　(b)晶格　　　　(c)晶胞

图 3-1 晶体中原子排列示意图

根据晶胞的几何形状或自身的对称性,可把晶体结构分为七大晶系 14 种空间点阵。各种晶体由于其晶格类型和晶格常数的不同,表现出不同的物理、化学和机械性能。

2. 三种常见的金属晶格

金属中由于原子间通过较强的金属键结合,因而金属原子趋于紧密排列,构成少数几种高对称性的简单晶体结构。约有 90% 以上的金属晶体都属于如下三种典型晶格形式:

(1)体心立方晶格(bcc 晶格)

如图 3-2 所示,体心立方晶格的晶胞是由八个原子构成的立方体,体心处还有一个原子。因其晶格常数 $a=b=c$,故通常只用一个常数 a 表示即可。晶胞在其立方体对角线方向上的原子是彼此紧密相接触排列的,故可计算出其原子半径 $r=\dfrac{\sqrt{3}}{4}a$。因每个顶点上的原子同属于周围八个晶胞所共有,故每个体心立方晶胞实际包含原子数为 $\dfrac{1}{8}\times 8+1=2$ 个。

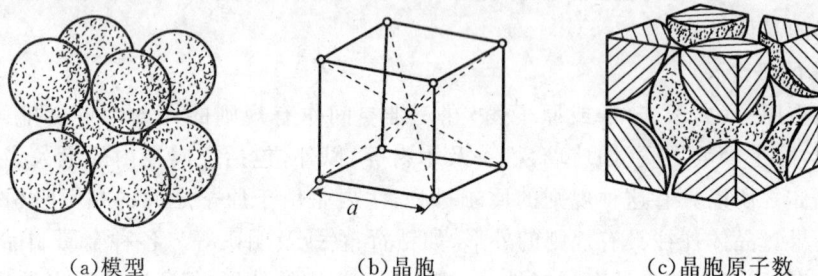

(a)模型　　　　　　　(b)晶胞　　　　　　　(c)晶胞原子数

图 3-2　体心立方晶胞示意图

晶格的致密度是用来表示晶体中原子排列紧密程度的。其定义为晶胞中所包含的原子所占体积与该晶胞体积之比。每个晶胞含有两个原子,原子半径 $\dfrac{\sqrt{3}}{4}a$,晶胞体积为 a^3,故体心立方晶格的致密度为:$2\times\dfrac{4}{3}\pi r^3/a^3=2\times\dfrac{4}{3}\pi\times\left(\dfrac{\sqrt{3}}{4}a\right)^3/a^3=0.68$,即晶格中有 68% 的体积被原子所占据,其余为空隙。在晶格中有两种空隙,一种为四面体空隙,另一种为八面体空隙(图 3-3)。而空隙半径是指在晶胞中放入刚性球,能放入球的最大半径。体心立方晶格的四面体空隙半径为 $0.29r_{原子}$,而八面体空隙半径为 $0.15r_{原子}$。

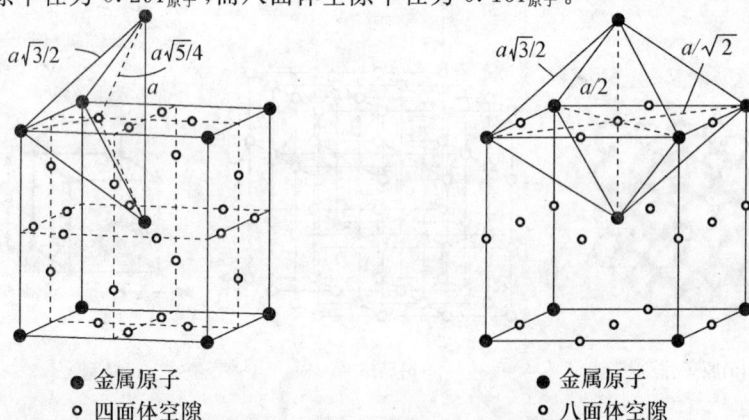

● 金属原子　　　　　　　● 金属原子
○ 四面体空隙　　　　　　○ 八面体空隙

图 3-3　体心立方晶胞中的空隙位置

"配位数"也可用来定性地评定晶体中原子排列的紧密程度。所谓配位数即指晶格中任一原子周围最近邻且等距离的原子数。显然,配位数越大,原子排列也就越紧密。晶格中,以立方体中心的原子来看,与其最近邻、等距离的原子数有 8 个,所以其配位数为 8。

具有体心立方晶格的金属有 Cr,Mo,W,V,α-Fe,β-Ti 等。

（2）面心立方晶格（fcc 晶格）

如图 3-4 所示,面心立方晶格的晶胞也是由八个原子构成的立方体,但是中心部位没有原子,而是在立方体的每个面中心和顶点各有一个原子。每个面对角线上各个原子彼此相互接触,因而其原子半径 $r=\dfrac{\sqrt{2}}{4}a$。又因每一面心位置上的原子是同时属于两个晶胞所共有,故每个面心立方晶胞中包含原子数为 $\dfrac{1}{8}\times 8+\dfrac{1}{2}\times 6=4$ 个。

面心立方晶格的致密度为 0.74;四面体空隙半径为 $0.225r_{原子}$,八面体空隙半径为 $0.414r_{原子}$。配位数为 12。

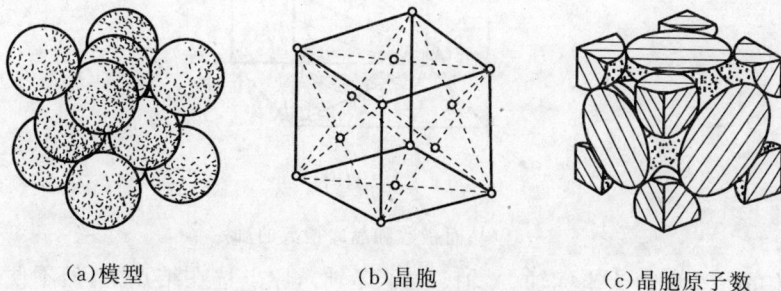

(a)模型　　　　　　(b)晶胞　　　　　　(c)晶胞原子数

图 3-4　面心立方晶胞示意图

具有面心立方晶格的金属有 γ-Fe,Al,Cu,Ni,Pb,Ag,Au 等。

（3）密排六方晶格（hcp 晶格）

密排六方晶格属于六方晶系。如图 3-5 所示,在六棱柱晶胞 12 个顶点上和两个端面中心各有一个原子,在两个六边形面之间还有三个原子。晶格常数为六方底面边长 a 和上下底面间距 c,在上述紧密排列情况下 $c/a\approx 1.633$。最近邻原子间距为 a,故原子半径 $r=\dfrac{1}{2}a$。每个密排六方晶胞中包含原子数为 $\dfrac{1}{6}\times 12+\dfrac{1}{2}\times 2+3=6$ 个。

密排六方晶格的致密度均为 0.74;四面体空隙半径为 $0.225r_{原子}$,八面体空隙半径为 $0.414r_{原子}$。配位数均为 12。

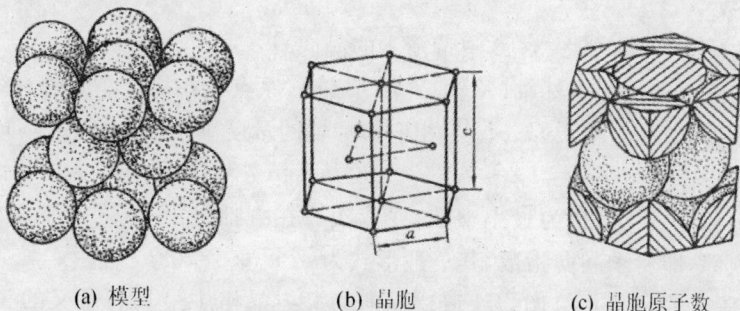

(a) 模型　　　　　　(b) 晶胞　　　　　　(c) 晶胞原子数

图 3-5　密排六方晶胞示意图

具有密排六方晶格的金属有 Mg,Zn,Be,α—Ti,Cd 等。

3. 晶面和晶向分析

在晶格中,任意两个结点的连线,都代表晶体中某一原子列的位向,称为晶向;由一系列结点所组成的平面都代表晶体的某一原子平面,称为晶面。为便于研究和表述不同晶面和晶向的原子排列情况及其在空间的位向,需要给各种晶面和晶向定出一定的符号,即"晶面指数"和"晶向指数"。

（1）晶面指数

晶面指数的确定方法（如图 3-6 中带影线的晶面）：

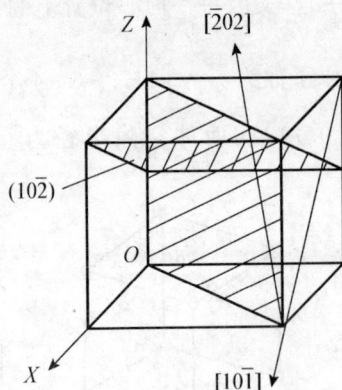

图 3-6　晶面指数和晶向指数的确定

①以晶胞的三个棱边为坐标轴（X 轴、Y 轴、Z 轴），原点选在结点上,但不便选在待标定的晶面上；

②以棱边长度（晶格常数）a、b、c 为相应坐标轴的量度单位,求出待定晶面在各轴上的截距；

③取各截距的倒数,按比例化为最小整数,并依次写在圆括号内,数之间不用标点隔开,负号改写到数的顶部,即所求晶面指数,其一般形式为（$h\,k\,l$）。

立方晶格中,最具有意义的是图 3-7 中所示的三种晶面,即（100）、（110）与（111）三种晶面。

需要注意的是,晶面指数并非仅指晶格中的某一个晶面,而是代表着与之平行的所有晶面,它们的指数相同,或数字相同而正、负相反。

（2）晶向指数

晶向指数的确定方法（如图 3-6 中带箭头的晶向）：

①以晶胞的三个棱边为坐标轴（X 轴、Y 轴、Z 轴），原点选在待定晶向的直线上。

②以棱边长度（即晶格常数）a、b、c 为相应坐标轴的量度单位,求出待定晶向上任意一点的三维坐标值。

③将三个坐标值按比例化为最小整数,并依次写在方括号内,数之间不用标点隔开,负号改写到数的顶部,即所求晶向指数,其一般形式为[$u\,v\,w$]。

图 3-8 中所示的[100]、[110]及[111]晶向为立方晶格中最具有意义的三种晶向。将图 3-8 与图 3-7 对比可以看出,在立方晶格中,凡指数相同的晶面与晶向是相互垂直的。

晶向指数代表的也是所有平行晶向。相互平行方向相反的晶向，其指数相同但符号相反。如[123]与[$\bar{1}$ $\bar{2}$ $\bar{3}$]。

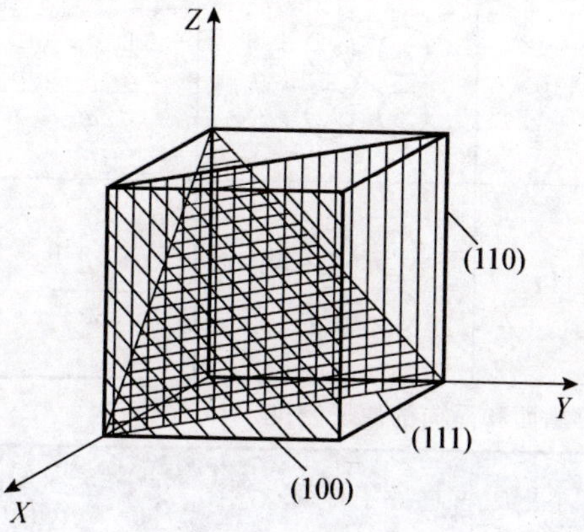

图 3-7　立方晶体中的三种重要晶面

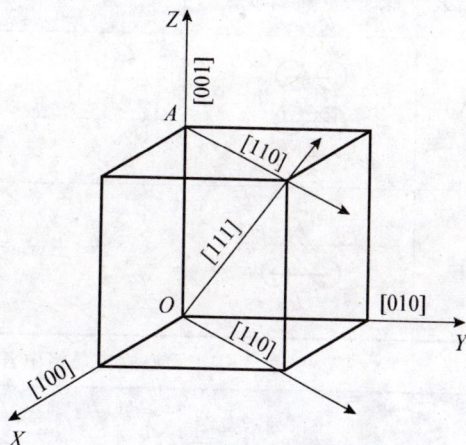

图 3-8　立方晶体中的三个重要晶向

（3）晶面族和晶向族

凡是晶面指数中各数字相同但符号不同或排列顺序不同的所有晶面上的原子排列规律都是相同的，具有相同的原子密度和性质，只是位向不同。这些晶面被称为一个晶面族，其指数记为$\{hkl\}$。例如在立方晶系中，(100)、(010)、(001) 3 个独立的晶面就组成了$\{100\}$晶面族。$\{110\}$晶面族包括了(110)、(101)、(011)、($\bar{1}$10)、($\bar{1}$0$\bar{1}$)、(0$\bar{1}$1)6 个晶面。

同理，原子排列规律相同但空间位向不同的所有晶向组成了一个晶向族，其指数记为$\langle hkl \rangle$。例如在立方晶系中，[100]、[010]、[001]以及与之相反的[$\bar{1}$00]、[0$\bar{1}$0]、[00$\bar{1}$]共 6 个晶向组成$\langle 100 \rangle$晶向族。$\langle 110 \rangle$晶向族包括了[110]、[101]、[011]、[$\bar{1}$10]、[$\bar{1}$01]、[0$\bar{1}$1]及与之相反的[$\bar{1}$ $\bar{1}$0]、[$\bar{1}$0$\bar{1}$]、[0$\bar{1}$ $\bar{1}$]、[1$\bar{1}$0]、[10$\bar{1}$]、[01$\bar{1}$]共 12 个晶向。

（4）晶面和晶向的原子密度

所谓晶面的原子密度即指其单位面积中的原子数，而晶向原子密度则指其单位长度上的原子数。在各种晶格中，不同晶面和晶向上的原子密度都是不同的。在体心立方晶格及面心立方中的各主要晶面和晶向的原子密度见表 3-1、表 3-2。

从表中可见，在体心立方晶格中，具有最大原子密度的晶面是$\{110\}$，具有最大原子密度的晶向是$\langle 111 \rangle$。而在面心立方晶格中具有最大原子密度的晶面是$\{111\}$，具有最大原子密度的晶向是$\langle 110 \rangle$。

表 3-1　体心立方晶格中各主要晶面和晶向的原子密度

晶面指数	晶面原子排列示意图	晶面原子密度（原子数/面积）	晶向指数	晶向原子排列示意图	晶向原子密度（原子数/长度）
$\{100\}$	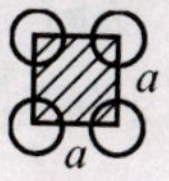	$\dfrac{\frac{1}{4}\times 4}{a^2}=\dfrac{1}{a^1}$	$\langle 100 \rangle$	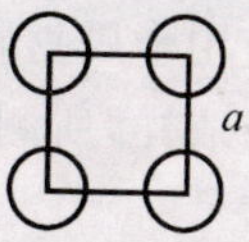	$\dfrac{\frac{1}{2}\times 2}{a}=\dfrac{1}{a}$

晶面指数	晶面原子排列示意图	晶面原子密度（原子数/面积）	晶向指数	晶向原子排列示意图	晶向原子密度（原子数/长度）
{110}		$\dfrac{\frac{1}{4}\times4+1}{\sqrt{2}a^2}=\dfrac{1.4}{a^2}$	⟨110⟩		$\dfrac{\frac{1}{2}\times2}{\sqrt{2}a}=\dfrac{0.7}{a}$
{111}		$\dfrac{\frac{1}{6}\times3}{\frac{\sqrt{3}}{2}a^2}=\dfrac{0.58}{a^2}$	⟨111⟩		$\dfrac{\frac{1}{2}\times2+1}{\sqrt{3}a}=\dfrac{1.16}{a}$

表 3-2 面心立方晶格中各主要晶面和晶向的原子密度

晶面指数	晶面原子排列示意图	晶面原子密度（原子数/面积）	晶向指数	晶向原子排列示意图	晶向原子密度（原子数/长度）
{100}		$\dfrac{\frac{1}{4}\times4+1}{a^2}=\dfrac{2}{a^2}$	⟨100⟩		$\dfrac{\frac{1}{2}\times2}{a}=\dfrac{1}{a}$
{110}		$\dfrac{\frac{1}{4}\times4+\frac{1}{2}\times2}{\sqrt{2}a^2}=\dfrac{1.4}{a^2}$	⟨110⟩		$\dfrac{\frac{1}{2}\times2+1}{\sqrt{2}a}=\dfrac{1.4}{a}$
{111}		$\dfrac{\frac{1}{6}\times3+\frac{1}{2}\times3}{\frac{\sqrt{3}}{2}a^2}=\dfrac{2.3}{a^2}$	⟨111⟩		$\dfrac{\frac{1}{2}\times2}{\sqrt{3}a}=\dfrac{0.58}{a}$

4. 晶体的各向异性

由于晶体中不同晶面和晶向上原子排列的方式和密度不同，使原子间的相互作用力也不相同，因此在同一单晶体内不同晶面和晶向上的物理、化学和机械性能也会不同。晶体的这种"各向异性"特点是它区别于非晶体的重要标志之一。例如，体心立方的 α-Fe 单晶体，在原子排列最密的⟨111⟩方向上弹性模量为 290 000 MPa，而在原子排列较稀的⟨100⟩方向仅为 135 000 MPa。许多晶体物质如石膏、云母、方解石等沿一定的晶面易于破裂，具有一定的解理面，也是这个道理。

尽管如此，在工业用金属材料中，通常见不到这种各向异性特征。如上述 α-Fe 的弹性模量，不论从何种部位取样，所测数据均在 210 000 MPa 左右。这是因为实际金属多为多晶体，呈现各向同性。

5. 实际金属结构和晶体缺陷

（1）多晶体结构

如果一块晶体内部的晶格位向完全一致，则称这块晶体为单晶体（图 3-9(a)）。单晶体具有各向异性。目前单晶体在半导体元件、磁性材料、高温合金等方面已得到开发和应用。单晶体金属材料是今后金属材料的发展方向之一。

但在工业生产中，单晶体金属材料除专门制作外基本上是不存在的。实际的金属结构都包含着许多小晶体，每个小晶体的内部晶格位向均匀一致，而各小晶体之间彼此位向都不相同（图 3-9b）。由于每个小晶体的外形多为不规则的颗粒状，故称为晶粒。晶粒与晶粒之间的界面叫做晶界。这种由多晶粒组成的晶体结构称为多晶体。由于多晶体金属各晶粒的位向不同，结果宏观上只表现出它们的平均性能，即呈现各向同性。

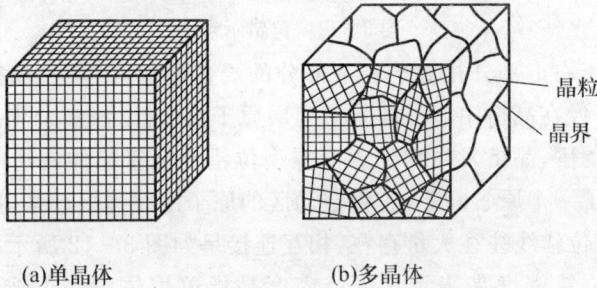

(a)单晶体　　　　(b)多晶体

图 3-9　单晶体和多晶体示意图

在每个晶粒内部，不同区域的晶格位向也并非完全一致，而是存在几十分，最多 1°～2° 的差别。这些在晶格位向上彼此有微小差别的晶内小区域叫做亚晶粒或镶嵌块。

（2）晶体缺陷

晶体中凡是原子排列不规则的区域都是晶体缺陷。实际金属中存在大量的晶体缺陷，它们对金属宏观性能影响很大，特别对金属的塑性变形、固态相变以及扩散等过程都起着重要作用。

晶体缺陷按其几何形式的特点可分为如下三类：

1）点缺陷。点缺陷是指三维尺寸上都很小，不超过几个原子直径的缺陷。常见的点缺陷有三种，即晶格空位、间隙原子和置换原子。空位是指未被原子所占的晶格结点；间隙原子是处在晶格间隙中的多余原子；置换原子是指占据晶格结点上的异类原子（图 3-10）。不管哪类点缺陷都会造成晶格畸变，这将对金属的强度、电阻率等性能产生影响。此外，点缺陷的存在会加速金属中的扩散过程。

2）线缺陷。线缺陷是指二维尺寸很小而第三维尺寸很大的缺陷。金属中的线缺陷就是位错。所谓位错是指晶体中某一列或若干列原子发生了有规律的错排现象，主要分为刃型位错和螺型位错（图 3-11）。

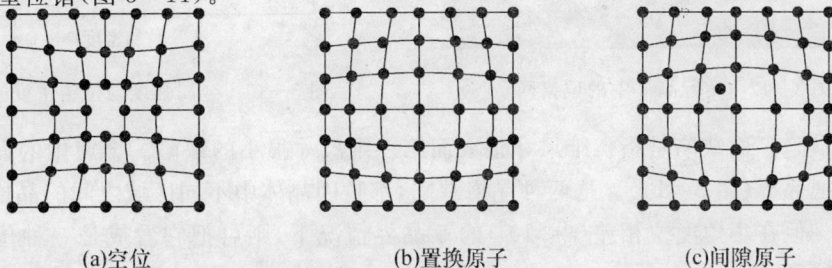

(a)空位　　　　　　　(b)置换原子　　　　　　　(c)间隙原子

图 3-10　点缺陷示意图

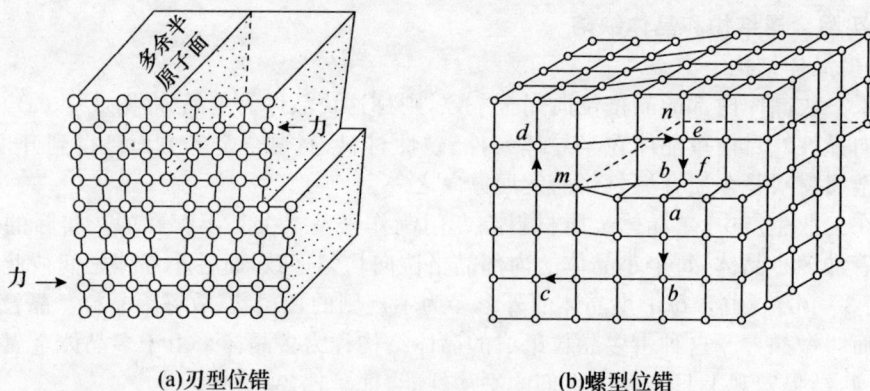

(a)刃型位错   (b)螺型位错

图 3-11　位错示意图

刃型位错是由于右上部分相对于右下部分的局部滑移,结果在晶格的上半部挤出了一层多余的原子面,好像在晶格中额外插入了半层原子面一样,该多余半原子面的边缘便为位错线。在位错线的周围,晶格发生畸变。而螺型位错是由于晶体右边的上部原子相对于下部的原子向后错动了一个原子间距,若将错动区的原子用线连接起来,则具有螺旋型特征。

在金属晶体中,位错线往往大量存在,相互连接呈如图 3-12 所示的网状分布。晶体中位错的多少,可用位错密度来表示。位错密度是指单位体积内位错线的总长度,量纲为 cm^{-2}。晶体中的位错首先是产生于晶体的结晶过程。通常,金属结晶后的位错密度可达 $10^6 \sim 10^8 cm^{-2}$。在大量冷变形或淬火的金属中,位错密度大幅增加,可达 $10^{12} cm^{-2}$。而退火又可使位错密度降到最低值。

位错的存在极大地影响金属的力学性能(图 3-13)。当金属为理想晶体或含有极少量位错时,金属的屈服强度很高。当含有一定量的位错时,强度降低。但当位错大量产生后,强度反而提高,生产中可通过增加位错的方式对金属进行强化,但强化后其塑性有所降低。

图 3-12　实际晶体中的位错网

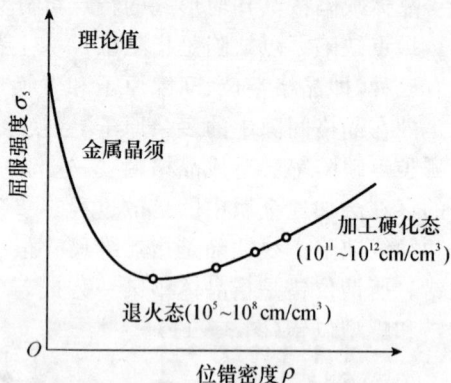

图 3-13　金属强度与位错密度的关系

3)面缺陷。面缺陷是指二维尺寸很大而第三维尺寸很小的缺陷。金属中的面缺陷主要有晶界和亚晶界(图 3-14)。这两种晶格缺陷,都是因晶体中不同区域之间的晶格位向过渡所造成的。但在小角度位相差($\theta < 10°$)的亚晶界情况下,则可把它看成是一种位错线的堆积或称位错壁。

晶界处原子排列不规则，晶格畸变较大，故晶界处能量较高，具有与晶粒内部不同的特性。如晶界强度和硬度较高、熔点较低、耐腐蚀性较差、扩散系数较大、电阻率较高、相变时优先形核等。

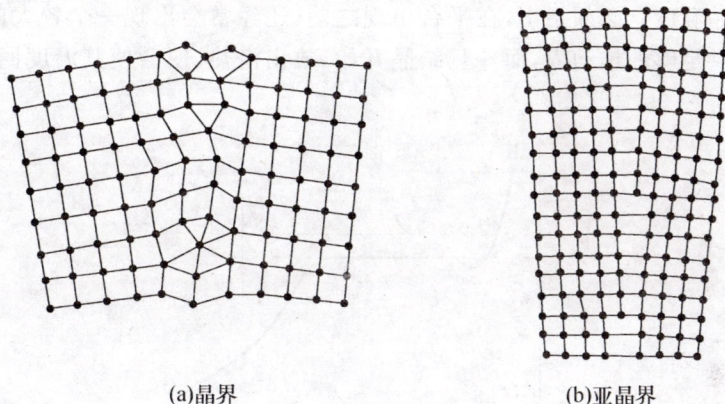

(a)晶界　　　　　　　　(b)亚晶界

图 3-14　面缺陷示意图

3.1.2　纯金属的结晶

一般金属材料的获得都要经过对矿产原料的熔炼、除渣、浇铸等作业后，凝固成铸锭或细粉，再通过各种加工获取成材或制件。掌握结晶过程和规律可以有效地控制金属的凝固条件，从而获得性能优良的金属材料。

一切物质从液态到固态的转变过程统称为凝固，如果通过凝固能形成晶体结构，则称为结晶。凡纯元素（金属或非金属）的结晶都具有一个严格的"平衡结晶温度"，高于此温度便发生熔化，低于此温度才能进行结晶；在平衡结晶温度，液体与晶体同时共存，达到可逆平衡。而一切非晶体物质则无此明显的平衡结晶温度，凝固总是在某一温度范围逐渐完成。

1. 金属结晶的条件

自然界的一切自发转变过程，总是由较高能量状态趋向能量较低的状态。物质中能够自动向外界释放出其多余的或能够对外作功的这一部分能量叫做自由能（F）。同一物质的液体与晶体，由于其结构不同，在不同温度下的自由能变化是不同的，如图 3-15 所示。可见，两条曲线的交点即液、固态的能量平衡点，对应的温度 T_0 即理论结晶温度或熔点。低于 T_0 时，由于液相的自由能高于固相，液

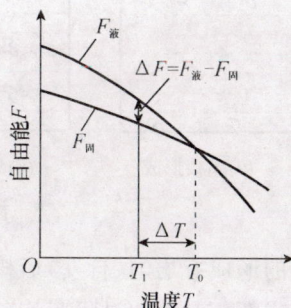

图 3-15　液态与晶体在不同温度下的自由能变化

体向晶体的转变伴随着能量降低，因而有可能发生结晶。换句话说，要使液体进行结晶，就必须使其温度低于理论结晶温度，造成液体与晶体间的自由能差 $\Delta F = F_{液} - F_{固} > 0$，即具有一定的结晶驱动力才行。实际结晶温度（$T_1$）与理论结晶温度（$T_0$）之差叫"过冷度"（$\Delta T = T_0 - T_1$）。金属液的冷却速度越大，过冷度便越大，液、固态自由能差也越大，即所具结晶驱动力越大，结晶倾向越大。

在液态物质的冷却过程中，可以用热分析法来测定其温度的变化规律，即冷却曲线，如图 3-16 所示。冷却曲线上水平台阶的温度即为实际结晶温度 T_1。平台的出现是因为结晶潜热的放出补偿了金属向环境散热引起的温度下降。冷速越慢，测得的实际结晶温度便越接近于理论结晶温度。必须指出，在平台出现之前，还经常会出现一个较大的过冷现象，为结晶的发生提供足够的推动力，而一旦结晶开始，放出潜热，便会使其温度回升到水平台阶的温度。

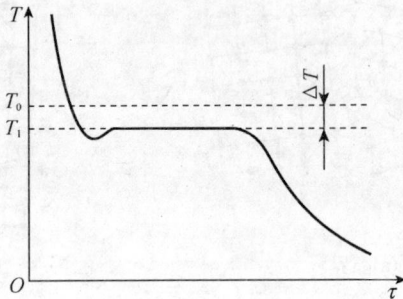

图 3-16　纯金属结晶时的冷却曲线示意图

2. 金属的结晶过程

金属的结晶是一个晶核的形成和长大的过程。在液态金属从高温冷却到结晶温度的过程中，会产生大量尺寸不同、短程有序的原子集团（晶胚），它们极不稳定，时聚时散。当过冷至结晶温度以下时，某些尺寸较大的晶胚开始变得稳定，成为晶核。形成的晶核按各自方向吸附周围原子自由长大，在长大的同时又有新晶核出现、长大。当相邻晶体彼此接触时，被迫停止长大，而只能向尚未凝固的液体部分伸展，直至结晶完毕。因此在一般情况下，金属是由许多外形不规则、位向不同、大小不同的晶粒组成的多晶体。金属的结晶过程可用图 3-17 示意地表现出来。

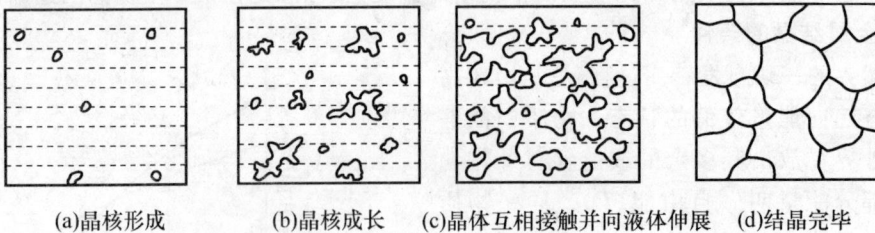

(a)晶核形成　　(b)晶核成长　　(c)晶体互相接触并向液体伸展　　(d)结晶完毕

图 3-17　金属结晶过程示意图

晶核的形成有均匀（自发）形核和非均匀（非自发）形核两种方式。在均匀的液态母相中自发地形成新相晶核的过程叫均匀形核。随着过冷度的增加，液相中自发形核所需的晶胚尺寸越小，即过冷度越大越易均匀形核。而在实际金属熔液中总是存在某些未熔的杂质粒子，这些固态粒子表面及铸型壁等现成的界面都会成为液态金属结晶时的自然晶核。凡是依附于母相中某种现成界面而成核的过程都称为非均匀形核。非均匀形核所需的过冷度比均匀形核的小得多。需要注意的是，均匀形核与非均匀形核在金属结晶中是同时存在的，而非均匀形核在实际生产中比均匀形核更为重要。

晶核的长大方式通常是树枝状长大，即枝晶长大。开始时，晶核可以生长成为很小的但形状规则的晶体。但随着晶核继续长大,晶体棱角的形成,棱角处的散热条件优于其他部位(如图 3-18 所示),因而便得到优先成长,如树枝一样先长出枝干,再长出分枝,最后再把晶间填满。冷却速度越大,过冷度越大,枝晶成长的特点便越明显。图 3-19 为铸锭表面因枝间未被填满而呈现的树枝状结晶。在枝晶成长过程中,由于液体的流动,枝轴本身的重力作用和彼此间的碰撞,以及杂质元素的影响等种种原因,会使某些枝轴发生偏斜或折断,以至造成晶粒中的镶嵌块、亚晶界以及位错等各种缺陷。

散热方向

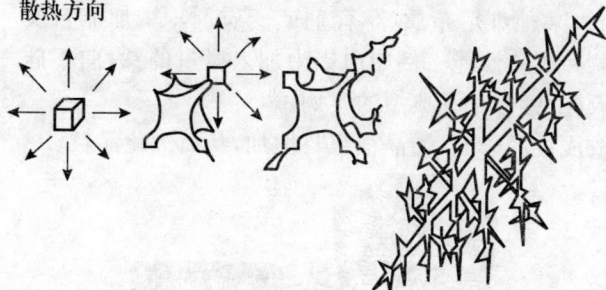

图 3-18 晶体枝晶长大过程示意图

图 3-19 铸锭表面的树枝状晶体

3. 晶粒大小的控制

金属结晶后,获得由大量晶粒组成的多晶体。在一般情况下,晶粒越小,金属的强度、塑性和韧性就越好。所以工程上的晶粒细化,是提高金属力学性能的重要途径之一。这种方法称为细晶强化。

细化铸态金属晶粒主要采用下面两种方法。

(1)增大金属的过冷度

金属结晶时的过冷度 ΔT 对晶核的形成率 N(单位时间、单位体积形成的晶核数,个/($m^2 \cdot s$))和成长速度 G(单位时间晶体长大的长度,m/s)的影响如图 3-20 所示。从图中可看出,形核率和长大速度随过冷度的增加而增大但形核率的增加速度更快,因而 N/G 也增加,使得晶粒细化,并在一定过冷度时各自达到最大值。而后当过冷度进一步增大时,它们却逐渐减小。其主要原因是在过冷度较大时,原子的扩散非常困难,也难使晶核形成和成长。

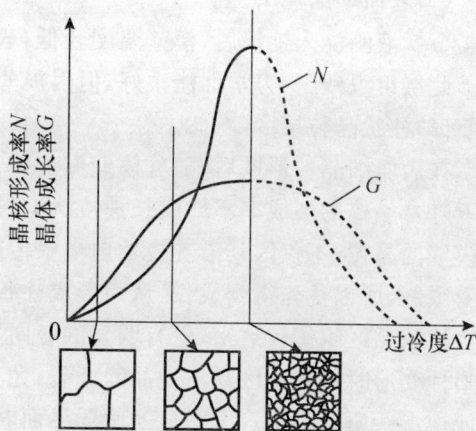

图 3-20 晶核的形成率(N)和成长速度 (G)与过冷度(ΔT)的关系

在一般工业条件下(图 3-20 中曲线的前半部实线部分),结晶时的冷却速度越大或过冷度越大时,金属的晶粒便越细。如铸造生产中用金属型代替砂型,局部加冷铁,增大金属型的厚度等。

至于曲线的后半部分,因为在工业实际中的结晶一般达不到这样的过冷度,故用虚线表示。但近年来超高速($10^5 \sim 10^{11}$ K/s)急冷技术的发展,使得晶核的形成率和成长速度却能再度减小为零,此时金属将不再通过结晶的方式发生凝固而是形成非晶态金属。非晶态金属具有高的强度和韧性、优异的软磁性能、高的电阻率、良好的腐蚀性能等特点。

（2）变质处理

当金属液体容积较大时,将难以获得大的过冷度;而对于形状复杂的铸件,为防止快速冷却使内应力过大产生裂纹,常常不允许过多地提高冷却速度。生产上为了获得细晶粒铸件,多采用变质处理。

变质处理就是在浇铸前向金属液中加入某种难熔杂质（孕育剂或变质剂）,增加非自发晶核的数量或阻碍晶核的长大,以细化晶粒和改善性能。例如向铝中加入微量的钛,向铝硅合金中加入少量的钠或钠盐,向铸铁中加入硅、钙等都是典型的实例。

此外,还采用各种振动或搅拌等手段造成枝晶碎断,使晶核数目增加,从而细化晶粒。

4. 金属铸锭的组织及缺陷

在实际生产中,液态金属是在铸锭模或铸型中凝固的,前者得到铸锭,后者得到铸件。铸锭是各种金属材料成材的毛坯,铸态组织不但影响到其压力加工性能,而且还影响到压力加工后的金属制品的组织和性能。因此应了解铸锭的组织及其形成规律,并设法改善铸锭组织。典型的金属铸锭组织（图3-21）由如下三层不同外形的晶粒组成:

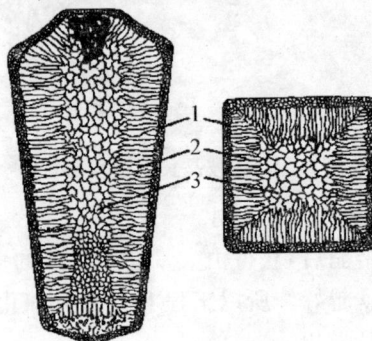

1—表面细晶粒层;2—柱状晶粒层;3—心部等轴晶粒区
图3-21 钢锭组织的示意图

（1）表面细晶粒层

金属液刚浇入锭模后,模壁温度较低,表层金属遭到剧烈的冷却,造成了较大的过冷所致。此层组织致密,力学性能很好,但因很薄所以对整个铸锭性能影响不大。

（2）柱状晶粒层

在表面细晶粒形成后,随着模壁温度的升高,细晶区前面的液体散热能量下降,过冷度也下降。晶核的形成率不如成长速度大,各晶粒便可得到较快的成长。而此时凡枝轴垂直于模壁的晶粒,不仅因其沿着枝轴向模壁传热比较有利,而且它们的成长也不至因互相抵触而受限制,所以优先得到成长,从而形成柱状晶粒。

柱状晶区组织较致密,但有明显的各向异性。钢锭一般不希望得到柱状晶组织,因为进行塑性变形时柱状晶区易出现晶间开裂,尤其在柱状晶层的前沿及柱状晶彼此相遇处,当存在低熔点杂质而形成一个明显的脆弱界面时,更容易发生开裂,所以生产上经常采用振动浇注或变质处理等方法来破坏柱状晶的形成和长大。但对于某些铸件如涡轮叶片,则常采用定向凝固的方法有意使整个叶片由同一方向,平行排列的柱状晶所构成,因为这种结构沿一定方向能承受较大的负荷而使涡轮叶片具有良好的使用性能。此外,对塑性良好的有色金属（如铜,铝等）也希望得到柱状晶组织。因为这种组织较致密,对机械性能有利,而在压力加工时,由于这些金属本身具有良好的塑性,并不容易发生开裂。

（3）中心等轴晶粒区

随着柱状晶粒发展到一定程度,通过已结晶的柱状晶层和模壁向外散热的速度越来越慢,剩余在锭模中部的液体温差也越来越小,散热方向性已不明显,而趋于均匀冷却的状态。同时由于种种原因如液体金属的流动可能将一些未熔杂质推至铸锭中心,或将柱状晶的枝晶分枝冲断,漂移到铸锭中心,它们都可成为剩余液体的晶核,这些晶核由于在不同方向上的成长速度相同,因而便形成较粗大的等轴晶粒区。由于此区最后凝固,因此一些低熔点的杂质或合金元素可能多些,同时液态金属补充不足而出现中心偏析和疏松。

综上所述,铸锭组织是不均匀的,也比较粗大,且常有铸造缺陷存在,如缩孔,疏松,气泡,偏析,非金属夹杂等。改变凝固条件可以改变各晶区的相对大小和晶粒的粗细,甚至获得只有两层或单独一个晶区所组成的铸锭。如提高浇铸温度、加快冷却速度或采用定向冷却散热方法,并减少液体中产生非自发晶核等条件有利于柱状晶区的形成和扩展。相反则有利于等轴晶区的形成和扩展。

3.1.3　同素异构转变

许多金属材料在固态下只有一种晶体结构,如铝、铜等在固态时无论温度高低,均为面心立方晶格,而钨、钼、钒等则为体心立方晶格。但有些金属在固态下,会随着外界条件(如温度、压力等)的变化而转变成不同类型的晶体结构,称为同素异构转变。常见的金属有铁、钛、钴等。图 3 - 22 为纯铁在结晶时的冷却曲线。液态纯铁在 1 538 ℃结晶后得到体心立方晶格的 δ - Fe,在 1 394 ℃时转变为面心立方晶格的 γ - Fe,冷却到 912 ℃时又转变为体心立方晶格的 α - Fe。同一种金属的不同晶体结构的晶体称为该金属的同素异构体。

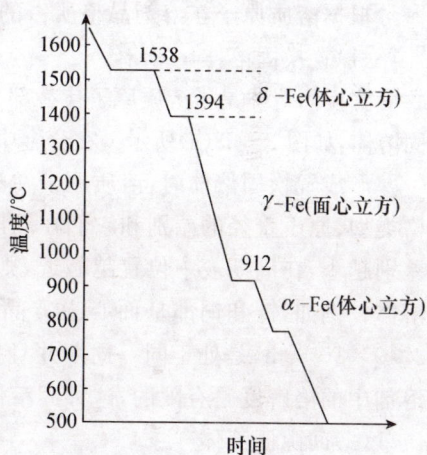

图 3 - 22　纯铁的冷却曲线

金属的同素异构转变与液态金属的结晶过程相似,故称为二次结晶或重结晶。它遵循着形核与长大的基本规律,由于是在固态下进行,因而转变需要较大的过冷度。同时晶型的转变会引起体积的变化,产生组织应力。纯铁的同素异构转变是钢铁材料能够进行热处理的内因和依据,也是钢铁材料性能多种多样,用途广泛的主要原因之一。

3.2　合金的结构

纯金属因强度低,工程上应用的金属材料绝大多数是合金,它具有比纯金属更高的综合力学性能和某些特殊的物理化学性能。将一种金属元素与另外一种或多种金属或非金属元素,通过熔炼、烧结等方法形成的具有金属性质的物质称为合金。例如,碳钢和铸铁就是主要由铁和碳所组成的合金,黄铜是由铜和锌所组成的合金。

组成合金的独立的、最基本的单元称为组元。一般组元就是组成合金的元素,也可以是稳定化合物。合金中有几种组元就称之为几元合金。例如碳素钢是二元合金,铅黄铜是三元合金。

合金中的各个元素相互作用,可形成一种或几种相。所谓相是指合金中晶体结构相同、成分和性能均一并以界面相互分开的组成部分。而显微组织是指用金相观察方法,所观察到的金属及合金内部涉及晶体或晶粒的大小、方向、形状、排列状况等组成关系的微观构造。

合金的性能取决于成分、相和组织及合金的结构。

根据构成合金的各组元之间相互作用的不同,合金的相结构可分为固溶体和金属间化合物两大类型。

3.2.1　固溶体

合金在固态下,组元间会相互溶解,形成在某一组元晶格中包含有其他组元的新相,这种新相称为固溶体。晶格与固溶体相同的组元为固溶体的溶剂,其他组元为溶质。

1. 固溶体的分类

根据溶质原子在溶剂晶格所占的位置,可将固溶体区分为置换固溶体和间隙固溶体。

(1)置换固溶体

置换固溶体是指溶质原子代替部分溶剂原子而占据溶剂晶格中的某些结点位置所形成的固溶体,如图 3-23(a)所示。在合金中,如锰、铬、硅、镍、钼等元素都能与铁形成置换固溶体。

形成置换固溶体时,溶质原子在溶剂晶格中的最高含量(溶解度)主要取决于两者的晶格类型、原子直径的差别和它们在周期表中的相互位置,一般来说,晶格类型相同、原子直径差别越小,在周期表中位置越靠近,则溶解度越大,甚至在任何比例下均能互溶形成无限固溶体。例如,镍和铜都是面心立方晶格,铜的原子直径为 2.55×10^{-10} m,镍的原子直径为 2.49×10^{-10} m,是处于同一周期并且是相邻的两元素,可以形成无限固溶体。反之,溶质在溶剂中的溶解度是有限的,这种固溶体称为有限固溶体。

(2)间隙固溶体

若溶质原子在溶剂晶格中并不占据晶格结点位置,而是嵌入各结点的间隙中,这种固溶体称为间隙固溶体,如图 3-23(b)所示。由于晶格的间隙通常很小,所以一般都是由原子半径较小的非金属元素(如碳、氮、氢、硼、氧等)溶入过渡族金属中,形成间隙固溶体。例如,钢中的奥氏体就是碳原子固溶到 γ-Fe 晶格的间隙中形成的固溶体。

由于溶剂晶格的空隙有限,并且溶入的溶质原子越多,所引起的畸变越大,从而使溶质原子的溶入受到阻碍,所以间隙固溶体的溶解度都有一定的限度,也就是说,间隙固溶体都是有限固溶体。

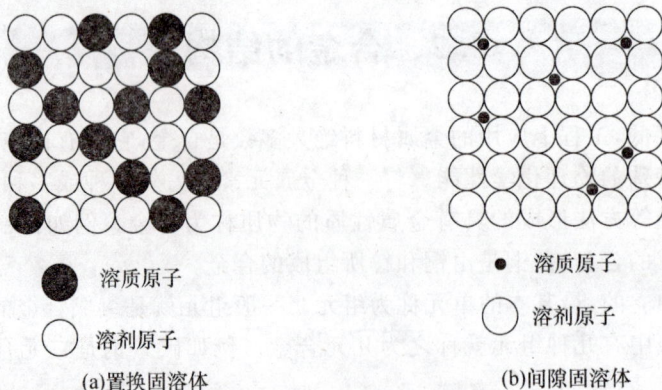

- ● 溶质原子
- ○ 溶剂原子

(a)置换固溶体

- · 溶质原子
- ○ 溶剂原子

(b)间隙固溶体

图 3-23　固溶体晶体结构示图

2. 固溶体的性能

由于溶质原子的溶入,使固溶体的晶格发生畸变,变形抗力增大,金属的强度、硬度升高,这种现象称为固溶强化。它是强化金属的重要途径之一。实践证明,适当控制固溶体中的溶质含量,可以在显著提高金属材料强度和硬度的同时,保持较好的塑性和韧性。

3.2.2　金属间化合物

合金中溶质含量超过固溶体的溶解度后,将出现新相。这个新相可能是以另一组元为溶剂的另一种固溶体,也可能是一种晶格类型和性能完全不同于任何一合金组元的化合物。这种化合物除离子键和共价键外,金属键也在不同程度上参与作用,使这种化合物具有一定程度的金属性质,故称为金属间化合物或中间相。

金属间化合物一般熔点高,硬而脆。合金中金属间化合物的形态、数量、大小及分布对合金性能有不同影响。金属间化合物若以细小的粒状均匀分布在固溶体相的基体上可使合金的强度、硬度和耐磨性进一步提高(即第二相弥散强化),但会降低塑性和韧性。若以网状或大块条状分布,则会严重降低合金的各种力学性能。通过热处理和锻造可以改变金属间化合物在合金中的分布状况,以满足不同的性能要求。

根据形成条件及结构条件,金属间化合物主要有以下几类。

1. 正常价化合物

严格遵守化合价规律的化合物称为正常价化合物。它们由元素周期表中相距较远、电负性相差较大的两元素组成,可用确定的化学式表示。如大多数的金属和Ⅳ族、Ⅴ族、Ⅵ族元素生成的诸如 Mg_2Si,Mg_2Sn,Cu_2Se,ZnS,AlP,$\beta-SiC$ 等,都是正常价化合物,其特点是硬度高、脆性大。

2. 电子化合物

电子化合物是由 IB 族或过渡族元素与Ⅱ族、Ⅲ族、Ⅳ族、Ⅴ族元素所形成的金属间化合物。这类化合物的特点是,不遵守化合价规则,但符合于一定的电子浓度(化合物中价电子数与原子数之比)。一定的电子浓度对应一定的晶体结构(表3-3)。这类化合物虽然可用化学式表示,但它们的成分可在一定范围内变化。电子化合物主要是以金属键结合的,具有明显的金属特性,熔点和硬度较高,塑性较差,在许多有色金属中是重要的强化相。

表3-3　Cu-Zn合金和Cu-Al合金中电子化合物及其结构类型

合金系	电子浓度		
	$\frac{3}{2}\left(\frac{21}{14}\right)\beta$ 相	$\left(\frac{21}{13}\right)\gamma$ 相	$\frac{7}{4}\left(\frac{21}{12}\right)\epsilon$ 相
	晶体结构		
	体心立方晶格	复杂立方晶格	密排六方晶格
Cu-Zn	CuZn	Cu_5Zn_8	$CuZn_3$
Cu-Al	Cu_3Al	Cu_9Al_4	Cu_5Al_3

3. 间隙化合物

由过渡族金属元素与碳、氮、氢、硼等原子半径较小的非金属元素形成的化合物称为间隙化合物。尺寸较大的过渡族元素原子占据晶格的结点位置,尺寸较小的非金属原子则有规则地嵌入晶格的间隙之中。根据结构特点,可将间隙化合物分为间隙相和复杂结构的间隙化合物。

当非金属原子半径与金属原子半径之比小于 0.59 时,形成具有简单晶格的间隙化合物,称为间隙相,如具有面心立方晶格的 TiC、VC(图 3 - 24(a)),体心立方晶格的 TiN、ZrN,密排六方晶格的 Fe_2N、Cr_2N、W_2C。间隙相具有金属特性,有极高的熔点和硬度(表3 - 4),非常稳定。它们的合理存在,可有效地提高钢的强度、热强性、热硬性和耐磨性,是高合金钢和硬质合金中的重要组成相。

表3 - 4　钢中常见碳化物的硬度及熔点

类型	间隙相							复杂结构间隙化合物	
化学式	TiC	ZrC	VC	NbC	TaC	WC	MoC	$Cr_{23}C_6$	Fe_3C
硬度/HV	2 850	2 840	2 010	2 050	1 550	1 730	1 480	1 650	~800
熔点/℃	3 080	3 472	2 650	3 608	3 983	2 785	2 527	1 577	1 227

当非金属原子半径与金属原子半径之比大于 0.59 时,形成具有复杂结构的间隙化合物。钢中的 Fe_3C、$Cr_{23}C_6$、Fe_4W_2C 等都是这类化合物。Fe_3C 是铁碳合金中的重要组成相,具有复杂的斜方晶格(图 3 - 24(b))。其中铁原子可以部分被锰、铬、钨、钼等原子所置换,形成以间隙化合物为基的固溶体,如 $(Fe、Mn)_3C$,$(Fe、Cr)_3C$ 等。复杂结构的间隙化合物也具有较高的熔点和硬度,但比间隙相略低些,在钢中也起强化相的作用。

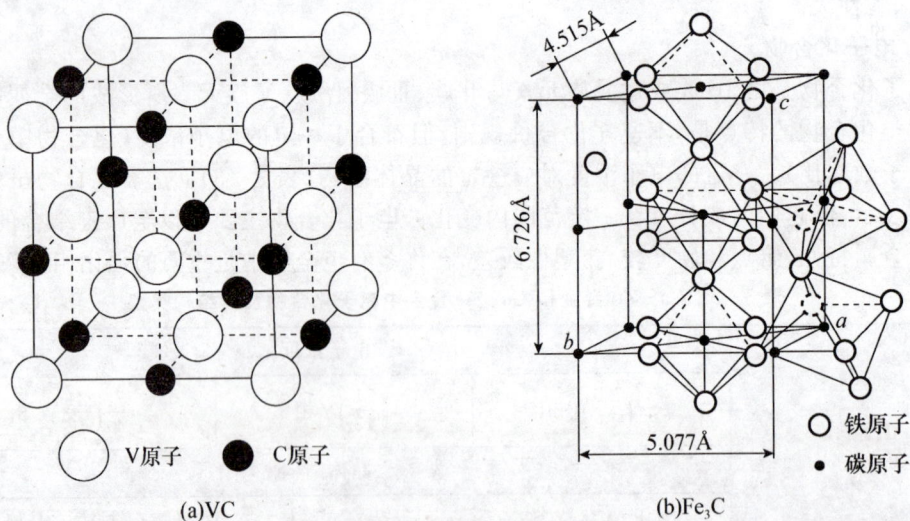

(a)VC　　　　　(b)Fe_3C

图 3 - 24　间隙化合物的晶体结构

3.3　二元合金相图

相图是表明合金系中各种合金相的平衡条件和相与相之间关系的一种简明示图,也称为平衡图或状态图。所谓平衡是指在一定条件下合金系中参与相变过程的各相的成分和质量分数不再变化所达到的一种状态。合金在极其缓慢冷却条件下的结晶过程,一般可被认为是平衡的结晶过程。

二元合金相图的建立一般是通过热分析法、热膨胀法、电阻法及 X 射线结构分析法等各种实验方法进行测绘的,其中最常用的是热分析法。

3.3.1　二元合金相图的基本类型

在常压下,二元合金的相状态取决于温度和成分,因此可用温度—成分坐标系的平面图来表示。多数合金的相图较为复杂,但一般都是由几种简单相图组成的,下面介绍几种基本的二元相图。

1. 匀晶相图

两组元在液态和固态均能无限互溶时所构成的相图称为匀晶相图。具有这类相图的合金系有:Cu - Ni、Cu - Au、Au - Ag、Fe - Ni 及 W - Mo 等。

(1)相图及结晶过程分析

图 3 - 25 为匀晶相图的一般形式。图中 $a321b$ 线为液相线,该线以上合金处于液相;$a3'2'1'b$ 为固相线,该线以下合金处于固相。液相线和固相线分别表示合金系在平衡状态下冷却时结晶的始点和终点(或加热熔化时的终点和始点)。α 为固相,是 A 和 B 组成的无限固溶体。

设任一成分为 K 的合金,其成分垂线 KK' 与液相线、固相线分别交于 1、3′两点。合金处于 1 点以上时,为液相 L。缓慢冷却到 1~3′温度之间时,合金发生匀晶反应:L→α,即从液相中逐渐结晶出 α 固溶体,冷却到 3′时,合金结晶完毕,全部转变为 α 相。从 3′至室温温度之间为 α 相的均匀冷却过程,室温下得到的组织全部为 α 固溶体。

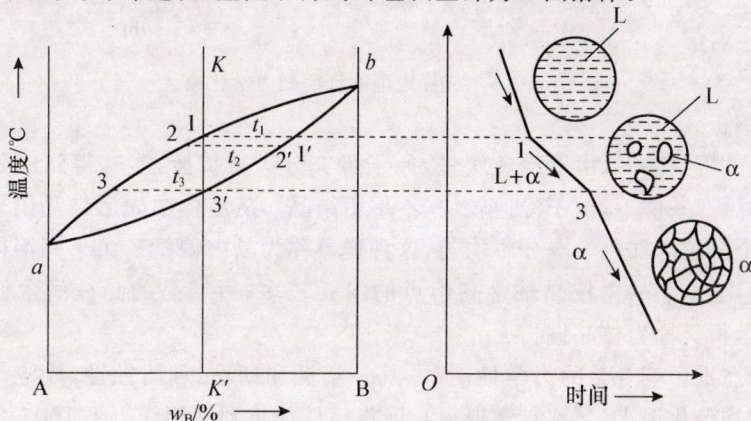

图 3 - 25　匀晶相图合金的结晶过程

在 1－3′温度区间,合金处于两相共存区,液相和固相的成分也将通过原子扩散不断变化。液相成分沿液相线变化(即 1→3),固相成分沿固相线变化(即 1′→3′)。某一温度时液相和固相成分的确定,可通过该温度点作一平行于成分坐标轴的水平线,分别与液、固相线相交,与液相线交点对应的成分为此温度下液相的成分,与固相线的交点所对应的成分则为固相成分。

(2)杠杆定律

在两相区结晶过程中,两相的成分和相对量都在不断变化。杠杆定律就是确定状态图中两相区内平衡相的成分和相对量的重要工具。

如图 3－26(a)所示,设含 B 量为 K 的合金,在某温度 t_x 时,液相的质量百分数为 Q_L,固相的质量百分数为 Q_α。已知液相中含 B 量为 w_L,固相中含 B 量为 w_α,可得到下列方程:

$$Q_L + Q_\alpha = 1$$
$$Q_L w_L + Q_\alpha w_\alpha = w$$

求解方程得

$$Q_L = \frac{w_\alpha - w}{w_\alpha - w_L} = \frac{\overline{X'K}}{\overline{X'X}}; Q_\alpha = \frac{w - w_L}{w_\alpha - w_L} = \frac{\overline{KX}}{\overline{X'X}}; \frac{Q_\alpha}{Q_L} = \frac{\overline{KX}}{\overline{X'K}} \qquad (3-1)$$

由此得出结论,某合金两相的质量比等于这两相成分点到合金成分点距离的反比。这与力学中的杠杆定律非常相似(图 3－26(b)),因而称之为杠杆定律。

杠杆定律不仅适用于液、固两相区,也适用于其他类型的二元合金的两相区。值得注意的是,杠杆定律只适用于两相区,并且只能在平衡状态下使用。

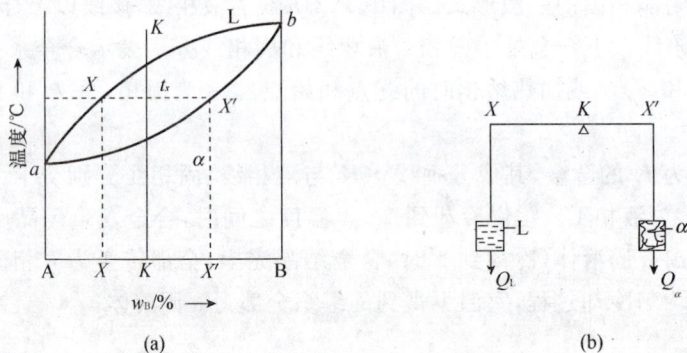

图 3－26 杠杆定理的证明和力学比喻

(3)枝晶偏析

在平衡条件下结晶时,由于冷速缓慢,原子可充分进行扩散,能够得到成分均匀的固溶体。但在实际生产条件下,由于冷速较快(不平衡结晶),从液体中先后结晶出来的固相成分不同,使得一个晶粒内部化学成分不均匀,这种现象称为晶内偏析。由于固溶体一般都以树枝状方式结晶,先结晶的树枝晶轴含高熔点的组元较多;后结晶的晶枝间含低熔点组元较多,故把晶内偏析又称为枝晶偏析。

枝晶偏析严重影响合金的力学性能(尤其是塑性和韧性)和耐蚀性,故应设法消除。生产上通常采用均匀化退火(又称扩散退火),即将铸件加热到固相线以下 100～200℃的温度,保温较长的时间,然后缓慢冷却,使原子充分扩散,从而达到成分均匀的目的。

2. 共晶相图

两组元在液态无限互溶,在固态有限溶解(或不溶),并在结晶时发生共晶反应所构成的相图称为二元共晶相图。具有这类相图的合金系有 Pb – Sn、Pb – Sb、Cu – Al、Al – Si、Ag – Cu、Zn – Sn 等。

(1)相图分析

图 3 – 27 为 Pb – Sn 合金相图。a、b 分别表示 Pb 和 Sn 的熔点,adb 线为液相线,$acdeb$ 为固相线。L、α、β 是该合金系的三个基本相。α 相是以 Pb 为溶剂、Sn 为溶质所形成的有限固溶体,β 相是以 Sn 为溶剂、Pb 为溶质所形成的有限固溶体。相图中的三个单相区即 L、α、β,三个两相区是 L+α、L+β、α+β。还有一个三相区 L+α+β(水平线 cde)。

cde 线为三相平衡线(共晶线)。在该温度(共晶温度)下共晶反应,$L_d \xrightarrow{\text{恒温}} α_c + β_e$,即 d 点成分的液相 L_d 同时结晶出两种成分和结构不同的固相 $α_c$ 和 $β_e$。其产物($α_c + β_e$)是两个固相的机械混合物,称之为共晶体或共晶组织。共晶体的组织特征是两相交替分布,细小分散。

所有成分在 c 点和 e 点之间的合金,当冷却到共晶温度时,将发生共晶反应。d 点称为共晶点,成分对应于共晶点的合金称为共晶合金。成分在 cd 间的合金称之为亚共晶合金,在 de 间的合金称为过共晶合金。

cf 线为 Sn 在 Pb 中的溶解度线,温度降低,固溶体的溶解度下降,Sn 含量大于 f 点的合金从高温冷却到室温时,从 α 相中析出 β 相,以降低 α 相中 Sn 含量,从固态 α 相中析出的 β 相,这种由固相中析出的固相称为次生相或二次相(直接从液相中生成的固相称为初生相或一次相),记为 $β_{II}$;eg 线为 Pb 在 Sn 中的溶解度线,Sn 含量小于 g 点的合金,冷却过程将从固态 β 相中析出 $α_{II}$。

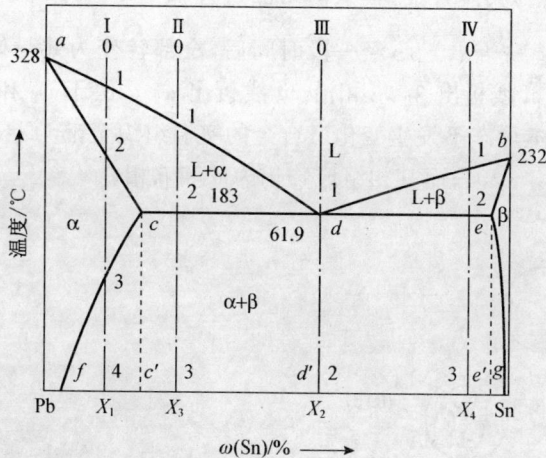

图 3 – 27 Pb – Sn 合金相图

(2)典型合金的结晶过程

① 合金 I。合金 I 的平衡结晶过程如图 3 – 28 所示。液态合金冷却至 1 点温度后,发生匀晶结晶过程,至 2 点温度时合金完全结晶成 α 固溶体,其后的冷却过程中(2~3 点的温度),α 相不变。从 3 点温度开始,由于 Sn 在 α 中的溶解度沿 cf 线降低,从 α 相中析出 $β_{II}$,到

室温时 α 相中 Sn 含量逐渐变为 f 点。最后合金得到的组织为 α+β_Ⅱ。其组成相是 f 点成分的 α 相和 g 点成分的 β 相。运用杠杆定律，两相的质量分数为：

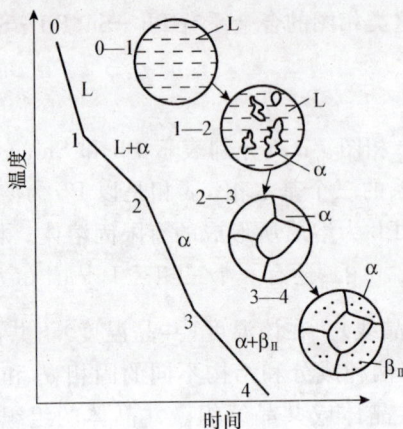

图 3-28　合金 Ⅰ 的结晶过程

$$\begin{cases} w_\alpha = x_1 g/fg \times 100\% \\ w_\beta = fx_1/fg \times 100\% \end{cases} \qquad (3-2)$$

合金室温组织由 α 和 β_Ⅱ 组成，α、β_Ⅱ 即为组织组成物。组织组成物是指合金组织中具有确定本质、一定形成机制的特殊形态的组成部分。组织组成物可以是单相，或是两相混合物。

合金 Ⅰ 的室温组织组成物 α 和 β_Ⅱ 皆为单相，所以它的组织组成物的相对质量和相组成物的相对质量相等。

②合金 Ⅱ。合金 Ⅱ 为共晶合金，其平衡结晶过程如图 3-29 所示。液态金属冷至共晶温度时发生共晶反应 $L_d \xrightarrow{恒温} \alpha_c + \beta_e$，经一段时间后，全部转变为共晶体（$\alpha_c + \beta_e$）。继续冷却时，共晶体中的 α 相沿 cf 线析出 β_Ⅱ，β 相沿 eg 线析出 α_Ⅱ。由于 α_Ⅱ 和 β_Ⅱ 都相应地同 α 和 β 连在一起，共晶体的基本形态不发生变化。合金的室温组织全部为共晶体，即只含有一种组织组成物（共晶体）（图 3-30）；而其相组成物仍为 α 和 β 相。

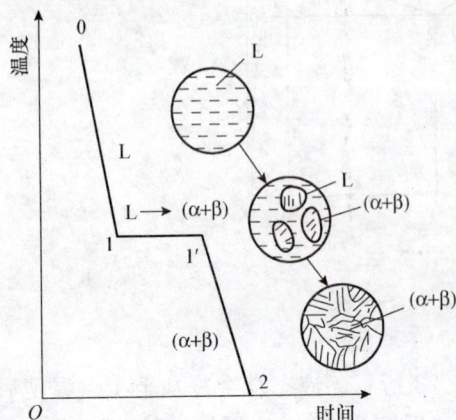

图 3-29　合金 Ⅱ 的结晶过程

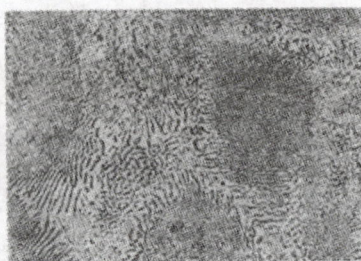

图 3-30　Pb-Sn 合金的共晶组织图

③合金Ⅲ。合金Ⅲ为亚共晶合金,其平衡结晶过程如图 3-31 所示。液态金属冷至 1 点温度后,发生匀晶反应生成初生 α 相。随着温度的降低,液相不断结晶出 α 相,当温度降至 2 点(共晶线)时,初生 α 相和剩余液相的成分分别达到了 c 点和 d 点。此时,剩余液相将在恒温下发生共晶转变而形成共晶体。共晶转变结束后组织为 $\alpha_c + (\alpha_c + \beta_c)$。温度继续下降,初生 α 相中不断析出 β_{II},成分从 c 点降至 f 点;此时共晶体如前所述,形态和总量保持不变。合金的室温组织为初生 $\alpha + \beta_{\text{II}} + (\alpha + \beta)$。

合金的相组成物为 α 和 β,它们的质量分数为:

$$\begin{cases} w_\alpha = x_3 g / fg \times 100\% \\ w_\beta = fx_3 / fg \times 100\% \end{cases} \quad (3-3)$$

合金的组织组成物为初生 α、β_{II} 和共晶体 $(\alpha + \beta)$。它们的质量分数可两次应用杠杆定律求得。根据结晶过程分析,先求出在刚冷至 2 点温度而尚未发生共晶反应时 α_c 和 L_d 相的质量分数:

$$\begin{cases} w_{\alpha_c} = 2d / cd \times 100\% \\ w_{L_d} = c2 / cd \times 100\% \end{cases} \quad (3-4)$$

其中,液相在共晶反应后全部转变为共晶体 $(\alpha + \beta)$,因此这部分液相的质量分数就是室温组织中共晶体 $(\alpha + \beta)$ 的质量的分数,即 $w_{(\alpha + \beta)} = c2 / cd \times 100\%$。

初生 α_c 冷却时不断析出 β_{II},到室温后转变为 α_f 和 β_{II}。按照杠杆定律可求得 α_f 和 β_{II} 在 $\alpha_f + \beta_{\text{II}}$ 中的质量分数(注意,杠杆支点在 c'),再乘以初生 α_c 在合金中的质量分数,求得 α_f 和 β_{II} 的质量分数:

$$\begin{cases} w_{\alpha_f} = c'g / fg \times 100\% \times w_{\alpha_c} \\ w_{\beta_{\text{II}}} = fc' / fg \times 100\% \times w_{\alpha_c} \end{cases} \quad (3-5)$$

成分在 cd 之间的所有亚共晶合金的结晶过程均与合金Ⅲ相同,仅组织组成物和相组成物的质量分数不同。成分越靠近共晶点,合金中共晶体的含量越多。

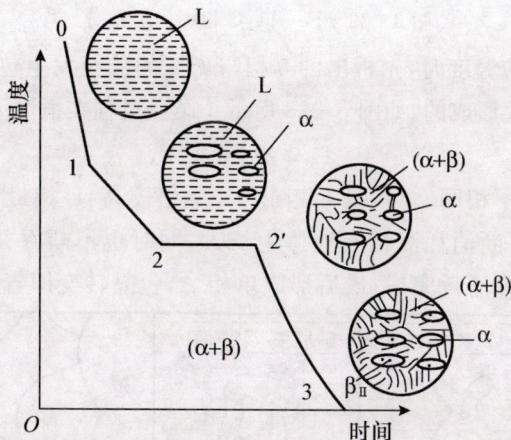

图 3-31　合金Ⅲ结晶过程

④合金Ⅳ

合金Ⅳ为过共晶合金。它的平衡结晶过程与亚共晶合金相似。不同之处在于初生相为

β 固溶体,而后初生 β 相中析出 α_{II}。室温组织为初生 $\beta + \alpha_{II} + (\alpha + \beta)$。

3. 包晶相图

两组元在液态无限互溶,在固态有限溶解,并在结晶时发生包晶反应所构成的相图,称之为包晶相图。具有这种相图的合金系主要有:Pt‐Ag、Ag‐Sn、Cu‐Zn、Cu‐Sn、Sn‐Sb、Fe‐C 等。

图 3‐32 为 Fe‐Fe₃C 相图中的包晶部分。A 点为纯铁的熔点,ABC 线为液相线,AHJE 线固相线。HN 和 JN 分别表示冷却时 δ→A 转变的开始和终了线。HJB 水平线为包晶线,J 是包晶点。

相图中有三个单相区 L、δ 和 A,三个两相区 L+δ、L+A 和 δ+A。

现以包晶点成分的合金 I 为例,分析其结晶过程。当合金 I 冷至 1 点时开始从液相析出 δ 固溶体,继续冷却 δ 相数量不断增加,液相数量不断减少。δ 相成分沿 AH 线变化,液相成分沿 AB 线变化。此阶段为匀晶结晶过程。

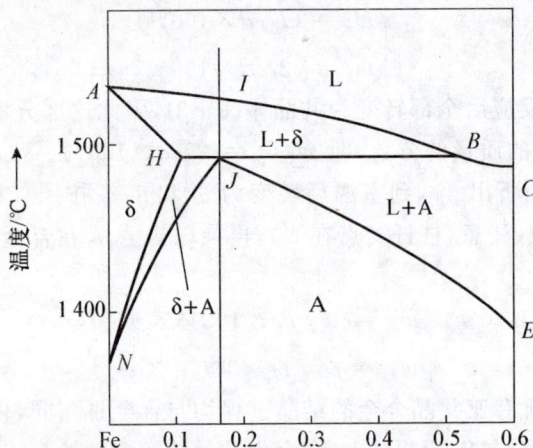

图 3‐32　Fe‐Fe₃C 相图包晶部分

当合金冷至包晶反应温度时,先析出的 δ 相与剩下的液相发生包晶反应生成 A。A 是在原有 δ 相表面生核并长大形成的,如图 3‐33 所示。结晶过程在恒温下进行,其反应式为:

$$L_B + \delta_H \longrightarrow A_J \tag{3-6}$$

由于三相的浓度各不相同,含碳量 δ 相最少,A 相较高,L 相最高。通过铁原子和碳原子的扩散,A 相一方面不断消耗液相向液体中长大,同时也不断吞并 δ 固溶体向内生长,直至把液体和 δ 固溶体全部消耗完毕,最后形成单相 A,包晶转变即告完成。

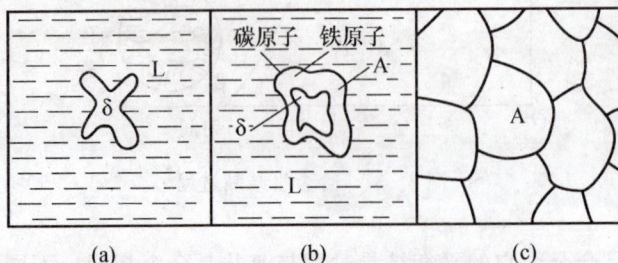

图 3‐33　包晶转变示意图

当合金成分在 HJ 之间时,包晶反应终了 δ_H 有剩余,在随后的冷却中,将发生 $\delta \to A$ 的转变。当冷至 JN 线 δ 相全部转变为 A。

4. 共析相图

在二元合金相图中,经常会遇到这样的反应,即在高温时通过匀晶反应、包晶反应所形成的单相固溶体,在冷至某一温度处又发生分解而形成两个与母相成分不同的固相,如图 3-34 所示。

相图中 c 点为共析点,dce 线为共析线。当 γ 相具有 c 点成分,且冷至共析线温度时,则发生如下反应:

$$\gamma_c \to \alpha_d + \beta_e \tag{3-7}$$

这种由一种固相在恒温下析出两种新固相的反应,称为共析反应。其相图称为共析相图。

由于共析反应易于过冷,因而形核率较高,得到的两相机械混合物(共析体)比共晶体更细小和弥散,主要存在片状和粒状两种形态。共析组织在钢中普遍存在。

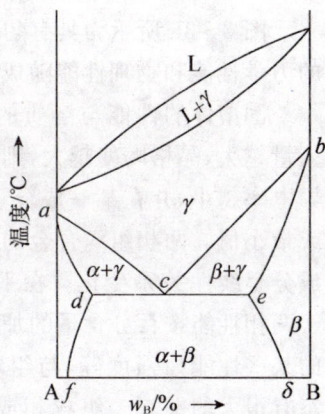

图 3-34　共析相图

5. 具有稳定化合物的相图

某些二元合金中,可以形成一种或几种稳定化合物。这些化合物具有一定的化学成分、固定的熔点,且熔化前不分解,也不发生其他化学反应。例如 Mg-Si 合金就能形成稳定化合物 Mg_2Si。图 3-35 为 Mg-Si 合金相图。在分析这类相图时,可以把稳定化合物看成是一个独立组元,并将整个相图分割成几个简单相图。因此可将 Mg-Si 合金相图分为 Mg-Mg_2Si 和 Mg_2Si-Si 两个相图来进行分析。

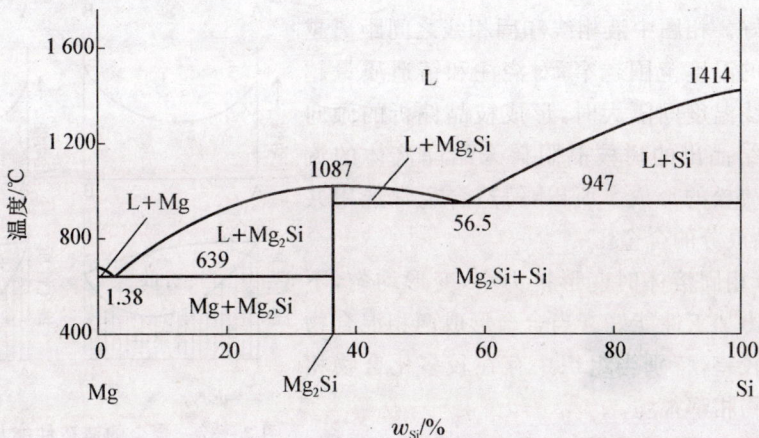

图 3-35　Mg-Si 相图

许多合金系的相图是由多种基本相图组合而成的复杂相图,如后面介绍的 Fe-C 合金相图就包含了包晶、共晶、共析和稳定化合物四种相图。

3.3.2　合金性能与相图的关系

相图不仅表明了合金成分与组织的关系,而且反映了不同合金的结晶特点。合金的使用性能取决于它们的成分和组织,而合金的某些工艺性能则取决于其结晶特点。掌握这些规律,便可利用相图大致判断合金的性能,作为配制合金,选择材料和制定工艺的参考。

1. 合金的使用性能与相图的关系

图 3-36 所示为具有匀晶相图和共晶相图合金的力学性能和物理性能随成分变化的一般规律。

固溶体的性能与溶质的溶入量有关,溶质的溶入量越大,晶格畸变越大,则合金的强度、硬度越高,导电率越小,并在某一成分下(约 50%)达到最大值或最小值。两相组织合金的力学性能和物理性能与成分呈线性关系变化。在平衡状态下,其性能约等于两相性能按百分含量的加权平均值。对组织敏感的某些性能如强度等,与组成相或组织组成物的形态有很大的关系。组成相或组织组成物越细密,强度越高(见图中虚线)。

固溶体强化对强度与硬度提高的幅度有限,同时保持了较好的塑性、韧性,故工程上常将固溶体作为合金的基体。

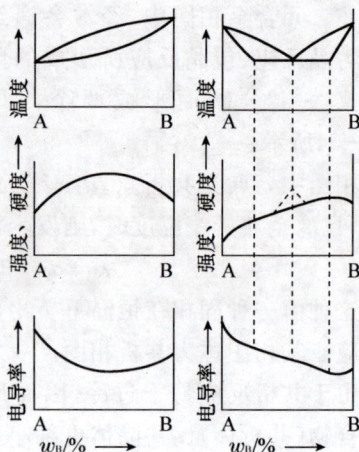

图 3-36　合金使用性能与相图的关系

2. 合金的工艺性能与相图的关系

合金的工艺性能与相图也有密切的关系。图 3-37 所示为合金的铸造性能与相图的关系。

纯组元和共晶成分的合金的流动性最好,缩孔集中,铸造性能好。相图中液相线和固相线之间距离越小,合金结晶的温度范围越窄,对浇注和铸造质量越有利。液、固线温度间隔大时,形成枝晶偏析的倾向性大,同时先结晶出的树枝晶阻碍未结晶液体的流动,从而增加疏松的形成。所以,铸造合金常选用共晶或接近共晶成分的合金。

合金为单相固溶体时变形抗力小,变形均匀,不易开裂,故压力加工性能好。当合金形成两相混合物时,变形能力较差,特别当组织中存在较多化合物相时,因为化合物相都很脆。

另外,单相固溶体切削加工性差,表现为不易断

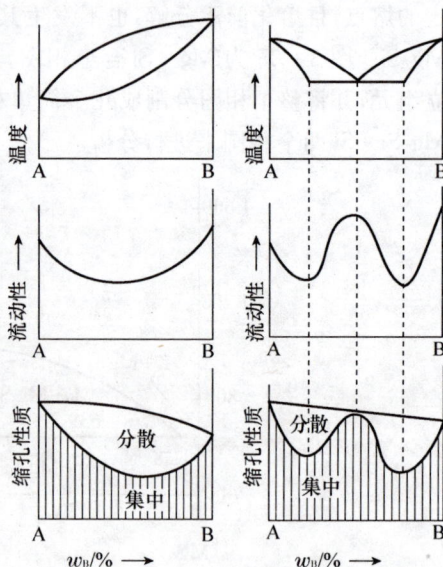

图 3-37　合金的铸造性能与相图的关系

屑、工件表面粗糙度高等。当合金形成两相混合物时,切削加工性得到改善。

3.4　铁碳合金

铁碳合金是现代工业中使用最广泛的金属材料,它包括碳钢和铸铁。合金钢和合金铸铁实际上是加入合金元素的铁碳合金。因此,为了认识铁碳合金的本质并了解铁碳合金的

成分、组织和性能之间的关系,以便在生产中合理地使用,首先必须了解铁碳合金相图。

在铁碳合金中,铁与碳可以形成 Fe_3C、Fe_2C、FeC 等一系列化合物。而稳定的化合物可以作为一个独立的组元。由于钢和铸铁中的含碳量一般不超过 5%,是在 $Fe-Fe_3C$ (6.69%) 的成分范围内。因此在研究铁碳合金时仅考虑 $Fe-Fe_3C$ 部分。下面所讨论的铁碳相图,就是 $Fe-Fe_3C$ 相图。

3.4.1　铁碳合金相图

$Fe-Fe_3C$ 相图如图 3-38 所示。

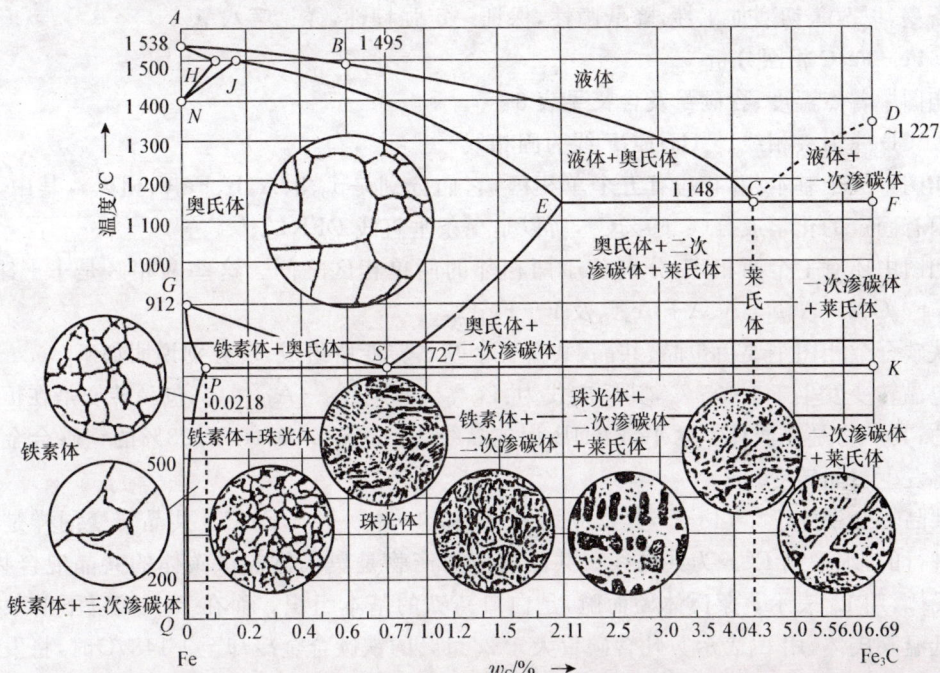

图 3-38　$Fe-Fe_3C$ 相图

1. 铁碳合金中的基本相

(1)铁素体

碳在 $\alpha-Fe$ 中形成的间隙固溶体称为铁素体,常用符号 F 或 α 表示。铁素体中碳的固溶度极小,室温时仅为 0.0008%,600 ℃ 时为 0.0057%,727 ℃ 时溶碳量最大,为 0.0218%。铁素体的性能特点是强度、硬度不高,但具有良好的塑性和韧性,其机械性能与工业纯铁大致相同。

碳在 $\delta-Fe$ 中形成的固溶体称为 δ 固溶体,也称为高温铁素体,以 δ 表示。在 1 495 ℃ 时,碳在 $\delta-Fe$ 中的最大溶解度为 0.09%。δ 固溶体只存在于高温很小的区间,对钢铁的性能影响不大。

(2)奥氏体

碳在 $\gamma-Fe$ 中形成的间隙固溶体称为奥氏体,以符号 A 或 γ 表示。由于面心立方晶格结构,它的有效晶格间隙比 $\alpha-Fe$ 大,故奥氏体的溶碳能力较大,在 1 148 ℃ 时溶碳能力最大,可达 2.11%。随温度的下降溶碳能力逐渐减小,在 727 ℃ 时溶碳量为 0.77%。

奥氏体是一种强度不高但塑性很好的高温相,是热变形加工所需要的相。

（3）渗碳体

渗碳体是铁和碳的间隙化合物（Fe_3C），有固定的含碳量6.69%，熔点约为1 227 ℃。

渗碳体硬度很高而脆性极大，强度低。渗碳体是碳钢主要的强化相，它的形状、数量与分布等对钢的性能有很大的影响。

（4）石墨

石墨是铁碳合金中游离存在的碳，符号为G。它以简单六方晶格结构存在。强度、硬度、塑性都很低。在钢中通常不允许它存在，否则会降低钢的力学性能。但是铸铁中需要一定量石墨，以改善切削加工性，降低脆性，保证一定强韧性，详见第八章。

2. Fe－Fe_3C 相图分析

相图中各点温度、含碳量及含义见表3-5。

ABCD线为液相线。AHJECF线为固相线。

相图中五个基本相，相应有五个单相区，它们分别是 L、δ、A、F、Fe_3C 相区。其中 Fe_3C 相区因有固定的化学成分（6.69%C），所以是一条垂直线 DFKL。

相图中还有七个两相区，分别位于两相邻的两单相区之间。这些两相区是 L＋δ、L＋A、L＋Fe_3C、δ＋A、F＋A、A＋Fe_3C 及 F＋Fe_3C。

铁碳合金相图主要由包晶、共晶、共析三个基本转变所组成，现分别说明如下：

包晶转变发生于1 495 ℃，其反应式为：$L_{0.53\%C}＋\delta_{0.09\%C}\rightarrow A_{0.17\%C}$。包晶转变是在恒温下进行的，其产物是奥氏体。水平线 HJB 为包晶线，凡含碳0.09%～0.53%的铁碳合金结晶时均将发生包晶转变。

共晶转变发生于1 148 ℃，其反应式为：$L_{4.30\%C}\rightarrow A_{2.11\%C}＋Fe_3C$。共晶转变同样是在恒温下进行的，水平线 ECF 为共晶线。共晶反应的产物是奥氏体和渗碳体的共晶混合物，称为莱氏体，用 L_d 表示。莱氏体硬而脆，是白口铸铁的基本组织。而在727 ℃以下的莱氏体称为低温莱氏体，用 L'_d 表示。凡含碳量大于2.11%的铁碳合金冷却至1 148 ℃时，将发生共晶转变，从而形成莱氏体。

表3-5 Fe－Fe_3C 相图中的特性点

符 号	温度/℃	含碳量/%	说 明
A	1 538	0	纯铁熔点
B	1 495	0.53	包晶转变时液态合金的成分
C	1 148	4.30	共晶点，$L_C\leftrightarrow A_E＋Fe_3C$
D	1 227	6.69	渗碳体熔点（计算值）
E	1 148	2.11	碳在 γ－Fe 中的最大溶解度
F	1 148	6.69	渗碳体的成分
G	912	0	α－Fe$\leftrightarrow\gamma$－Fe 同素异构转变点（A_3）
H	1 495	0.09	碳在 δ－Fe 中的最大溶解度
J	1 495	0.17	包晶点，$L_B＋\delta_H\leftrightarrow A_J$

符　号	温度/℃	含碳量/%	说　　明
K	727	6.69	渗碳体的成分
N	1 394	0	$\gamma - Fe \leftrightarrow \delta - Fe$ 同素异构转变点（A_4）
P	727	0.021 8	碳在 $\alpha - Fe$ 中的最大溶解度
S	727	0.77	共析点，$A_S \leftrightarrow F_P + Fe_3C$
Q	室温	0.000 8	碳在 $\alpha - Fe$ 中的溶解度

在 727 ℃发生共析转变，即：$A_{0.77\%C} \rightarrow F_{0.0218\%C} + Fe_3C$。共析转变也是恒温下进行的，水平线 PSK 为共析线，又称 A_1 线。共析反应产物是铁素体与渗碳体的混合物，称为珠光体（P），性能介于铁素体和渗碳体之间，强度比铁素体高，脆性比渗碳体低。凡含碳量大于 0.0218％的铁碳合金冷却至 727 ℃时，其中的奥氏体必将发生共析转变。

此外，在铁碳合金相图中还有三条重要的特性曲线，它们是 ES、PQ、GS 线。

ES 线也称 A_{cm} 线，是碳在奥氏体中的溶解度线。随温度变化，奥氏体的溶碳量将沿 ES 线变化。因此，含碳量大于 0.77％的铁碳合金，自 1 148 ℃冷至 727 ℃的过程中，必将从奥氏体中析出渗碳体。为区别于自液相中析出的渗碳体，通常把从奥氏体中析出的渗碳体称为二次渗碳体（Fe_3C_{II}）。

PQ 线是碳在铁素体中的溶解度线。由 727 ℃冷至室温时，将从铁素体中析出渗碳体，称为三次渗碳体（Fe_3C_{III}）。对于工业纯铁及低碳钢，由于 Fe_3C_{III} 沿晶界析出，使其塑性、韧性下降，因而要重视 Fe_3C_{III} 的存在与分布。在含碳量较高的铁碳合金中，Fe_3C_{III} 可忽略不计。

GS 线称为 A_3 线。它是冷却过程中，由奥氏体中析出铁素体的开始线，或者说是在加热时，铁素体完全溶入奥氏体的终了线。

需要指出的是，一次渗碳体、二次渗碳体、三次渗碳体，以及珠光体和莱氏体中的渗碳体，它们本身并无本质区别，都具有相同的化学成分、晶体结构和性质。只是出处不同，并由此造成其形态、大小以及在合金中的分布等情况有所不同。因此，对合金的性能也有不同的影响。通过热处理或锻造等方法可以改变渗碳体的形态、大小和分布，从而改变其对铁碳合金性能的影响。

3.4.2　典型铁碳合金的结晶过程分析

铁碳合金相图上的各种合金按其含碳量及组织的不同，常分为三类，如表 3-6 所列。

表 3-6　铁碳合金的分类

种类	工业纯铁	碳素钢			白口铸铁		
		亚共析钢	共析钢	过共析钢	亚共晶白口铸铁	共晶白口铸铁	过共晶白口铸铁
碳质量分数/%	＜0.021 8	0.021 8~0.77	0.77	0.77~2.11	2.11~4.3	4.3	4.3~6.69

现分别对图 3-39 中几种典型铁碳合金的结晶过称进行分析。

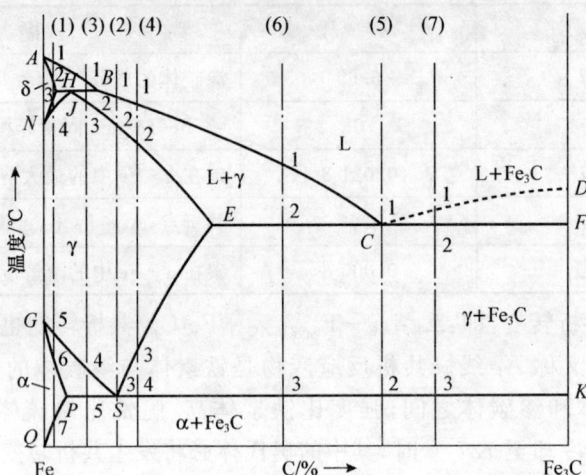

图 3-39 典型铁碳合金在 Fe-Fe₃C 相图中的位置

1. 工业纯铁

液态合金在 1~2 点温度之间,按匀晶转变结晶出单相 δ 固溶体。δ 冷却到 3 点时,δ 开始向 A 转变。这一转变于 4 点结束,合金全部变为单相 A。奥氏体冷却到 5 点时,开始形成 F。冷到 6 点时,合金成为单相的 F。F 冷到 7 点时,碳在铁素体中的溶解量呈饱和状态。因而自 7 点继续降温时,将自 F 中析出 Fe₃C_Ⅲ,它一般沿 F 晶界呈片状分布。

工业纯铁缓冷到室温后的显微组织如图 3-40 所示。

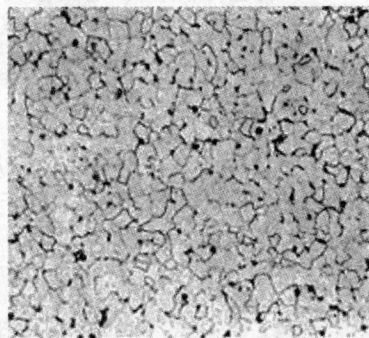

图 3-40 工业纯铁的显微组织图

2. 共析钢

含碳量为 0.77% 的钢为共析钢,其冷却曲线和平衡结晶过程如图 3-41 所示。

共析钢在温度 1~2 之间按匀晶转变结晶出奥氏体。奥氏体冷至 727 ℃(3 点)时,将发生共析转变,即 $A_S \rightarrow P(F_P + Fe_3C)$ 形成 P。P 中的 Fe₃C 称为共析渗碳体。当温度由 727 ℃ 继续下降时,F 沿溶解度线 PQ 改变成分,析出 Fe₃C_Ⅲ。Fe₃C_Ⅲ 常与共析渗碳体连在一起,不易分辨,且数量极少,可忽略不计。

共析钢的室温组织为全部的 P,而相组成物为 F 和 Fe₃C,它们的质量分数为:

$$w_F = \frac{6.69 - 0.77}{6.69 - 0.000\,8} \times 100\% = 88.5\%$$

$$w_{Fe_3C} = 1 - 88.5\% = 11.5\%$$

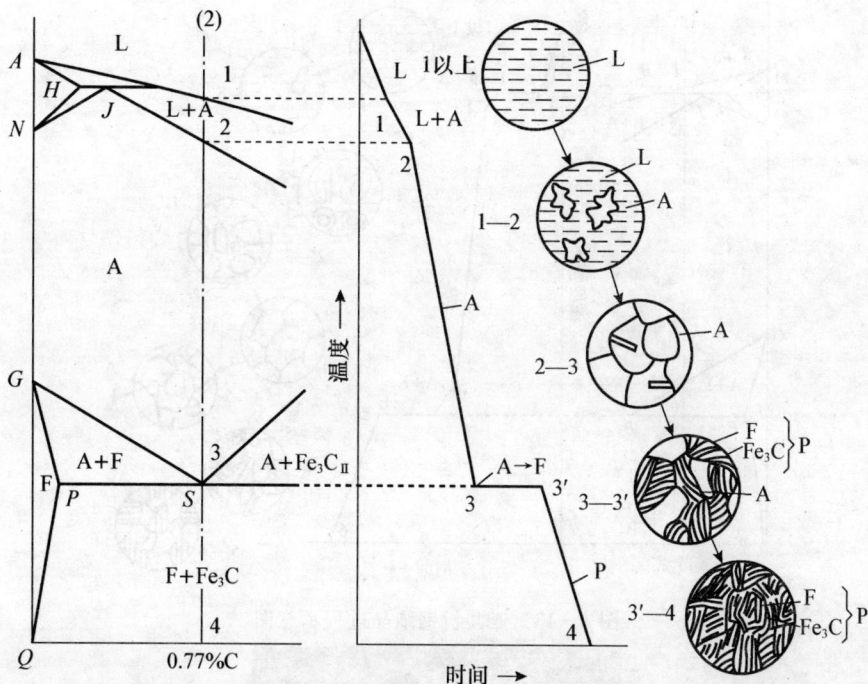

图 3 - 41　共析钢的结晶过程示意图

图 3 - 42 是共析钢的显微组织。

3. 亚共析钢

以含碳量为 0.45％ 的合金为例来进行分析。它的结晶过程示意图如图 3 - 43 所示。在 1 点以上合金为液体。温度降至 1 点后，开始从液体中析出 δ 固溶体，1～2 点之间为 L＋δ。冷却到 2 点（1 495 ℃）时发生包晶转变 $L_B+\delta_H \rightarrow A_J$，形成 A。包晶转变结束后，除 A 外还有过剩的 L。温度继续下降时，2～3 点之间从 L 中继续结晶出 A，A 的成

图 3 - 42　共析钢的显微组织图×400

分沿 JE 线变化。到 3 点合金全部凝固，形成单相 A。温度由 3 点降至 4 点时，是 A 的单相冷却过程，没有相和组织的变化。继续冷却至 4 点时，由 A 开始析出 F。随着温度的降低，A 成分沿 GS 线变化，F 成分沿 GP 线变化。当温度降到 727 ℃（5 点）时，A 的成分为 S 点（0.77％），组织中剩余 A 发生共析转变 A→P(F_P＋Fe_3C)，形成 P。此时原先析出的 F 量保持不变。所以共析转变后，合金的组织为 F＋P。当继续冷却时，F 的含碳量沿 PQ 线下降，同时析 C 出 $Fe_{3}C_{Ⅲ}$，其量极少，同样可忽略不计，因此，含碳量为 0.45％ 的铁碳合金，其室温组织是由 F 和 P 组成，如图 3 - 44 所示。它们的质量分数为：

$$w_F=\frac{0.77-0.45}{0.77-0.0218}\times100\%=42.8\%$$

$$w_P=1-42.8\%=57.2\%$$

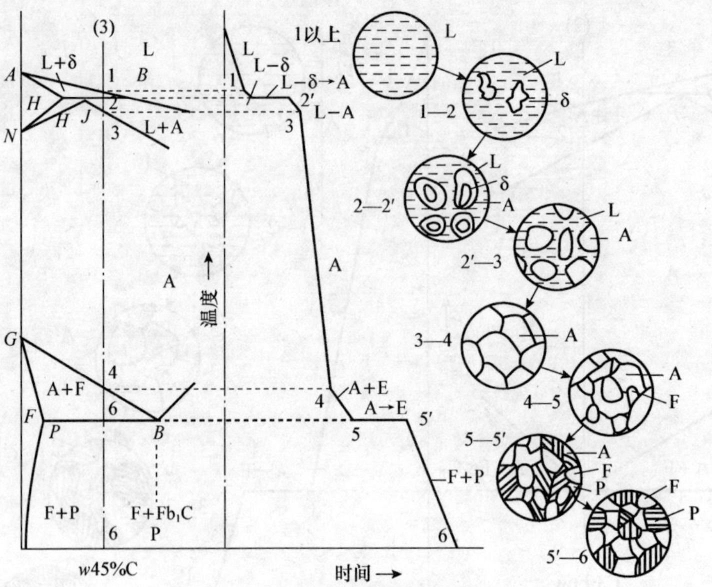

图 3-43 亚共析钢结晶过程示意图

图 3-44 含碳量 0.45％的亚共析钢显微组织图

所有亚共析钢的室温组织都是由铁素体和珠光体组成。其差别仅在于珠光体与铁素体的相对量不同。含碳量越高,则珠光体越多,铁素体越少,相对量可用杠杆定律来计算。若考虑铁素体中的含碳量很少而忽略不计,则亚共析钢的含碳量可以通过显微组织中铁素体和珠光体的相对面积估计得到。例如,退火亚共析钢经观察显微组织中珠光体和铁素体的面积各占 50％,则其含碳量大致为:

$$C\% = 50\% \times 0.77\% = 0.385\%$$

4. 过共析钢

以含碳量为 1.2％的合金为例。结晶过程示意图如图 3-45 所示。合金在 1~2 点之间按匀晶转变为单相 A 组织。在 2~3 点之间为单相 A 的冷却过程。自 3 点开始由于 A 的溶碳能力降低,从 A 中析出 Fe_3C_{II},并沿 A 晶界呈网状分布。温度在 3~4 点之间,随着温度的降低,析出的 Fe_3C_{II} 量不断增多。与此同时,A 的含碳量也逐渐沿 ES 线降低。当冷到 727 ℃(4 点)时,A 的成分达到 S 点,于是发生共析转变形成 P。4 点以下直到室温,合金组织变化不大。因此常温下过共析钢的显微组织由 P 和网状 Fe_3C_{II} 所组成,如图 3-46 所示。

它们的质量分数为：

$$w_P = \frac{6.69-1.2}{6.69-0.77} \times 100\% = 92.7\%$$

$$w_{Fe_3C_{II}} = 1 - 92.7\% = 7.3\%$$

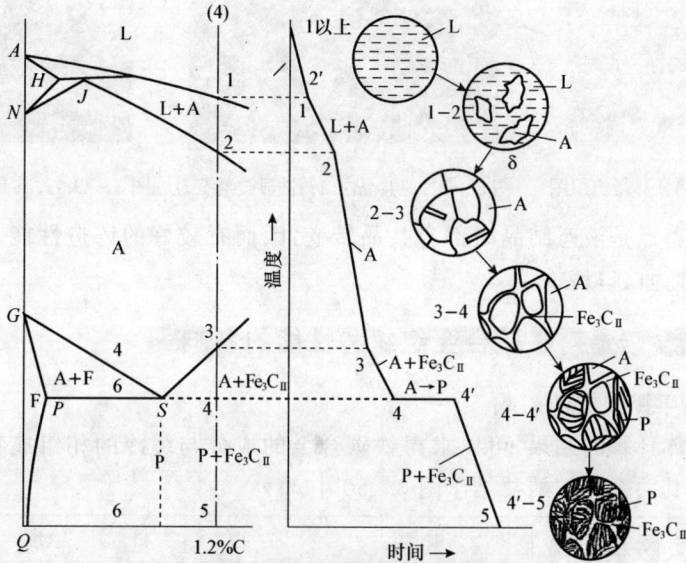

图 3-45　过共析钢结晶过程示意图

图 3-46　含碳量 1.2% 的过共析钢的显微组织图

5. 共晶白口铸铁

图 3-39 中的合金 5，在 1 点（1148℃）发生共晶反应 $L_{4.3\%C} \rightarrow L_d(A_{2.11\%C} + Fe_3C)$，由液态转变为高温莱氏体 L_d。其中的渗碳体称为共晶渗碳体。1～2 之间从 A 中不断析出 Fe_3C_{II}。Fe_3C_{II} 通常依附在共晶渗碳体上，在显微镜下无法分别。至 2 点温度（727℃）时 A 的含碳量降为 0.77%，此时发生共析反应转变为 P，高温 L_d 转变为低温 $L_d'(P+Fe_3C)$。忽略 2～室温之间的析出 Fe_3C_{III}，室温组织仍为 L_d'，它与共析转变前的高温莱氏体形貌相同。图 3-47 为共晶白口铸铁的显微组织，其中黑斑区为 P，白色为 Fe_3C 基体。

用同样的方法分析亚共晶白口铸铁和过共晶白口铸铁的结晶过程。它们的常温组织分别为 P + Fe_3C_{II} + L_d'（图 3-48）和 Fe_3C_I + L_d'（图 3-49）。

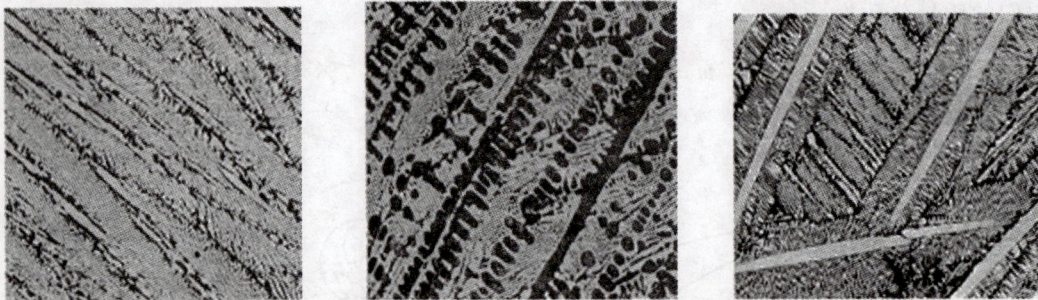

图3-47 共晶白口铸铁显微组织图　　图3-48 亚共晶白口铸铁显微组织图　　图3-49 过共晶白口铸铁显微组织图

　　白口铸铁的特点是液态结晶时都有共晶转变,因而有较好的铸造性能。它们的断口有白亮的光泽,故称为白口铸铁。

3.4.3　含碳量对铁碳合金组织和性能的影响

1. 含碳量对平衡组织的影响

　　根据杠杆定律计算的结果,可以求得铁碳合金的成分与缓冷的相组成物及组织组成物间的定量关系。其关系可归纳总结于图3-50中。

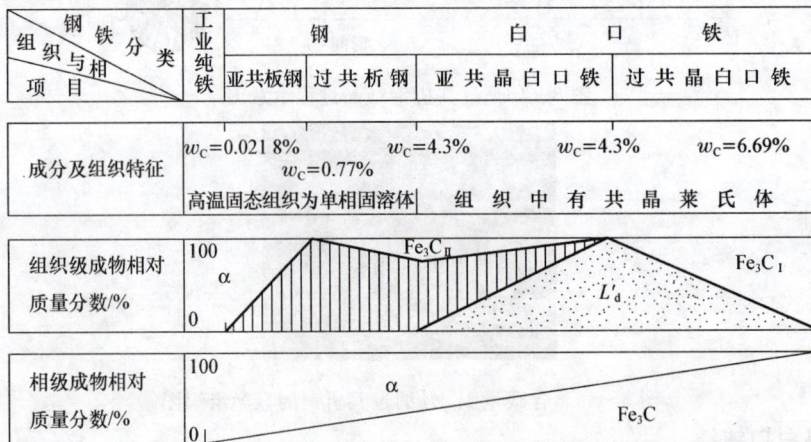

组织与相 项目　钢铁分类	工业纯铁	钢		白　口　铁	
		亚共析钢	过共析钢	亚共晶白口铁	过共晶白口铁
成分及组织特征	$w_C=0.021\,8\%$ $w_C=0.77\%$ 高温固态组织为单相固溶体			$w_C=4.3\%$　　$w_C=4.3\%$　　$w_C=6.69\%$ 组织中有共晶莱氏体	
组织级成物相对质量分数/%					
相级成物相对质量分数/%					

图3-50　室温下铁碳合金的成分与相组成物及组织组成物之间的关系

　　当含碳量增高时,组织中不仅渗碳体的数量增加,而且渗碳体的存在形式也在变化,由分布在F的基体内(如P),变为分布在A的晶界上(Fe_3C_{II})。最后当形成L_d'时Fe_3C又作为基体出现。不同含量的铁碳合金具有不同组织,因而具有不同的性能。

2. 含碳量对力学性能的影响

　　在铁碳合金中,Fe_3C是强化相。如果合金的基体是F,则Fe_3C的数量越多,分布越均匀,则材料的强度、硬度就越高,而塑性和韧性则有所下降。但是,当这种又硬又脆的Fe_3C相分布在晶界,特别是作为基体时,材料的塑性和韧性就大大下降。这也正是高碳钢和白口铸铁脆性高的主要原因。含碳量对碳钢力学性能的影响,如图3-51所示。

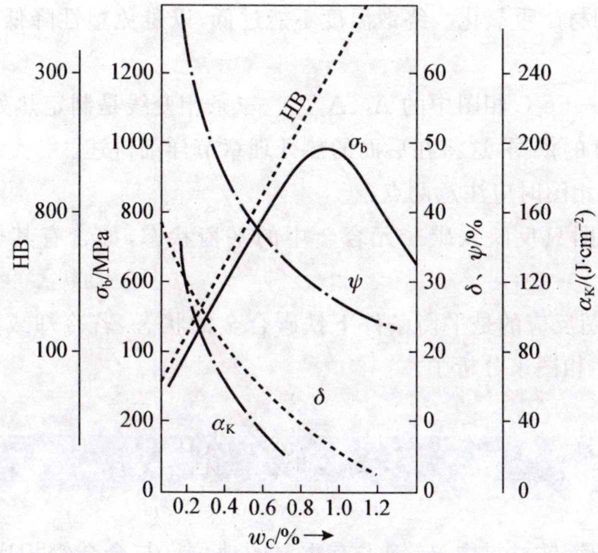

图 3-51　碳钢的力学性能与碳含量的关系

含碳量很低的纯铁,可认为是单相 F 构成的。故其塑性、韧性很好,强度和硬度很低,不能制作受力零件。但它具有优良的铁磁性,可作铁磁材料。

亚共析钢,组织是由不同数量的 F 和 P 组成的。随着含碳的增加,组织中 P 量增多,强度、硬度直线上升,但塑性、韧性降低。

过共析钢,缓冷后组织由 P 与 Fe_3C_{II} 所组成。随含碳量的增加,Fe_3C_{II} 数量也相应增加,并逐渐形成网状分布,使其脆性增加。当含碳量大于 0.9% 时,其强度开始下降。所以工业用钢中的含碳量一般不超过 1.3%~1.4%。

白口铸铁,由于组织中存在大量 Fe_3C,在性能上显得特别脆而硬,难以切削加工,且不能锻造,故除作少数耐磨零件外,很少应用。

3.4.4　$Fe-Fe_3C$ 相图的应用

1. 钢铁选材的成分依据

工程设计中对服役的金属材料有不同的要求。若零件要求塑性、韧性好,应选用低碳钢(含碳量 0.10%~0.25%),如冲压件、焊接件、抗冲击结构件等;若要求强度、塑性、韧性都较好,应选用中碳钢(含碳量 0.25%~0.60%),如轴、齿轮等;若要求硬度高、耐磨性好,则应选用高碳钢(含碳量 0.6%~1.3%),如工具和模具。白口铸铁硬而脆,不易切削加工,也不能塑性加工,但其铸造性能优良,耐磨性好,可用于制造要求耐磨、不受冲击、形状复杂的铸件,如冷轧辊、犁铧、球磨机的铁球等。

2. 钢铁热加工的工艺依据

铸造工艺可根据 $Fe-Fe_3C$ 相图确定不同成分材料的熔点,制定浇注温度和工艺;根据相图液相线和固相线之间的距离估计铸件质量,距离越小,铸造性能越好。

锻造工艺可根据 $Fe-Fe_3C$ 相图确定锻造温度。钢处于 A 状态时强度低、塑性好,便于塑性加工,所以锻造都选择在单相 A 区内进行。始锻温度不能过高,一般在固相线以下

100～200 ℃,以免钢材严重氧化。终锻温度不能过低,以避免塑性降低而锻裂,而过高则会使锻轧件晶粒粗大。

在热处理中,Fe-Fe₃C 相图中的 A_1、A_3、A_{cm} 三条相变线是制定热处理工艺(如退火、正火、淬火等)加热温度的依据,这将在后面的热处理章节详细讲述。

应用 Fe-Fe₃C 相图时应注意两点:

①Fe-Fe₃C 相图只反映铁碳二元合金中的平衡状态,如含有其他元素,相图将发生变化。

②Fe-Fe₃C 相图反应的是平衡条件下铁碳合金的状态,若冷却或加热速度较快时,其组织转变就不能只用相图来分析了。

3.5　碳　钢

在工业上使用的钢铁材料中,碳钢占有重要的地位。与合金钢相比,碳钢冶炼简便,加工容易,价格便宜,而且在一般情况下能满足使用性能的要求,因而应用广泛。

3.5.1　碳钢的分类、编号和用途

1. 碳钢的分类

碳钢的分类方式有很多,常见的有以下几种。

(1)按钢的含碳量分类　根据钢的碳含量,可分为:

低碳钢:≤0.25%C
中碳钢:0.25%C～0.6%C
高碳钢:≥0.6%C

(2)按钢的质量分类　根据钢的质量高低,即主要根据钢中所含有害杂质 S、P 的多少来分,通常分三类:

普通质量碳素钢:S、P 含量≤0.045%
优质碳素钢:S、P 含量比普通质量碳素钢少
高级优质碳素钢:S、P 含量≤0.025%

(3)按钢的用途分类　按碳钢的用途不同,可分为四大类:

碳素结构钢:见表 3-7
优质碳素结构钢:见表 3-8
碳素工具钢:见表 3-9
一般工程用铸造碳素钢件:见表 3-10

(4)按炼钢时脱氧程度,可分为:

沸腾钢(F):脱氧不彻底
镇静钢(Z):脱氧彻底
半镇静钢(b):脱氧程度介于沸腾钢和镇静钢之间
特殊镇静钢(TZ):进行特殊脱氧的钢

2. 碳钢的编号和用途

钢的品种很多,为了在生产、加工处理和使用中不致造成混乱,必须对各种钢进行命名和编号。

(1)碳素结构钢

这类钢一般为低、中碳成分,具有良好的塑性、韧性和一定的强度,同时有良好的加工工艺性能、焊接性能和冷变形成形性能。主要用于各类工程构件(如桥梁、船舶、建筑等)和机器零件(如齿轮、轴、螺钉、螺母、连杆等)所需的热轧钢板、钢带、钢管、盘条、型钢、棒钢等,可供焊接、铆接等构件使用。对这类钢通常是热轧后空冷供货,用户一般不需再进行热处理而是直接使用。所以,这类钢主要保证力学性能。

如表 3-7 所示,碳素结构钢共分五个强度等级。其钢号命名方法为:"标志符号 Q+最小 σ_s 值-等级符号+脱氧程度符号"。标志符号 Q 为屈服强度的汉语拼音字头 Q。

等级符号表示钢材质量等级,它是按 S、P 杂质多少来分。共分为四级,即 A 级(S≤0.05%、P≤0.045%)、B 级(S≤0.045%、P≤0.045%)、C 级(S≤0.04%、P≤0.04%)、D 级(S≤0.035%、P≤0.035%)。其中最高级(D 级)达到了碳素结构钢的优质级,其余 A、B、C 三个等级均属于普通级范围。

若在牌号后面标注字母"F"则为脱氧不完全的沸腾钢,"b"为半镇静钢,不标注者为脱氧较完全的镇静钢("Z"和"TZ"符号可省略)。

从这类钢的牌号中,可以直接知道钢的最低屈服点、质量等级和脱氧程度,用起来很方便。例如,Q235-AF 钢为 σ_s≥235MPa,质量等级 A(S、P 杂质较多),脱氧不充分的沸腾钢。

表 3-7 碳素结构钢的牌号、化学成分、力学性能及用途(摘自 GB 700-88)

牌号	质量等级	化学成分 $w/\%$					脱氧方法	力学性能			用途举例
		C	Mn	Si	S	P		屈服点 σ_s/MPa	抗拉强度 σ_b/MPa	伸长率 δ_5/%	
				不大于							
Q195	—	0.06~0.12	0.25~0.50	0.30	0.050	0.045	F,b,Z	195	315~390	33	塑性好、强度低,用于承受载荷不大的构件,如螺钉、螺母、垫圈、钢窗、地脚螺钉、冲压件及焊接件
Q215	A	0.09~0.15	0.25~0.55	0.30	0.050	0.045	F,b,Z	215	335~410	31	
	B				0.045						
Q235	A	0.11~0.22	0.30~0.65*	0.30	0.050	0.045	F,b,Z	235	375~460	26	钢板、钢筋、型钢、螺栓、螺母、轴、吊钩、自行车架等,C、D 可用作重要焊接件
	B	0.12~0.20	0.30~0.70*		0.045						
	C	≤0.18	0.35~0.80		0.040	0.040	Z				
	D	≤0.17			0.035	0.035	TZ				
Q255	A	0.18~0.28	0.40~0.70	0.30	0.050	0.045	Z	255	410~510	24	强度较高,用于制造承受中等载荷的零件,如键、销、转轴、拉杆、链轮、链环片
	B				0.045						
Q275		0.28~0.38	0.50~0.80	0.35	0.050	0.045	Z	275	490~610	20	

注:1. 带"*"号处 Q235-A、B 级沸腾钢 Mn 的质量分数上限为 0.60%。

2. 试样厚度(直径)≤16mm,若试样厚度增加,则 σ_s 和 δ_5 会相应降低。

(2)优质碳素结构钢

这类钢必须同时保证钢的化学成分和力学性能。其所含 S、P 杂质含量低(≤0.035%),

夹杂物也少,化学成分控制较严格,质量很好。因此常用于较为重要的机械零件,可通过热处理调整零件的力学性能(表 3-8)。出厂状态可以是热轧后空冷,也可以是退火、正火等状态,随用户需要而定。

优质碳素结构钢总共有 31 个钢号,含有低碳钢、中碳钢和高碳钢,见表 3-8。这类钢的钢号是二位数字,表示碳质量分数的万分数值。全部是优质级,不标质量等级符号。例如钢号 20,表示平均含碳量为 0.20% 的钢;钢号 45,表示平均含碳量为 0.45% 的钢。这类钢中有三个钢号是沸腾钢,其钢号尾部标有 F,如 08F。另外,这类钢中有些是锰的质量分数超出一般规定的锰杂质含量,其钢号尾部标有元素符号 Mn,如 65Mn。这类钢仍属于优质碳素结构钢,不要误认为是合金钢。

表 3-8 优质碳素结构钢的牌号、力学性能及用途(摘自 GB 699-99)

牌号	化学成分 w/%			力学性能(不小于)					用途举例
	C	Si	Mn	σ_b/MPa	σ_s/MPa	δ_5/%	ψ/%	A_K/J	
08F	0.05~0.11	≤0.03	0.25~0.50	295	175	35	60	—	强度、硬度低,塑性、韧性高,冷加工性和焊接性优良,切削加工性欠佳,热处理强化效果不显著。碳含量较低的常轧制成钢板,广泛用于深冲压和深拉延制品。碳含量较高的(15~25)可用来制造各种标准件、轴套、容器等,也可用作渗碳钢制造表硬心韧的中小尺寸的耐磨零件,如齿轮、凸轮、销轴、摩擦片、水泥钉等
10F	0.07~0.13	≤0.07	0.25~0.50	315	185	33	55	—	
15F	0.12~0.18	≤0.07	0.25~0.50	355	205	29	55	—	
08	0.05~0.11	0.17~0.37	0.35~0.65	325	195	33	60	—	
10	0.07~0.13	0.17~0.37	0.35~0.65	335	205	31	55	—	
15	0.12~0.18	0.17~0.37	0.35~0.65	375	225	27	55	—	
20	0.17~0.23	0.17~0.37	0.35~0.65	410	245	25	55	—	
25	0.22~0.29	0.17~0.37	0.50~0.80	450	275	23	50	71	综合力学性能好,热塑性加工性和切削加工性较差,冷变形能力和焊接性中等。多在调质或正火状态下使用,还可用于表面硬化处理以提高疲劳性能和表面耐磨性。如传动轴、发动机连杆、机床齿轮等。以 45 应用最广
30	0.27~0.34	0.17~0.37	0.50~0.80	490	295	21	50	63	
35	0.32~0.39	0.17~0.37	0.50~0.80	530	315	20	45	55	
40	0.37~0.44	0.17~0.37	0.50~0.80	570	335	19	45	47	
45	0.42~0.50	0.17~0.37	0.50~0.80	600	355	16	40	39	
50	0.47~0.55	0.17~0.37	0.50~0.80	630	375	14	40	31	
55	0.52~0.60	0.17~0.37	0.50~0.80	645	380	13	35	—	
60	0.57~0.65	0.17~0.37	0.50~0.80	675	400	12	35	—	具有较高的强度、硬度、耐磨性和良好的弹性,切削性能中等,焊接性能不佳,淬火开裂倾向较大。主要用于制造弹簧、重钢轨、轧辊、凸轮、铁锹、钢丝绳等,其中 65 钢是常用的弹簧钢
65	0.62~070	0.17~0.37	0.50~0.80	695	410	10	30	—	
70	0.67~0.75	0.17~0.37	0.50~0.80	715	420	9	30	—	
75	0.72~0.80	0.17~0.37	0.50~0.80	1080	880	7	30	—	
80	0.77~0.85	0.17~0.37	0.50~0.80	1080	930	6	30	—	
85	0.82~0.90	0.17~0.37	0.50~0.80	1130	980	6	30	—	

牌号	化学成分 $w/\%$			力学性能(不小于)					用途举例
	C	Si	Mn	σ_b/MPa	σ_s/MPa	$\delta_5/\%$	$\psi/\%$	A_K/J	
15Mn	0.12~0.18	0.17~0.37	0.70~1.00	410	245	26	55	—	
20Mn	0.17~0.23	0.17~0.37	0.70~1.00	450	275	24	50	—	
25Mn	0.22~0.29	0.17~0.37	0.70~1.00	490	295	22	50	71	
30Mn	0.27~0.34	0.17~0.37	0.70~1.00	540	315	20	45	63	
35Mn	0.32~0.39	0.17~0.37	0.70~1.00	560	335	18	45	55	应用范围基本同于相对应的普通含锰钢,但因淬透性和强度较高,可用于制造截面尺寸较大或强度要求较高的零件,其中以 65Mn 最常用
40Mn	0.37~0.44	0.17~0.37	0.70~1.00	590	355	17	45	47	
45Mn	0.42~0.50	0.17~0.37	0.70~1.00	620	375	15	40	39	
50Mn	0.48~0.56	0.17~0.37	0.70~1.00	645	390	13	40	31	
60Mn	0.57~0.65	0.17~0.37	0.70~1.00	695	410	11	35	—	
65Mn	0.62~070	0.17~0.37	0.90~1.20	735	430	9	30	—	
70Mn	0.67~0.75	0.17~0.37	0.90~1.20	785	450	8	30	—	

注:①试样毛坯为 25mm。

②表中除 75、80 和 85 三种钢是"820℃淬火、480℃回火"外,其他牌号的钢均为正火状态。

(3)碳素工具钢

这类钢一般属于高碳钢(0.65%C~1.35%C)。主要用于制作各种小型工具、量具、模具。可进行淬火、低温回火处理获得高硬度高耐磨性。分为优质级(S≤0.03%,P≤0.035%)和高级优质级(S≤0.02%,P≤0.03%)两大类。

常用碳素工具钢的化学成分、性能、用途见表 3−9。这类钢钢号命名方法是:标志符号 T+碳质量分数的千分数值。例如钢号 T8、T12 分别表示平均含碳量为 0.8% 和 1.2% 的碳素工具钢。若为高级优质碳素工具钢,则在钢号末端再附上"高"或"A"字,如 T12A 等。优质级的不加质量等级符号。这类钢锰的质量分数都严格控制在 0.4% 以下。个别钢为了提高其淬透性,锰的质量分数的上限扩大到 0.6%,这时该钢牌号尾部要标出元素符号 Mn,如 T8Mn。

表 3−9　常用碳素工具钢的化学成分、热处理和用途(摘自 GB 1298−86)

牌号	主要化学成分 $w(\%)$					热处理					用途举例
						淬火			回火		
	C	Mn	Si	S	P	温度/℃	冷却介质	HRC 不小于	温度/℃	HRC 不小于	
				不大于							
T7 T7A	0.65~0.74	0.40	0.35	0.030 0.020	0.035 0.030	800~820	水	62	180~200	60~62	制造承受震动与冲击载荷、要求较高韧性的工具,如凿子、打铁用模、各种锤子、木工工具、石钻(软岩石用)等

牌号	主要化学成分 $w(\%)$					热处理					用途举例
						淬火			回火		
	C	Mn	Si	S	P	温度/℃	冷却介质	HRC 不小于	温度/℃	HRC 不小于	
				不大于							
T8 T8A	0.75～0.84	0.40	0.35	0.030 0.020	0.035 0.030	780～800	水	62	180～200	60～62	制造承受震动与冲击载荷、要求足够韧性和较高硬度的工具,如简单模子、冲头、剪切金属用剪刀、木工工具、煤矿用凿等
T8Mn T8MnA	0.80～0.90	0.40～0.80	0.35	0.030 0.020	0.035 0.030	780～800	水	62	180～200	60～62	同上,但淬透性较大,可制造截面较大的工具
T10 T10A	0.95～1.04	0.40	0.35	0.030 0.020	0.035 0.030	760～780	水,油	62	180～200	60～62	制造不受突然震动、在刃口上要求有少许韧性的工具,如刨刀、冲模、丝锥、板牙、手锯锯条、卡尺等
T12 T12A	1.15～1.24	0.40	0.35	0.030 0.020	0.035 0.030	760～780	水,油	62	180～200	60～62	制造不受震动、要求极高硬度的工具,如钻头、丝锥、锉刀、刮刀等

（4）一般工程用铸造碳素钢

在工业生产中会遇到一些形状复杂的零件,不便于用锻压制成毛坯,而铸铁又保证不了塑性的要求,这时可采用铸钢件。

这类钢有五个钢号,见表 3－10。其命名方法是:标志号 ZG＋最低 σ_s 值－最低 σ_b 值。例如,ZG340－640。其中 ZG 是铸钢这两个字的汉语拼音的字头。前面数字 340 是指该钢的屈服强度不小于 340MPa。后面的数字 640 是指该钢的抗拉强度不低于 640MPa。

铸钢的铸造工艺性差,易出现浇不到、缩孔严重、晶粒粗大等缺陷。

为了提高钢液的流动性,浇注温度很高,但易使铸钢件中出现过热的魏氏组织。所谓魏氏组织是指在原来粗大的奥氏体晶粒内随温度下降而相变产生的粗大铁素体针。使钢的塑性、韧性变坏。魏氏组织可以通过完全退火得到消除。

表 3－10 一般工程用铸造碳钢(摘自 GB 11352－89)

牌 号	主要化学成分 ω(%)					室温力学性能					用途举例
	C	Si	Mn	P	S	σ_s/ MPa	σ_b/ MPa	δ/%	ψ/%	A_{kV}/J(a_{kU} /J·cm^{-2})	
	不大于					不小于					
ZG200—400	0.20	0.50	0.80	0.04		200	400	25	40	30(60)	有良好的塑性、韧性和焊接性。用于受力不大、要求韧性好的各种机械零件,如机座、变速箱壳等
ZG230—450	0.30	0.50	0.90	0.04		230	450	22	32	25(45)	有一定的强度和较好的塑性、韧性,焊接性良好。用于受力不大、要求韧性好的各种机械零件,如砧座、外壳、轴承盖、底板、阀体、犁柱等
ZG270—500	0.40	0.50	0.90	0.04		270	500	18	25	22(35)	有较高强度和较好韧性,铸造性良好,焊接性尚好,切削性好。用作轧钢机机架、轴承座、连杆、箱体、曲轴、缸体等
ZG310—570	0.50	0.60	0.90	0.04		310	570	15	21	15(30)	强度和切削性良好,塑性、韧性较低。用于载荷较高的零件,如大齿轮、缸体、制动轮、辊子等
ZG340—640	0.60	0.60	0.90	0.04		340	640	10	18	10(20)	有高的强度、硬度和耐磨性,切削性良好,焊接性差,流动性好,裂纹敏感性较大。用作齿轮、棘轮等

3.5.2 钢中常存杂质元素的影响

实际使用的碳钢并不是单纯的铁碳合金,其中或多或少的包含一些杂质元素。常存的杂质元素有 Si、Mn、S、P 四种。

1. 锰的影响

锰是炼钢时用锰铁脱氧后而残余在钢中的。锰的脱氧能力较好,能清除钢中的 FeO,降低钢的脆性。锰还能与硫化合成 MnS,减轻硫的有害作用,改善钢的热加工性能。锰在钢中是一种有益的元素,作为杂质元素时其含量通常<0.8%。在室温下锰大部分溶于铁素体中,形成置换固溶体,并使铁素体强化从而提高钢的强度。

2. 硅的影响

硅主要来源于原料生铁和硅铁脱氧剂。硅的脱氧能力比锰强,可以有效消除 FeO,改善钢的品质。硅在钢中也是一种有益的元素,在碳钢中含硅量通常<0.4%。硅与锰一样,大部分溶于铁素体中,提高钢的强度、硬度,但会降低塑性、韧性。有一部分硅则存在于硅酸盐夹杂中。当含硅量不多时,对钢的性能影响不显著。

3. 硫的影响

杂质硫主要来源于矿石和燃料。硫在钢中是有害元素。固态下硫不溶于铁,而以 FeS 的形式存在。FeS 会与 Fe 形成低熔点共晶体,并分布在奥氏体晶界上。当钢材在 1 000~1 200 ℃压力加工时,由于 FeS—Fe 共晶体(熔点只有 989 ℃)已经熔化,并使晶粒脱开,钢材将变的极脆,这种现象称为"热脆"。为此,钢中含硫量必须严格控制,一般小于 0.05%。

在钢中增加含锰量,可消除硫的有害作用。Mn 能与 S 形成熔点为 1 620 ℃的 MnS,而且 MnS 在高温时具有塑性,因此可以避免热脆现象。

4. 磷的影响

磷主要是由矿石带到钢中的。磷也是一种有害杂质。一般磷在钢中能全部溶于铁素体中,提高铁素体的强度、硬度。但由于与铁形成极脆的化合物 Fe_3P,使室温下钢的塑性、韧性急剧降低,并使脆性转化温度有所提高,这种现象称为"冷脆"。磷的存在还使钢的焊接性变坏。因此钢中含磷量要严格控制,最多不要超过 0.045%。

复习思考题

1. 名词解释

过冷度　均质成核　非均质成核　固溶体　金属化合物

2. 在立方晶系中画出(012)、(102)晶面和[121]、[202]晶向。

3. 液态金属结晶的必要条件是什么? 细化晶粒的途径有哪些? 晶粒大小对金属材料的机械性能有何影响?

4. 试述金属中固溶体与金属间化合物的机械性能有何特点。

5. 计算面心立方晶格的致密度及三个主要晶面和晶向的原子密度。

6. 分析铸锭结晶后可形成三个不同晶粒区的原因。

7. 为什么单晶体具有各向异性,而多晶体在一般情况下不显示各向异性?

8. 什么是位错? 位错密度的大小对金属强度有何影响?

9. 一个二元共晶反应如下:$L_{0.75B} \leftrightarrow \alpha_{0.15\%B} + \beta_{0.95B}$,求:

(1)含 0.50B 的合金凝固后,$\alpha_{初}$ 和($\alpha+\beta$)共晶的相对量;α 相与 β 相的相对量;

(2)共晶反应后若 $\beta_{初}$ 占 60%,问该合金成分如何?

10. 已知 A(熔点 600 ℃)与 B(熔点 500 ℃)在液态下无限互溶;在固态 300 ℃时 A 溶于 B 的最大溶解度为 30%,室温时为 10%,但 B 不溶于 A;在 300 ℃时含 B40%的液态合金发生共晶反应。现要求:

(1)作出 A—B 合金相图。

(2)填出各相区的组织组成物。

11. 有形状、尺寸相同的两个 Cu—Ni 合金铸件,一个含 90%Ni,另一个含 50%Ni,铸后自然冷却,问哪个铸件的偏析较严重?

12. 根据 Fe – Fe_3C 相图,计算:

(1)55 钢在室温时相组成物和组织组成物各是什么? 其相对质量百分数各是多少?

(2)T10 钢的相组成物和组织组成物各是什么? 各占多大比例?

(3)铁碳合金中,二次渗碳体的最大百分含量。

13. 二块钢样,退火后经显微组织分析,其组织组成物的相对含量如下:

第一块:珠光体占 40%,铁素体 60%。

第二块:珠光体占 95%,二次渗碳体占 5%。

试问它们的含碳量约为多少?(铁素体含碳量可忽略不计)

14. 根据 $Fe-Fe_3C$ 相图,说明产生下列现象的原因:

(1)含 1.0%C 的钢比 0.5%C 的钢硬度高。

(2)室温下,0.8%C 的钢比 1.2%C 的钢强度高。

(3)低温莱氏体的塑性比珠光体差。

(4)在 1100℃,0.4%C 的钢能锻造,而 4.0%C 的生铁不能锻造。

第4章 材料塑性变形与再结晶

金属材料在经过冶炼、浇注后得到的铸态组织往往存在许多缺陷,例如晶粒粗大、组织不够均匀致密等,为了消除这些不利影响,可以通过轧制、锻造、冲压、拉拔和挤压等一些压力加工方法使其产生塑性变形,这不仅可以改变材料的形状和尺寸,更为重要的是对材料的组织和性能会产生极大的影响。

4.1 金属的塑性变形与再结晶

实验表明,大多数金属试样在拉伸外力作用下,随着外加应力的增大,会相继发生弹性变形、塑性变形和断裂。在第2章中介绍材料的弹性和塑性时,已经得知,当外加应力的值小于金属的弹性极限时,金属仅产生弹性变形,而如果应力的值大于材料本身的弹性极限时,金属在发生弹性变形的同时也发生了塑性变形,这种在外力去除后,材料变形不能得到完全恢复,产生永久残余变形的现象称为塑性变形。塑性变形的实质是金属内部晶粒发生了压扁或拉长的不可恢复的变形。

4.1.1 塑性变形的基本规律

1. 单晶体的塑性变形

实际使用的材料通常是多晶体,但多晶体的变形与组成它的每个单晶粒的变形是紧密相关的。所以,通过研究单晶体的塑性变形,我们可以掌握晶体变形的基本过程及实质,以便更好的理解多晶体的变形规律。单晶体塑性变形的方式主要有滑移和孪生。

(1)滑 移

①滑移现象。对一个表面抛光的单晶体金属试样进行拉伸试验,在经过一定的塑性变形后,金相显微镜下观察,发现抛光表面有许多相互平行的细线,称为滑移带。用高倍电子显微镜观察,发现每条滑移带又是由许多密集且相互平行的滑移线组成,这些滑移线实际上是晶体表面产生的一个个小台阶,如图4-1所示。这些滑移线之间的距离约为100个原子间距,而沿每一滑移线的滑移量(即台阶高度)约为1 000个原子间距。

②滑移系。在塑性变形中,单晶体表面的滑移线并不是任意排列的,它们彼此之间平行或互成一定角度,这说明滑移是沿着特定的晶面和晶向进行的,这些特定的晶面和晶向分别称为滑移面和滑移方向。一个滑移面和其上的一个滑移方向构成一个滑移系。每一个滑移系表示晶体进行滑移时可能采取的一个空间方向。对金属的塑性变形来说,金属晶体的滑移系越多,则滑移时可能采取的空间取向越多,塑性就越好。滑移系主要与晶体结构有关,

三种常见金属晶体结构的滑移系如表 4-1 所示。

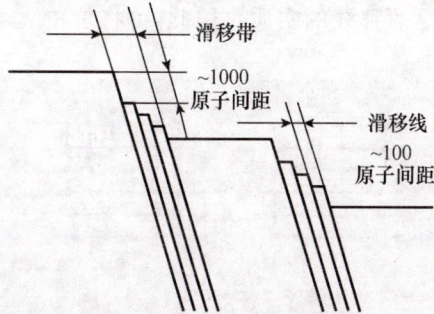

图 4-1　滑移带结构示意图

表 4-1　常见金属的滑移系

晶体结构	常见金属	滑移面	滑移方向	滑移系数目
面心立方	Cu,Al,Ni,Ag,Au	{111}×4	<110>×3	4×3=12
体心立方	α-Fe,W,Mo	{110}×6	<111>×2	6×2=12
密排六方	Cd,Zn,Mg,Be	{0001}×1	<110>×3	1×3＝3

从表 4-1 可以看出,滑移总是沿着该晶体中原子最密排面和最密排方向进行。这是因为密排面的原子排列最紧密,但晶面间距却最大,因而面与面之间的结合力也最弱,滑移的阻力小,最易成为滑移面。而沿密排方向原子密度最大,原子从原始位置达到新的平衡位置所需要移动的距离最小,阻力也最小,最易成为滑移方向。

一般来说,滑移系的多少在一定程度上决定了金属塑性的好坏,如面心立方和体心立方金属的塑性要好于密排六方金属。滑移系相同情况下,滑移方向多的塑性好,因此面心立方塑性要好于体心立方。

③临界分切应力。材料在进行变形时,施加于其上的外加应力在滑移系中可分解为正应力和切应力,而滑移是在切应力作用下发生的。当晶体受力时,晶体中的某个滑移系是否发生滑动,决定于沿此滑移系的分切应力的大小,当分切应力达到某一临界值时,滑移才能发生,我们将该临界值称为临界分切应力,通常用 τ_K 表示。外加应力分解而得的正应力对滑移的进行不起任何作用,但是它可以使滑移面发生转动,尤其表现于只有一组滑移面的六方金属。

④滑移的实质。对于滑移的实质,最初设想晶体中的原子是理想规则排列,并且在切应力的作用下晶体的一部分相对于另一部分作整体相对滑动,即刚性滑移。可是按此模型计算出的临界分切应力比实测值相差很大。显然,两者的巨大差异证明滑移绝非晶体的整体相对滑动。

既然如此,那晶体滑动时,晶面上的原子到底又是如何运动的呢? 研究证明,实际上晶体的滑移是在切应力作用下通过位错运动来完成的,如图 4-2 所示。从图中可以看出,晶体在滑移时,并不是整个滑移面上的所有原子同时发生移动,而是只有位错线中心附近的少数原子移动很小的距离(小于一个原子间距),因此所需的应力要比晶体作整体刚性滑移低得多。当一个位错移到晶体表面时,便会在表面上留下一个原子间距的滑移台阶,其大小等于柏氏矢量。随着滑移的不断进行,大量的位错到晶体表面,就会在晶体表面形成显微镜下能观察到的滑移痕迹,这就是滑移线的实质。因此,可将位错线看作是晶体中已滑移区域和未滑移区域的分界。

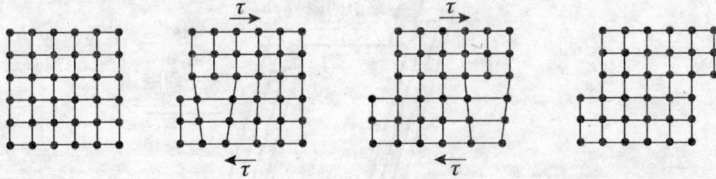

图4-2 晶体中通过位错运动而造成滑移的示意图

(2)孪 生

除位错的滑移外,晶体的变形还可以通过孪生来实现,如图4-3所示。孪生是指在切应力作用下,晶体的一部分相对另一部分发生以特定晶面(孪晶面)为面对称的沿一定方向(孪生方向)的协同位移(共格切变)。每层晶面的滑移距离与该面距孪晶面的距离成正比,即相邻晶面的相对位移量相等。孪生后,均匀切变区的取向发生改变,与未切变区构成镜面对称,形成孪晶。孪生比滑移的临界分切应力高得多,因此孪生常萌发于滑移受阻引起的局部应力集中区。一些密排六方金属如镁、锌等常以孪生方式变形。

2. 多晶体的塑性变形

实际使用的材料多是多晶体。多晶体塑性变形的基本方式也是滑移和孪生,但由于多晶体中各个晶粒位向不同,使多晶体中每个晶粒的塑性变形都受到相互约束与阻碍,如图4-4所示。

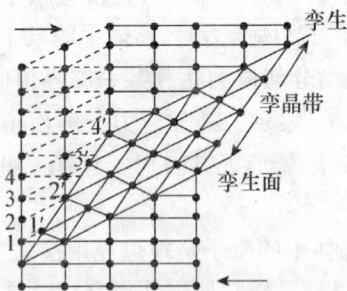

图4-3 孪生示意

图4-4 多晶体的塑性变形

(1)晶界和晶粒位向的影响

晶界对塑性变形有较大的阻碍作用。其原因是由于晶界处原子排列紊乱,并常有杂质集中在此,造成晶格畸变。因而当位错运动到晶界附近便会受到阻碍而停止前进,堆积在晶界前面。若要使位错穿过晶界就需要更大的外力,即变形抗力增大。此外,由于多晶体中各晶粒位向不同,当任一晶粒滑移时,都将受到它周围不同位向晶粒的约束和阻碍,各晶粒必须相互协调,相互适应,才能发生变形,即进一步增加变形抗力。因此,多晶体中的晶界和晶粒间的位向差都起到提高强度的作用(图 4-5)。金属的晶粒越细,晶界总面积便越大,每个晶粒周围不同取向的晶粒数便越多,对塑性变形的抗力也就越大,从而金属的强度越高。

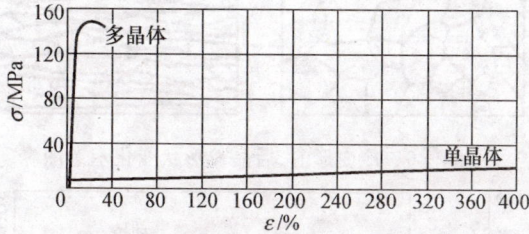

图 4-5　纯锌的拉伸曲线

此外,晶粒越细,金属的塑性与韧性也越高。因为晶粒越细,金属单位体积内的晶粒数便越多,同样的变形量便可分散在更多的晶粒中发生,就能在断裂之前承受较大的变形量。此外,晶粒越细,晶界阻碍裂纹扩展的作用也越强,表现出较好的韧性。因此,在工业生产中通常总是设法获得细小而均匀的晶粒组织,使材料具有较好的综合力学性能。

(2)多晶体的塑性变形过程

在多晶体中,由于各个晶粒位向不一致。一些晶粒的滑移面和滑移方向接近于最大切应力方向(称晶粒处于软位向),另一些晶粒的滑移面和滑移方向与最大切应力方向相差较大(称晶粒处于硬位向)。在外加应力作用下,处于软位向的晶粒首先发生滑移,运动着的位错是不能越过晶界的,当大量位错在晶界受阻逐渐堆积时,造成很高的应力集中,会使相邻晶粒中某些滑移系的分切应力达到临界值而开动,最终使那些相邻但原本不属于软位向的晶粒发生滑移。因此多晶体变形时,晶粒分批地逐步地变形,变形分散在材料各处。晶粒越细,金属的变形越分散,减少了应力集中,推迟裂纹的形成和发展,使金属在断裂之前可发生较大的塑性变形,因此使金属的塑性提高。

4.1.2　塑性变形对金属组织和性能的影响

塑性变形除了使金属的外形和尺寸发生改变以外,还会对金属组织及各种性能产生重要影响,主要表现在以下四个方面:

1. 晶粒拉长,产生纤维组织

在塑性变形中,随着变形量的增加,可看到原本的金属等轴晶粒沿着变形方向被拉长成为扁平晶粒,当变形量很大时,各个晶粒都成为形如纤维状的条纹,这些条纹组织称为纤维组织,如图 4-6 所示。它的出现使金属材料由原来的各向同性变成了各向异性,即沿着纤维方向的强度大于垂直纤维方向的。

2. 位错密度增加,产生加工硬化

金属在塑性变形过程中,内部的位错不断增殖和运动。随着变形量的不断增大,位错密度迅速增加,并且金属的塑性变形导致亚结构细化,这些都使位错运动的阻力增大,变形抗力增加。即随着变形量的增加,金属的强度、硬度上升而塑性、韧性下降的现象就称为加工硬化或冷变形强化。图 4-7 表示 45 钢的冷轧变形程度与强度、硬度和塑性等之间的关系。

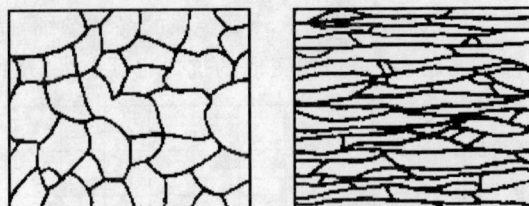

图 4-6 冷变形前、后晶粒形状变化示意图

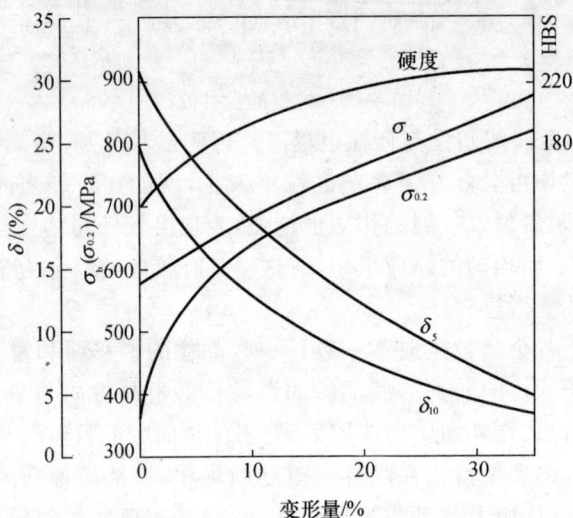

图 4-7 钢变形量与力学性能的关系

加工硬化是强化金属材料的重要手段之一,尤其对不能用热处理强化的材料来说,显得尤为重要。加工硬化还可以提高零件或构件在使用过程中的安全性,零构件万一超载,产生塑性变形,由于加工硬化特性,局部超载所产生的变形会自动停止,这样可有效防止零构件突然断裂。但是,加工硬化会给金属进一步加工带来困难,增加动力及设备消耗。例如钢板在冷轧过程中会越轧越硬,以致完全不能产生变形。为此,需安排中间退火工序,通过加热消除冷变形强化,恢复塑性变形能力,使轧制得以继续进行。

冷加工过程中除了力学性能的变化外,材料的物理性能和化学性能也有所改变。比如,由于晶格畸变、位错与空位等晶体缺陷的增加,给自由电子的运动造成一定阻碍,从而使导电率、导磁率和电阻温度系数下降,而电阻率与矫顽力略有增加。此外,塑性变形导致晶体内部自由能升高,这就加速了晶体中原子的扩散过程,使晶体的抗蚀性减弱。

3. 产生变形织构

多晶体在塑性变形过程中,晶粒除了发生滑移之外,还会发生转动,转动的结果会使原来晶格位向不同的各晶粒在空间的位向趋于一致,这种现象称为择优取向。具有择优取向的晶粒结构称为变形织构,如图 4-8 所示。类型与金属的变形方式有关,主要有:拉拔引起的织构称之为丝织构;轧制引起的织构称为板织构。

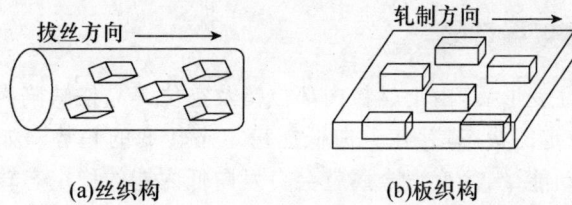

(a)丝织构　　　　　　(b)板织构

图 4-8　变形织构示意图

　　织构的出现会导致材料各向异性,即使退火也依然存在,金属中是不希望出现织构的。例如,用于深冲成型的板材,因织构的存在而造成不同方向变形能力的不均匀,使冲压件边缘出现所谓"制耳"缺陷(图 4-9)。但在某些情况下,织构又可以加以利用。如制造变压器铁芯的硅钢片,沿⟨100⟩晶向最易磁化,如果采用具有⟨100⟩织构的硅钢片制作,并在制作中使其⟨100⟩晶向平行于磁线方向,就能使变压器铁芯的导磁率显著增大,磁滞损耗减小,大大提高变压器的效率。

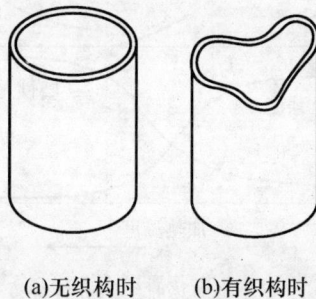

(a)无织构时　　　　(b)有织构时

图 4-9　因变形织构造成的制耳

4. 产生残余内应力

　　金属材料经塑性变形后,外力对材料所做的功绝大部分转变成热能散发掉了,但是还有约 10% 以残留应力(弹性应变)和点阵畸变(点阵缺陷)的形式留在材料中。残余内应力就是指外力去除后仍然保留下来,平衡于金属内部的应力。它的产生是由于金属内部各区域的变形不均匀以及相互之间的牵制作用所致。根据残余内应力的平衡范围不同,可分为三类:

　　①宏观残余内应力又称为第一类内应力,它是塑性变形时,由工件不同部分的宏观变形不均匀引起的。这类内应力只占总残余内应力的极小部分(通常为 0.1% 左右)。

　　②微观残余内应力又称为第二类内应力,它是塑性变形时,由晶粒或亚晶界的变形不均匀引起的。占总残余内应力的 1%～2%。

　　③晶格畸变内应力又称为第三类内应力,它是塑性变形后,由大量增加的位错、空位等晶体畸变引起的。它占总残余内应力的绝大部分。

　　这三种内应力对工件的影响是不同的。第三类内应力是使金属强化的主要原因,并使金属处于亚稳状态,具有向稳定态转变的趋势。而第一、二类内应力虽占比例不大,但会因随后应力松弛或重新分布而引起材料变形。此外,残余内应力还会使金属的抗腐蚀性下降,如变形的钢丝易生锈。因此,金属在塑性变形后通常要进行退火处理,以消除或降低这些内应力。

4.1.3　回复与再结晶

金属在经过冷塑性变形后,由于晶粒内部位错及空位等晶格缺陷大量增加,使其自由能增高,处于热力学亚稳定的状态,存在着向低能稳定态转变的趋势。如果对变形金属加热,使原子获得足够的活动能量,冷变形金属就会自发向低内能的稳定态转变。

1. 变形金属加热时的组织和性能的变化

根据显微组织和性能的不同,可将金属加热时的转变分为三个阶段,如图4-10所示。

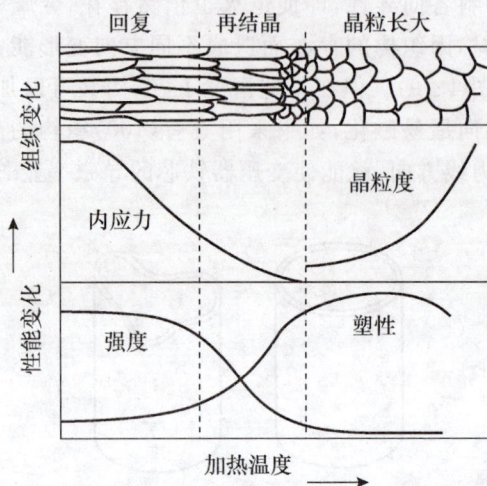

图4-10　冷变金属加热时组织和性能变化示意图

(1)回　复

由于加热温度较低,原子仅能做短距离扩散,空位、位错和间隙原子等的运动使缺陷大量减少,从而使晶格畸变减轻。

回复是指冷变形金属加热时,新的无畸变晶粒出现前所产生的亚结构和性能变化的阶段,在金相显微镜中无明显变化,金属的强度、硬度略有下降,塑性略有升高,但残余应力则有明显下降。因此对变形金属利用回复过程对变形金属进行低温退火(去应力退火),以用于保留产品的加工硬化效果条件下,降低其内应力或改善某些理化性能的场合。

(2)再结晶

经冷变形的金属被加热至较高温度时,原子的活动能力增大,原先被破碎拉长的晶粒通过重新生核、长大变成新的均匀、细小的等轴晶,这个过程称为再结晶。再结晶实质上是一个无畸变的等轴新晶粒逐步取代变形晶粒的过程,新、旧晶粒的化学成分及晶格类型均未改变,故不是相变过程。

通过再结晶,位错等晶体缺陷大大减少,故其强度和硬度明显下降,而塑性和韧性大大提高,加工硬化现象得以消除,其他物理化学性能基本上恢复到变形前的水平。所以再结晶退火主要用于金属在变形之后或在变形的过程中,以便使材料硬度下降,塑性升高,便于进一步加工。

(3)晶粒长大

塑性变形的金属经再结晶后,一般都会得到细小均匀的等轴晶粒。但若加热温度过高或保温时间过长时,晶粒便会继续长大。因为晶粒长大是一个自发过程,它可减少晶界的面积,使界面能降低,从而得到更稳定的组织状态。

晶粒长大实质上是一个晶界迁移的过程,如图 4-11 所示,即通过一个晶粒的边界向另一个晶粒中迁移,把另一晶粒中的晶格位向逐步改变成为与这个晶粒相同的位向,于是,另一晶粒便逐步地被这一晶粒"吞并"而合并为一个大晶粒。

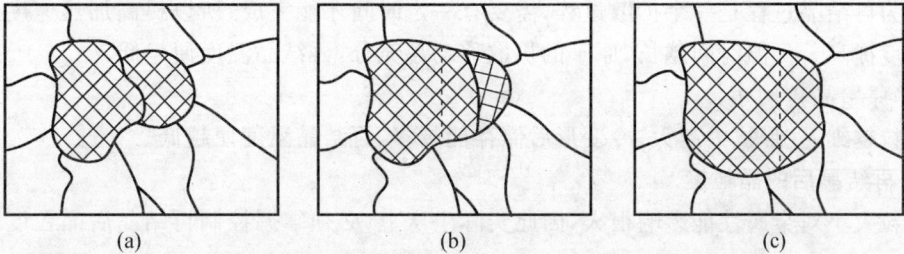

图 4-11　晶粒长大示意图

通常再结晶后获得细而均匀的等轴晶粒,晶粒长大的速度并不很大。但当正常的晶粒生长由于夹杂物或细孔等的阻碍作用而停止以后,如果在均匀基相中有若干大晶粒,其晶粒边界比邻近晶粒的边界多得多,晶界曲率也较大,大晶粒的界面能较小,在界面能驱动下,大晶粒晶界就可以越过气孔或夹杂物而进一步向邻近曲率半径小的小晶粒中心推进,而使大晶粒成为二次再结晶的核心,不断吞并周围小晶粒而迅速长大,直接与邻近大晶粒接触为止。为了与通常的晶粒正常长大相区别,常把晶粒的这种不均匀急剧长大现象称为二次再结晶或异常晶粒长大,通常会使晶体机械性能显著降低。

2. 金属的再结晶温度

变形金属的再结晶不是在恒温下完成的,而是一个温度范围。其中,开始生成新晶粒的温度称为开始再结晶温度,显微组织全部被新晶粒所占据的温度称为终了再结晶温度或完全再结晶温度。实际应用中,通常把在一小时之内能完成再结晶过程的最低温度作为衡量金属或合金热稳定性能的参量,称为再结晶温度。

金属的再结晶温度与下列因素有关:

(1)预先变形度

再结晶前金属塑性变形的相对量称为预先变形度。

如图 4-12 所示,金属的预先变形度越大,产生的晶格缺陷就越多,组织越不稳定,再结晶温度也就越低。但当预先变形度达到一定程度时,金属的再结晶温度将趋于某一稳定值,称为最低再结晶温度。纯金属的最低再结晶温度与其熔点之间有如下关系:

$$T_{再} = (0.35 \sim 0.4) T_{熔}$$

式中的温度单位为绝对温度(K)。由该式可知,金属的熔点越高,其再结晶的温度也越高。

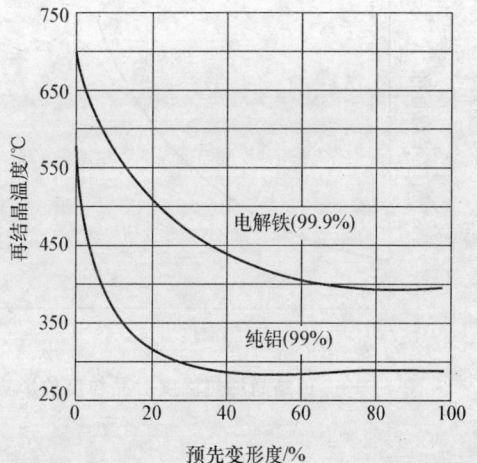

图 4-12　预先变形度对金属再结晶温度的影响

（2）化学成分

金属中的杂质或合金元素（特别是高熔点元素），会阻碍原子扩散或晶界迁移，可明显提高再结晶温度。例如高纯铝（99.999％）的最低再结晶温度为 80 ℃，而工业纯铝（99.0％）的最低再结晶温度提高到 290 ℃。

（3）加热速度和保温时间

因为再结晶过程是一个扩散过程，需要有一定时间才能完成，所以提高加热速度会使再结晶温度提高。保温时间越长，原子的扩散移动越充分，再结晶温度便越低。

（4）原始晶粒尺寸

晶粒越细，变形抗力越大，冷变形后储存能越多，再结晶温度便越低。

3. 再结晶后的晶粒度

晶粒大小对金属性能影响很大，因此实际生产上，必须掌握控制再结晶后晶粒度的各种因素。

（1）加热温度和保温时间

再结晶的加热温度越高，原子扩散能力就越强，晶界越易迁移，晶粒便越容易长大，如图 4-13 所示。此外，在加热温度一定时，保温时间过长，也会使晶粒长大，但其影响不如加热温度的影响大。

（2）预先变形度

变形度对再结晶后的晶粒大小影响较复杂。一般说来，变形度越大，变形便越均匀，再结晶后的晶粒便越细。如图 4-14 所示，当变形度很小（<2％）时，由于晶格畸变很小，不足以引起再结晶，晶粒不变化。当变形度达到 2％～10％时，金属中少数晶粒变形，再结晶时生成较少的晶核，得到异常粗大的晶粒，称这个变形度为"临界变形度"。生产中应尽量避免这一范围的加工变形。当变形大于临界变形度时，随着变形度的增大，晶粒的变形强烈而均匀，再结晶核心数目增加，再结晶后的晶粒便会越细越均匀。但是当变形度过大（≥90％）时，某些金属再结晶后又会出现晶粒异常长大的现象，这是由形变织构造成的。

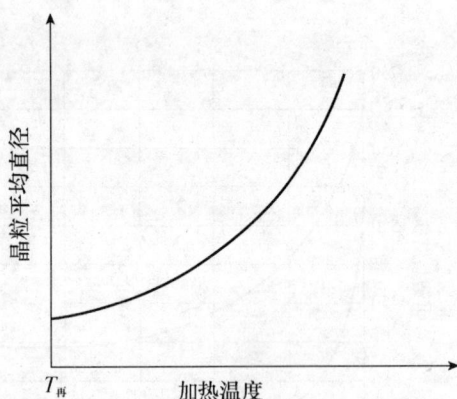

图 4-13　再结晶加热温度对晶粒度的影响　　图 4-14　预先变形度与再结晶晶粒度的关系

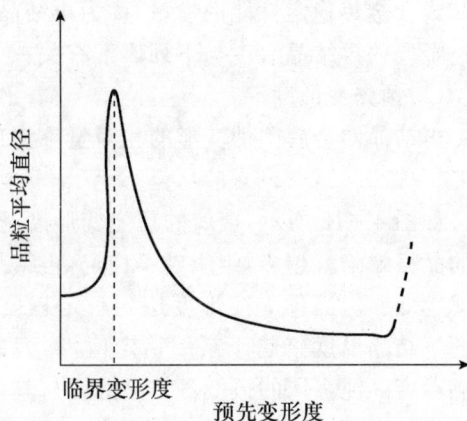

4.1.4　金属的热加工与冷加工

1. 热加工与冷加工的区别

金属塑性变形的加工方法主要有冷加工和热加工两种。两者的区分并不是以变形时是否加热来区分，而是以金属的再结晶温度为界限，凡在其再结晶温度以上的变形为热加工，反之为冷加工。如铅、锌、锡等的再结晶温度较低，即使在室温下对它们进行的塑性加工，也属于热加工。

2. 热加工对金属组织和性能的影响

热加工虽然不引起加工硬化，但也会使金属的组织和性能发生很大的变化。

①热加工可使铸态金属中的气孔、疏松、显微裂纹等焊合，提高金属的致密度；减少或消除枝晶偏析，并可改善夹杂物、第二相等的分布。

②热加工可使铸态金属中的粗大枝晶和柱状晶破碎，并通过再结晶获得等轴细晶粒，从而全面提高金属的机械性能。

③热加工可使铸态金属中的偏析夹杂物、第二相和晶界等逐渐沿变形方向延伸，其中硅酸盐、氧化物、碳化物等脆性杂质呈碎粒状或链状分布，塑性夹杂物则变成带状、线状或条状，形成所谓热加工纤维组织，在宏观检验时常称为流线。它使金属材料呈现各向异性，沿流线方向力学性能较好，垂直于流线方向力学性能则较差，塑性和韧性的差别尤为明显。如图 4-15 所示的起重钩，图(a)流线沿工件外形轮廓连续分布，所以较为合理，承载能力大。生产中应使流线分布合理，尽量使流线方向与零件工作时所受的最大拉应力方向一致，而与外加切应力或冲击力的方向相垂直。

必须指出，仅仅通过热处理的方法是不能改变或消除工件中的流线分布的，而只能通过塑性变形来改善流线的分布。

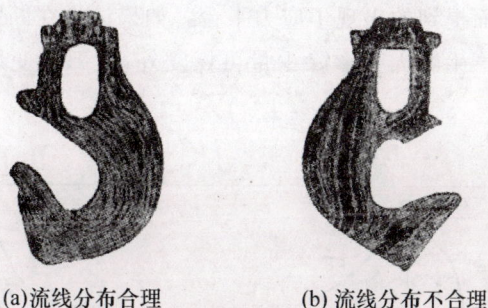

(a)流线分布合理　　　　(b) 流线分布不合理

图 4-15　吊钩中的流线分布

3. 冷加工对金属组织和性能的影响

由于加工温度处于再结晶温度以下，金属材料发生塑性变形时不会出现再结晶现象。因此冷加工对金属组织和性能的影响也就是前面阐述的塑性变形的影响规律。与冷加工前相比，金属材料的强度和硬度升高，塑性和韧性下降，即产生加工硬化的现象。

4.2　高分子材料的变形

高分子材料具有已知材料中可变范围最宽的变形性质,包括从液体、软橡胶到刚性固体。其变形行为主要受结构特点的影响。高分子材料由大分子链构成,这种大分子链一般都具有柔性,除了整个分子的相对运动外,还可实现分子不同链段之间的相对运动,而这种分子的运动对温度和时间具有强烈的依赖性。

4.2.1　热塑性高分子材料的变形

图 4-16 给出了一条高分子材料的典型应力-应变曲线,σ_L、σ_y 和 σ_b 分别称为比例极限、屈服强度和断裂强度。当 $\sigma < \sigma_L$ 时,应力与应变呈线性关系,主要是由键长和键角的变化引起的普弹变形;当 $\sigma > \sigma_L$ 后,链段发生可恢复的运动,产生可恢复的变形,同时应力-应变曲线变为非线性关系;当 $\sigma > \sigma_y$,高分子材料屈服,同时出现应变软化,即应力随应变的增加而减小,随后出现应力平台,即应力不变而应变持续增加,最后出现应变强化导致材料断裂。屈服后产生的是塑性变形,即外力去除后,留下永久变形。由于高分子材料具有粘弹性,其应力-应变行为受温度、应变速率的影响很大。一般说来,随着温度的上升或应变速率的减小,高分子材料的屈服强度和断裂强度均下降,而塑性增加。

高分子材料在过了屈服点之后,局部区域开始出现缩颈,这一点与金属材料类似。金属在发生局部缩颈后接着就是断裂,而如果高分子材料在出现缩颈后继续变形,缩颈区和未缩颈区的截面都基本保持不变,但其变形并不会集中在原颈缩处,而是颈缩区发生扩展,不断沿着试样受拉伸方向延伸,直到整个试样的截面尺寸都均匀变小。在这一阶段变形过程中应力几乎不变,也就是前面提到的出现了应力平台。如果试样在断裂前卸载,或试样因被拉断而自动卸载,则拉伸中产生的大变形除少量可恢复外,大部分变形将保留下来,这样一个拉伸过程称为冷拉。

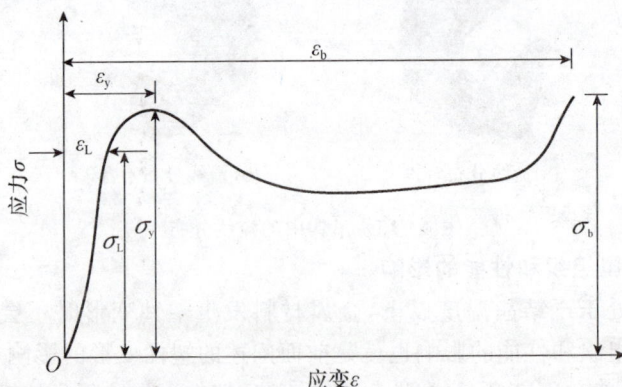

图 4-16　热塑性高分子材料的典型应力-应变曲线

高分子材料的屈服塑性变形是以剪切滑移的方式进行的。滑移变形可局限于某一局部区域,形成剪切带。剪切带是具有高剪切应变的薄层,双折射度很高,说明剪切带内的分子链取向高度一致。剪切带通常发生于材料的缺陷或裂缝处,也有可能是应力集中引起的高应力区。而在结晶相中,除了滑移以外,剪切屈服还可通过孪生和马氏体转变的方式进行。

　　某些高分子材料在玻璃态拉伸时,会出现肉眼可见的微细凹槽,类似于微裂纹。它可发生光的反射与散射,通常起源于试样表面并和拉伸轴垂直。这些微细凹槽因能反射光线而看上去银光闪闪,故称为银纹。实际上,银纹只是一些空穴状的区域,并不是裂纹。银纹的形成是由于材料在张应力作用下局部屈服和冷拉造成的。

4.2.2　热固性塑料的变形

　　热固性塑料是刚硬的三维网络结构,分子不易运动,在拉伸时表现出陶瓷一样的变形特征。但是,在压应力下它们仍能发生大量的塑性变形。

　　图 4-17 为环氧树脂在室温下单向拉伸和压缩时的应力-应变曲线。环氧树脂的玻璃化温度为 100℃,这种交联作用很强的聚合物,在室温下为刚硬的玻璃态,在拉伸时好像典型的脆性材料。而压缩时则易剪切屈服,并有大量的变形,而且屈服之后出现应变软化。环氧树脂剪切屈服的过程是均匀的,试样均匀变形而没有任何局集化现象。

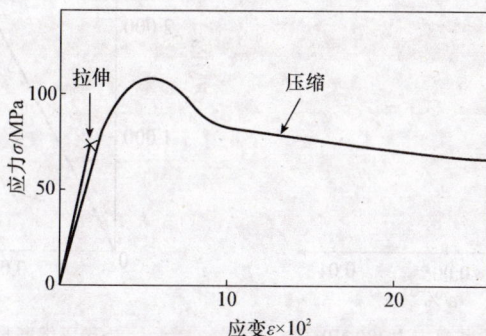

图 4-17　环氧树脂在室温下拉伸和压缩时的应力-应变曲线

4.3　陶瓷材料的变形

　　陶瓷材料具有强度高、比重小、耐高温、耐磨损、耐腐蚀等一系列优点,但由于其塑性和韧性很差,使其实际工程应用受到了很大的限制。

4.3.1　晶体陶瓷的变形

　　在进行室温拉伸实验时,陶瓷晶体弹性变形结束后,紧接着发生脆性断裂,不发生任何的塑性变形,这与金属材料的变形具有本质差异。

　　晶体陶瓷难以变形的特性首先是由它们结合键的本性决定的。晶体陶瓷的结合键类型为共价键或离子键。对于共价键,由于键的方向性和饱和性,当位错运动通过晶体时,必须破坏很强的局部键,所以位错在共价键晶体中运动会遇到很高的点阵阻力(派-纳力)。对于离子键,其本身虽然没有方向性和饱和性,但位错的运动却使得变形有方向性,当位错沿水平方向运动时,将受到同类离子的巨大斥力。晶体陶瓷的难以变形还与晶体本身滑移系少、位错的柏氏矢量大有关,特别是在多晶体变形要求有较多的独立滑移系时,显得尤为困难。

陶瓷晶体的理论强度是很高的,但实际的抗拉强度或断裂强度却低1～3个数量级。引起陶瓷晶体实际抗拉强度较低的原因是陶瓷晶体中因工艺缺陷导致的先天微裂纹,在裂纹尖端引起很高的应力集中,裂纹尖端的最大应力可达到理论断裂强度或理论屈服强度(因陶瓷晶体中可动位错少,位错运动又困难,所以,一旦达到屈服强度就断裂了)。

图4-18表示烧结紧密的Al_2O_3多晶体在拉伸和压缩时的应力-应变曲线。可知其压缩强度比抗拉强度高很多。这是因为陶瓷中总是存在先天微裂纹,在拉伸条件下,当裂纹一达到临界尺寸就失稳扩展立即断裂,而压缩时裂纹呈闭合或者呈稳态地缓慢扩展,并转向平行于压缩轴,使压缩强度提高。

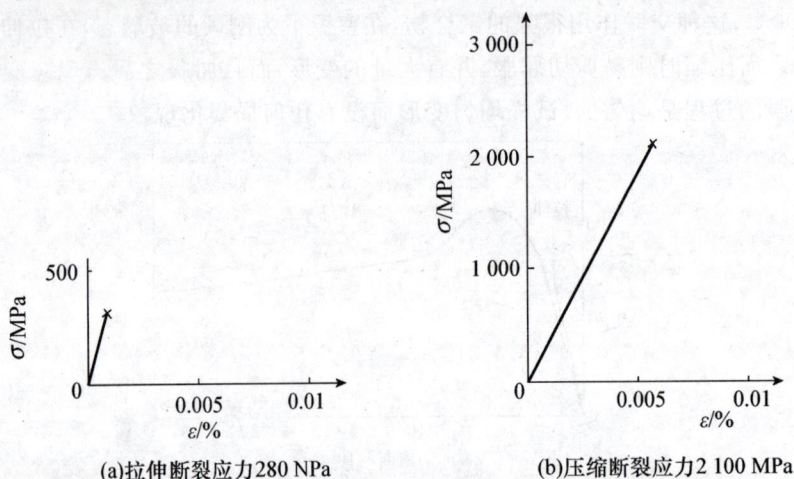

(a)拉伸断裂应力280 NPa   (b)压缩断裂应力2 100 MPa

图4-18 Al_2O_3的应力-应变曲线

4.3.2 非晶体陶瓷的变形

玻璃的变形与晶体陶瓷不同,表现为各向同性的粘滞性流动。分子链等原子团在应力作用下相互运动引起变形,这些原子团之间的引力即为变形阻力。可以通过加入Na_2O等变质剂使原子团易于运动,降低玻璃的粘度。

复习思考题

1. 金属塑性变形的主要方式是什么? 解释其含意。
2. 为什么原子密度最大的晶面比原子密度较小的晶面更容易滑移?
3. 什么是滑移系? 纯铝、铁、纯锌三种金属哪种最易产生塑性变形?
4. 为什么室温下钢的晶粒越细,强度、硬度越高,塑性、韧性也越好?
5. 金属铸件能否通过再结晶退火来细化晶粒,为什么?
6. 热加工对金属组织性能有何影响? 钢材在热变形加工(如锻造)时为什么不出现硬

化现象？

7. 在冷拔铜丝时，如果总变形量很大，则中间需要穿插数次退火工序，这是为什么？ 中间退火温度选多高合适？（已知铜的熔点为 1 083 ℃）

8. 用一冷拉钢丝吊装一大型工件入炉，并随工件一起加热到 1 000 ℃，加热完毕，当吊出工件时钢丝发生断裂。试分析其原因。

9. 何谓临界变形度？ 分析造成临界变形度的原因。

10. 提高材料的塑性变形抗力有哪些方法？

11. 陶瓷材料和高分子材料变形有何特点？

第5章 热处理原理及工艺

钢的热处理是指将钢在固态下加热到预定的温度,保温一定的时间,然后以预定的冷却方式冷到室温的热加工工艺。热处理能够改善材料性能,充分发挥材料性能的潜力,延长零件使用寿命,提高产品质量,在机械制造工业中占有十分重要的地位。

任何一种热处理工艺都是由加热、保温和冷却3个环节所组成的,其工艺过程可用热处理工艺曲线来表达,如图5-1所示。

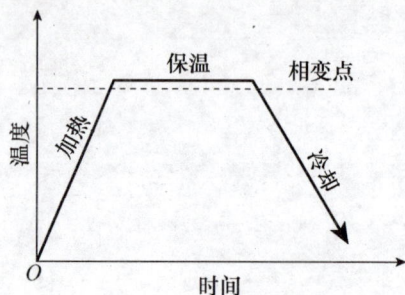

图5-1 热处理工艺示意图

5.1 钢在加热时的转变

5.1.1 钢的热滞现象

根据 $Fe-Fe_3C$ 相图,共析钢加热到超过 A_1 温度时,全部转变为奥氏体;而亚共析钢和过共析钢必须加热到 A_3 和 A_{cm} 以上才能获得单相奥氏体。在实际热处理加热条件下,相变是在不平衡条件下进行的,其相变点与相图中的相变温度有一些差异。由于过热和过冷现象的影响,加热时相变温度偏向高温,冷却时偏向低温,这种现象称为热滞。加热或冷却速度越快,则热滞现象越严重。通常把加热时的实际临界温度标以字母"c";而把冷却时的实际临界温度标以字母"r",其符号如图5-2所示。

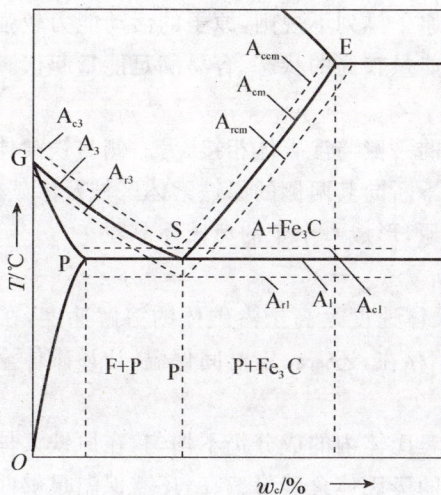

图 5-2　加热和冷却速度对钢的临界温度的影响

5.1.2　奥氏体的形成

将钢加热至临界温度以上,使原始组织全部或部分转变为奥氏体的过程称为奥氏体化。

1. 共析钢奥氏体的形成过程

奥氏体的形成是一个形核和晶核长大的过程,下面以共析钢为例说明奥氏体的形成过程。

共析钢室温组织为珠光体,当加热到 A_{c_1} 以上时,珠光体将全部转变为奥氏体,其转变过程为:

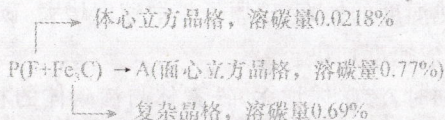

$$P(F+Fe_3C) \rightarrow A\begin{cases} \text{体心立方晶格,溶碳量0.0218\%} \\ \text{(面心立方晶格,溶碳量0.77\%)} \\ \text{复杂晶格,溶碳量0.69\%} \end{cases}$$

可以看出珠光体向奥氏体转变包括铁原子的晶格改组、碳原子的扩散和渗碳体的溶解。共析珠光体向奥氏体转变包括奥氏体晶核的形成、晶核的长大、残余渗碳体的溶解和奥氏体成分均匀化四个阶段,如图 5-3 所示。

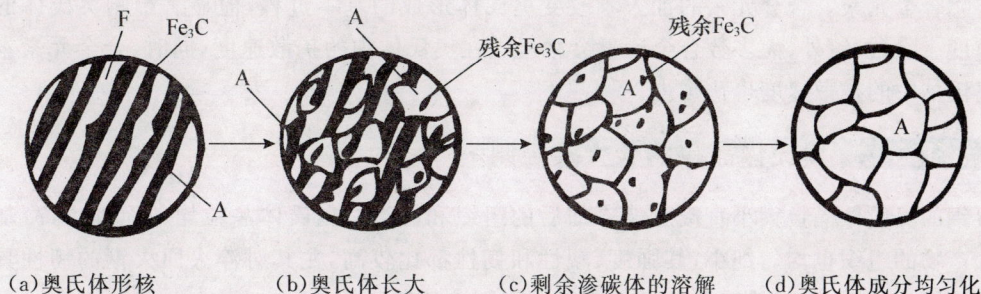

　(a)奥氏体形核　　　(b)奥氏体长大　　　(c)剩余渗碳体的溶解　　　(d)奥氏体成分均匀化

图 5-3　共析钢中奥氏体形成过程示意图

(1)奥氏体晶核的形成

奥氏体晶核优先在铁素体和渗碳体的界面上形成,这是由于界面处碳浓度分布不均匀,容易满足浓度起伏;界面上原子排列不规则,原子的活动能力较强,容易满足结构起伏;界面上晶体缺陷密度较大,处于能量较高的状态,容易满足能量起伏。

(2)奥氏体的长大

奥氏体晶核形成后,它的一侧与渗碳体相接,另一侧与铁素体相接。随着铁素体的转变以及渗碳体的溶解,奥氏体不断向其两侧的原铁素体区域及渗碳体区域扩展长大,直至铁素体完全消失,奥氏体彼此相遇,形成一个个的奥氏体晶粒。

(3)残余渗碳体的溶解

由于铁素体转变为奥氏体速度远高于渗碳体的溶解速度,在铁素体完全转变之后尚有不少未溶解的"残余渗碳体"存在,还需一定时间保温,让渗碳体全部溶解。

(4)奥氏体成分均匀化

即使渗碳体全部溶解,奥氏体内的成分仍不均匀,在原铁素体区域形成的奥氏体含碳量偏低,在原渗碳体区域形成的奥氏体含碳量偏高,还需保温足够时间,让碳原子充分扩散,奥氏体成分才可能均匀。

2. 亚共析钢和过共析钢奥氏体的形成过程

亚共析钢与过共析钢的珠光体加热转变为奥氏体过程与共析钢基本相同。不同的是还有亚共析钢的铁素体的转变与过共析钢的二次渗碳体的溶解。亚共析钢加热后组织全为奥氏体需在 A_{c3} 以上,对过共析钢要在 A_{ccm} 以上。如果亚共析钢仍仅在 $A_{c1} \sim A_{c3}$ 温度之间加热,加热后的组织仍为铁素体与奥氏体。对过共析钢在 $A_{c1} \sim A_{ccm}$ 温度之间加热,加热后的组织为二次渗碳体与奥氏体。加热后冷却过程的组织转变也仅是奥氏体向其他组织的转变,其中的铁素体及二次渗碳体在冷却过程中不会发生转变。

3. 影响奥氏体形成速度的因素

①加热温度。随着加热温度的提高,碳原子扩散速度增大,碳化物的溶解及奥氏体的均匀化都加快,所以奥氏体形成速度加快。

②含碳量。含碳量增加时,渗碳体增多,铁素体与渗碳体的相界面增大,奥氏体的形核率增大,转变速度加快。

③原始组织。在钢成分相同时,组织中珠光体越细,渗碳体片间距越小,奥氏体形成速度就越快。

④合金元素。合金元素的加入不改变奥氏体形成的基本过程,但显著影响奥氏体的形成速度。除钴、镍外,大多数合金元素会减慢碳在奥氏体中的扩散速度,同时,合金元素本身在奥氏体中的扩散速度也比碳慢。

5.1.3 　奥氏体晶粒的长大及控制

钢的奥氏体晶粒大小直接影响冷却后的组织和性能。奥氏体晶粒均匀而细小,冷却后转变产物的组织也均匀细小,其强度、塑性和韧性都比较高,尤其对淬火回火钢的韧性具有很大的影响。因此,加热时总是力求获得均匀细小的奥氏体晶粒。

1. 奥氏体晶粒度

奥氏体的晶粒大小用晶粒度来度量的。奥氏体晶粒度由下式求出:

$$n = 2^{N-1}$$
(5-1)

式中　　n——放大 100 倍后,每平方英寸视场中含有的平均晶粒数目;

　　　　N——晶粒度。

晶粒度通常分为 8 级,1~4 级为粗晶粒,5~8 级为细晶粒,超过 8 级为超细晶粒。奥氏体有三种不同概念的晶粒度。

①起始晶粒度。指奥氏体化过程刚刚完成时的晶粒度。此时奥氏体晶粒非常细小,但难以测定,也没有实际应用意义。

②本质晶粒度。指在规定的加热条件下((930±10)℃保温 3 h 或 8 h)所得到的奥氏体的晶粒度。晶粒度在 5~8 级者称为本质细晶粒钢,在 1~4 级者称为本质粗晶粒钢。本质晶粒度并不代表实际晶粒大小,只是描述晶粒长大趋势。图 5-4 为两类钢奥氏体晶粒长大倾向的示意图。

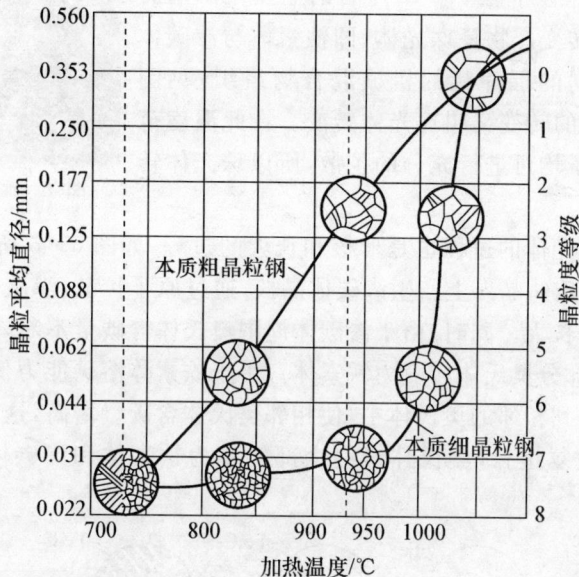

图 5-4　钢的本质晶粒度示意图

③实际晶粒度。指在某一具体加热条件所得到的奥氏体的晶粒度,它决定了钢冷却后组织的粗细及力学性能的好坏。

2. 影响奥氏体晶粒度的因素

(1)加热温度和保温时间

奥氏体刚形成时晶粒是细小的,随着加热温度升高,晶粒将逐渐长大。温度越高,晶粒长大越明显,在一定温度下,保温时间越长,奥氏体晶粒也越粗大。

(2)钢的成分

奥氏体中的碳含量增高时,晶粒长大倾向增大。若碳以未溶碳化物的形式存在,则它有阻碍晶粒长大的作用。钢中的大多数合金元素(除 Mn 和 P 外)都有阻碍奥氏体晶粒长大的作用。其中能形成稳定碳化物的元素(如 Cr、W、Mo、Ti、Nb、V 等)和能生成氧化物、氮化物的元素(如适量的 Al),因其碳化物、氮化物和氧化物在晶界的弥散分布,强烈阻碍奥氏体晶粒长大,而使晶粒保持细小。因此,为了控制奥氏体的晶粒度,一般采取合理选择加热温度和保温时间,以及加入一定量的合金元素等措施。

5.2　钢在冷却时的转变

钢在加热后获得的奥氏体冷却到 A_1 温度以下时，处于热力学不稳定状态，有自发地转变为稳定状态的倾向。将在共析温度以下尚未发生组织转变的不稳定的奥氏体称为过冷奥氏体。在不同过冷度下，过冷奥氏体可能转变为贝氏体、马氏体等亚稳定组织。现以共析碳钢为例，讨论过冷奥氏体转变产物——珠光体、马氏体、贝氏体的组织形态与性能。

5.2.1　珠光体转变及其组织

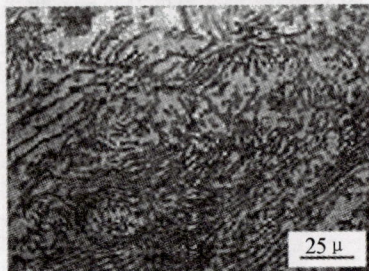

过冷奥氏体在 A_1 以下至 550 ℃ 左右的温度范围内的转变称为高温转变，转变产物是珠光体，即铁素体与渗碳体两相组成的相间排列的层片状的机械混合物组织（见图 5-5），所以这种类型的转变又叫珠光体转变。在此温度范围内，铁原子及碳原子均可进行充分的扩散，所以珠光体转变是一种扩散型相变。

图 5-5　珠光体的显微组织

奥氏体转变为珠光体的过程也是形核和长大的过程，如图 5-6 所示，当奥氏体过冷到 A_1 以下时，首先在奥氏体晶界上产生渗碳体晶核，通过原子扩散，渗碳体依靠其周围奥氏体不断地供应碳原子而长大。同时，由于渗碳体周围奥氏体含碳量不断降低，从而为铁素体形核创造了条件，使这部分奥氏体转变为铁素体。由于铁素体溶碳能力低（$<0.021\ 8\%C$），所以又将过剩的碳排挤到相邻的奥氏体中，使相邻奥氏体含碳量增高，这又为产生新的渗碳体创造了条件。如此反复进行，奥氏体最终全部转变为铁素体和渗碳体片层相间的珠光体组织。

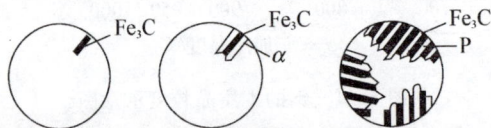

图 5-6　珠光体转变过程示意图

在珠光体转变中，由 A_1 以下温度依次降到 550 ℃ 左右，层片状组织的片间距离依次减小。根据片层的厚薄不同，这类组织又可细分为三种。

第一种是珠光体，其形成温度为 $A_1 \sim 650$ ℃，片层较厚，一般在 500 倍的光学显微镜下即可分辨，用符号"P"表示。

第二种是索氏体，其形成温度为 $650 \sim 600$ ℃，片层较薄，一般在 $800 \sim 1\ 000$ 倍光学显微镜下才可分辨，用符号"S"表示。

第三种是屈氏体，其形成温度为 $600 \sim 550$ ℃，片层极薄，只有在电子显微镜下才能分辨，用符号"T"表示。

实际上，这三种组织都是珠光体，且无严格的温度界限，其差别只是珠光体组织的片层间距大小不同。转变温度越低，转变速度越快，这个片层间距越小，其强度、硬度越高，塑性、韧性也越高。

5.2.2　贝氏体转变及其组织

过冷奥氏体在 550 ℃～M_s 的转变称为中温转变,其转变产物为贝氏体,所以也叫贝氏体转变。贝氏体用符号"B"表示,它是渗碳体分布在碳过饱和的铁素体基体上的两相混合物,硬度也比珠光体型的高。奥氏体向贝氏体的转变属半扩散型相变,铁原子基本不扩散而碳原子有一定扩散能力。

1. 上贝氏体组织形态

上贝氏体约在 550～350 ℃温度范围内形成,在低碳钢中形成温度要高些。在光学显微镜下呈羽毛状,即成束的自晶界向晶粒内生长的铁素体条,如图 5-7(a)所示。在电子显微镜下,可以看到铁素体和渗碳体两个相,渗碳体(亮白色)以不连续的、短杆状形状分布于许多平行而密集的过饱和铁素体条(暗黑色)之间,如图 5-8(a)所示。在铁素体条内分布有位错亚结构,位错密度随形成温度的降低而增大。

(a)上贝氏体　　　　　　　(b)下贝氏体

图 5-7　贝氏体的显微组织

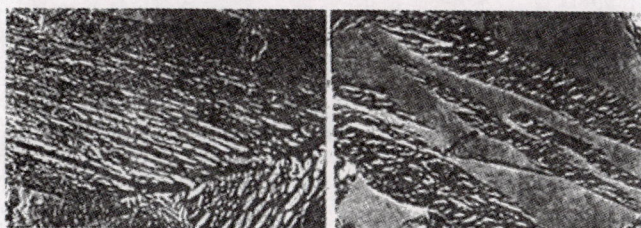

　(a)上贝氏体　　　　　　　　(b)下贝氏体

图 5-8　上贝氏体与下贝氏体的电子显微镜照片

2. 下贝氏体组织形态

下贝氏体约在 350 ℃～M_s 较低温度范围内形成,这时其铁素体的碳过饱和度较上贝氏体更大。在光学显微镜下呈黑针状,如图 5-7(b)所示。在电子显微镜下方可看清是由针片状过饱和铁素体和与其共格的碳化物($Fe_{2.4}C$)组成。碳化物呈短条状,沿着与铁素体片的长轴相夹 55°～65°角的方向分列成排,如图 5-8(b)所示。下贝氏体的亚结构与上贝氏体一样,也是位错,但其密度较高些。至于是否存在孪晶型下贝氏体则尚未肯定。

3. 贝氏体的机械性能

贝氏体的机械性能主要取决于其组织形态。上贝氏体的铁素体条较宽,塑变抗力较低。同时渗碳体分布在铁素体条之间,易引起脆断,因此,上贝氏体的强度和韧性均较差,在工业中基本不使用。下贝氏体组织中片状铁素体细小,碳的过饱和度大、位错密度高,而且碳化物沉淀在铁素体内弥散分布。因此强度、硬度、韧性和塑性均高于上贝氏体,具有优良的综合机械性能。生产上中、高碳钢常利用等温淬火获得以下贝氏体为主的组织,使钢件具有较高的强韧性,同时由于下贝氏体比容比马氏体小,可减少变形开裂。

5.2.3 马氏体转变及其组织

当奥氏体以极大的冷却速度过冷到 M_s 以下,即发生马氏体转变。与珠光体转变和贝氏体转变不同,马氏体转变是在连续冷却的过程中进行的,由于过冷度极大,碳原子已无法扩散,过冷奥氏体以非扩散的形式发生铁的晶格转变,即由面心立方晶格的 γ—Fe"切变"为体心立方的 α—Fe 中,形成了碳在 α—Fe 中的过饱和间隙固溶体,称之为马氏体,用符号 M 表示。马氏体的成分与过冷奥氏体相同。

马氏体的组织形貌有两种基本类型:板条状马氏体和片状马氏体。

(1)板条状马氏体

板条马氏体一般存在于低、中碳钢的淬火组织中,也称为低碳马氏体,如图 5-9 所示。通常在含碳量小于 0.2% 时单独存在,含碳量大于 0.2% 则与片状马氏体共存。板条状马氏体的基本单元为细长的板条状,断面为椭圆形。许多尺寸大致相同的马氏体条定向平行排列,形成一个马氏体束。在同一个马氏体束内,马氏体条基本上具有相同的位向,条与条之间为小角度界面。每一个奥氏体晶粒内可形成若干个位向不同的马氏体束,束与束之间具有大角度界面。板条马氏体的亚结构主要是高密度缠结的位错,故又称为位错马氏体。

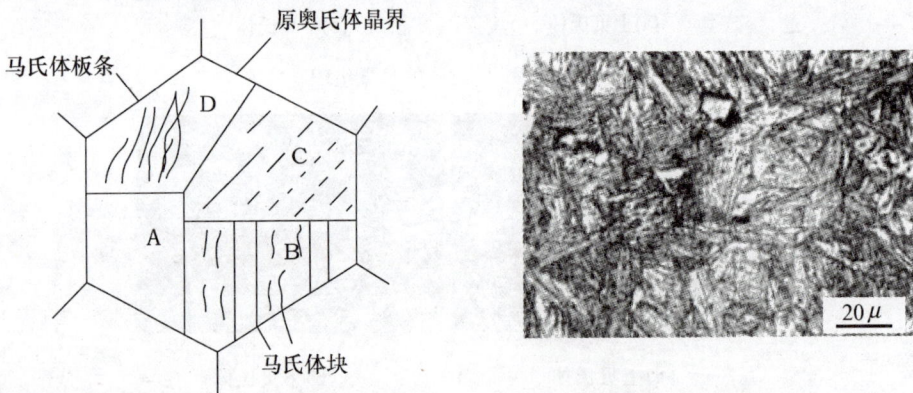

(a)板条马氏体示意图　　　　　　　　(b)光学显微照片

图 5-9　低碳(板条)马氏体的形态图

(2)片状马氏体

片状马氏体经常存在于中、高碳钢的淬火组织中,也称为高碳马氏体,如图 5-10 所示。通常在含碳量大于 1.0% 时单独存在,含碳量小于 1.0% 则与板条状马氏体共存。这类马氏体基本单元为立体双凸透镜状,中间较厚,两端逐渐尖削,显微组织为片状或针状。片状马氏体的亚结构主要是很多平行的细小孪晶,故又称为孪晶马氏体。

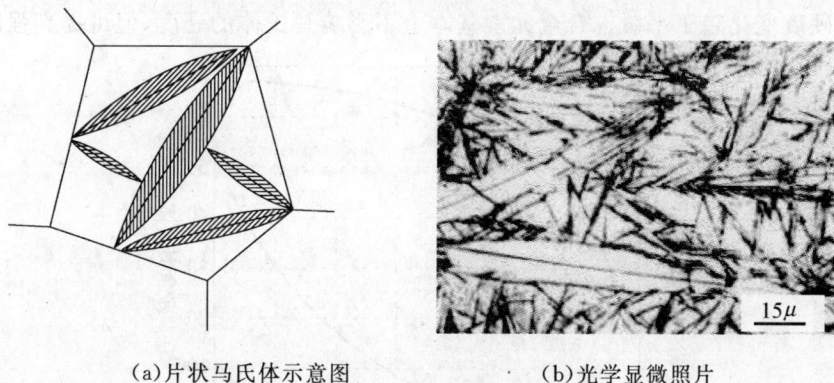

(a)片状马氏体示意图　　　　　(b)光学显微照片

图 5-10　高碳(片状)马氏体的形态图

马氏体转变属于非扩散型,其转变机理相当复杂,具有很多与扩散型转变不同的特点,下面介绍马氏体转变的主要特征:

①无扩散性。马氏体转变仅为晶格的重新改建,转变前后不发生化学成分的变化,属无扩散型转变。

②高速长大。马氏体的转变速度极大,形成一个马氏体板条仅需 $10^{-2} \sim 10^{-3}$ s,而形成一片马氏体只需 $10^{-6} \sim 10^{-7}$ s。马氏体量的增加不是依靠原已形成的马氏体的长大,而是依靠一批批新马氏体的不断形成。

③变温形成。马氏体的转变温度范围为 $M_s \sim M_f$。温度低于 M_f 时,过冷奥氏体将停止转变,在 $M_s \sim M_f$ 之间,温度下降,马氏体数量增加。M_s、M_f 主要取决于奥氏体的化学成分,含碳量增加,M_s、M_f 降低,如图 5-11 所示。

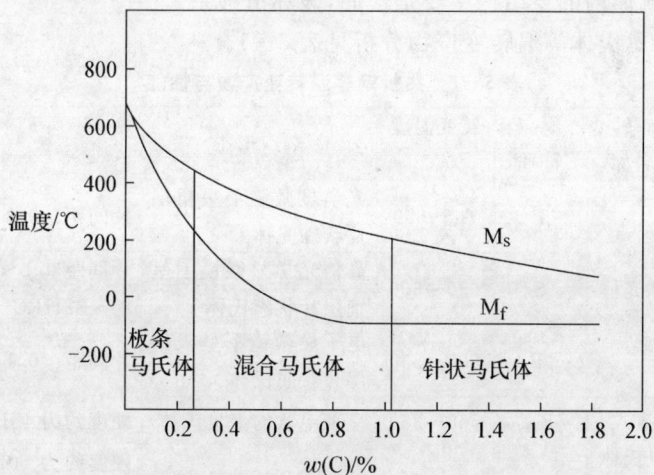

图 5-11　含碳量对 M_s 与 M_f 的影响

④转变不完全。即使当温度降至 M_f 点时,过冷奥氏体向马氏体转变虽已结束,但总有少部分未转变的奥氏体剩留下来,此称残余奥氏体。残余奥氏体的数量主要取决于奥氏体的化学成分,奥氏体的含碳量越高,淬火后残余奥氏体量越多,如图 5-12 所示。

马氏体的硬度主要取决于马氏体的含碳量。如图 5-12 所示,随着马氏体含碳量的增高,其硬度也随之增高,尤其在含碳量较低的情况下,硬度增高比较明显,但当含碳量超过

0.6％以后硬度变化趋于平缓。合金元素基本上不影响马氏体的硬度,但可提高强度。

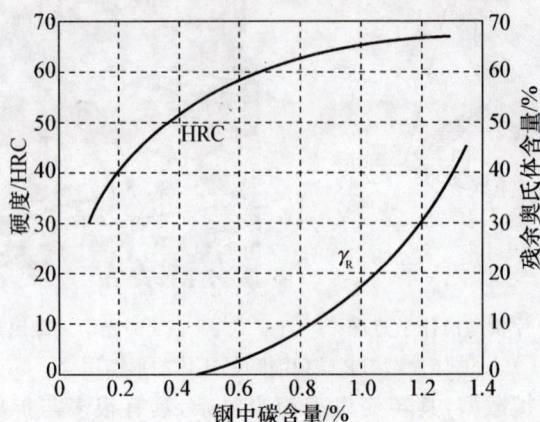

图 5-12　碳含量对马氏体硬度和残余奥氏体量的影响

马氏体强化的主要原因是过饱和碳原子引起的晶格畸变,即固溶强化。此外还有马氏体转变过程中产生的大量位错或孪晶等亚结构引起的强硬化,以及马氏体的时效强化(碳以弥散碳化物形式析出)。

马氏体的塑性和韧性主要取决于碳的过饱和度和亚结构。低碳板条状马氏体的韧性和塑性相当好,其主要原因是:①碳在马氏体中过饱和程度小,其正方比 $c/a \approx 1$,晶格畸变轻微,残余应力小;②板条状马氏体内的亚结构主要是位错。高碳片状马氏体的韧性和塑性均很差,其主要原因是:①碳在马氏体中过饱和程度大,其正方比 $c/a \gg 1$,晶格畸变严重,残余应力大;②片状马氏体内的亚结构主要是孪晶,破坏滑移系。

共析钢的过冷奥氏体等温转变产物分析见表 5-1。

表 5-1　共析钢等温转变产物与性能

转变性质	转变产物		转变温度 /℃	组织形态	性能
	名称	符号			
扩散型转变	珠光体	P	$A_1 \sim 650$	光学显微镜下呈粗层片状珠光体	片间距＞0.3 μm,17～23HRC
		S	$650 \sim 600$	高倍光学显微镜下呈细层片状索氏体	片间距 0.1～0.3 μm,24～32HRC
		T	$600 \sim 550$	电子显微镜下呈极细层片状屈氏体	片间距＜0.1 μm,33～40HRC
半扩散型转变	贝氏体	$B_上$	$550 \sim 350$	呈羽毛状的上贝氏体	硬度约为 45HRC,韧性差
		$B_下$	$350 \sim 230$	呈针叶状的下贝氏体	硬度约为 50HRC,韧性高,综合力学性能好
非扩散型转变	马氏体	M	$M_s \sim M_f$	板条状马氏体	硬度为 50～55HRC,韧性高
				片状马氏体	硬度约为 60HRC,脆性大

5.3　过冷奥氏体转变曲线图

在热处理生产中,过冷奥氏体的冷却方式有两种:一种是等温冷却方式,即将过冷奥氏体快速冷却到相变点以下某一温度进行等温转变,然后再冷却到室温,如图 5 - 13 中曲线②所示;另一种是连续冷却方式,即将过冷奥氏体以不同的冷却速度连续地冷却到室温,使之发生转变的方式,如图 5 - 13 中曲线①所示。

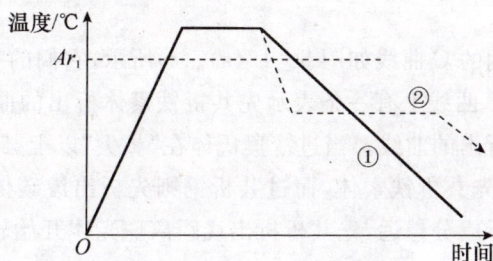

①—连续冷却;②—等温处理

图 5 - 13　控制过冷奥氏体转变的两种方法

5.3.1　过冷奥氏体等温转变

1. 过冷奥氏体等温转变曲线

图 5 - 14 是共析钢的等温转变曲线(TTT 曲线,其中 3T 指 Temperature、Time、Transformation),根据曲线的形状,该曲线也称 C 曲线。它反映了过冷奥氏体在不同的过冷度条件下的等温转变过程中,转变温度、转变时间和转变产物之间的关系。

从图 5 - 14 中可以看出,在 A_1 以上,奥氏体是稳定的,不发生转变;在 A_1 以下,过冷奥氏体在不同等温条件下分别转变为珠光体、贝氏体和马氏体。图中左边一条曲线是珠光体和贝氏体等温转变开始线,右边一条曲线是珠光体和贝氏体等温转变终了线;M_s 和 M_f 线是马氏体转变开始线和终了线。在等温转变开始线左方是过冷奥氏体区,等温转变终了线右方是转变结束区,在两条曲线之间是转变过渡区,M_s 和 M_f 之间是马氏体转变区。

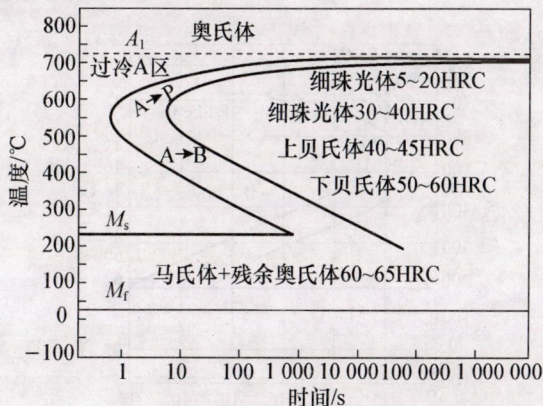

图 5 - 14　共析碳钢过冷奥氏体等温转变曲线图

由图可知,在 A_1 以下,过冷奥氏体并不立即转变,都有一个孕育期。过冷奥氏体的稳定性取决于孕育期的长短,而孕育期的长短随等温温度的改变而改变。在曲线的"鼻尖"处(约550 ℃)孕育期最短,过冷奥氏体稳定性最小,转变速度最快,此处对应的温度为鼻温。在鼻温以上,孕育期随等温温度下降而变短,过冷奥氏体稳定性降低,转变速度变快;在鼻温以下,孕育期随等温温度下降而变长,过冷奥氏体稳定性增加,转变速度变慢。

2. 影响过冷奥氏体等温转变曲线的因素

影响 C 曲线的因素有很多,凡是影响奥氏体稳定性的因素都将对 C 曲线产生影响。

(1)含碳量的影响

亚共析钢和过共析钢的 C 曲线如图 5-15(a)、(c)所示,它们的基本特点与共析钢相同,所不同的是在亚共析钢 C 曲线上有一条表示先共析铁素体析出的曲线,在过共析钢 C 曲线上有一条先共析渗碳体析出的曲线。当过冷奥氏体在"鼻尖"以上某一温度下进行等温冷却时,亚共析钢将首先生成先共析铁素体,而过共析钢则先析出渗碳体,然后才开始向珠光体转变。钢的成分偏离共析成分越远,先共析析出线距离珠光体开始转变线越远,先共析相的量越多;过冷度越大,则先共析相的量越少。

对于亚共析钢来说,随着奥氏体中含碳量增加,C 曲线逐渐右移,说明奥氏体的稳定性越来越高。当含碳量增加到共析成分时,奥氏体的稳定性最高。超过共析成分以后,随着含碳量的增加,C 曲线则逐渐左移,即奥氏体的稳定性降低。

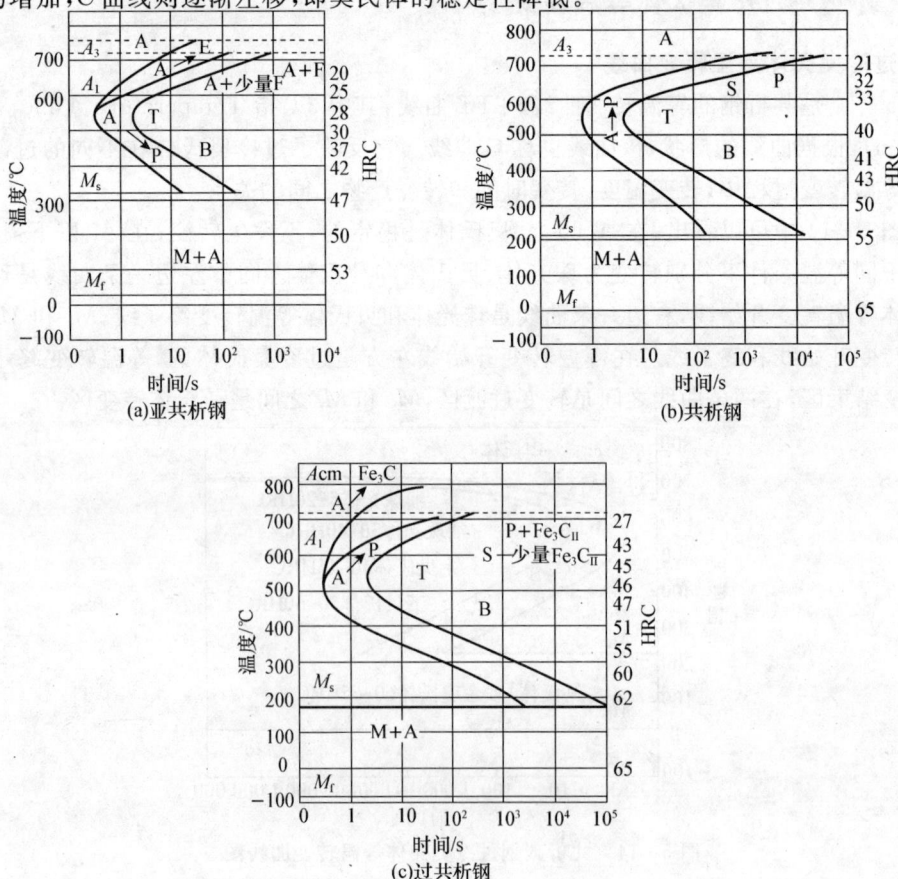

(a)亚共析钢

(b)共析钢

(c)过共析钢

图 5-15 亚共析钢、共析钢及过共析钢的 TTT 曲线

（2）合金元素的影响

除 Co 以外，所有的合金元素溶于奥氏体后都增大过冷奥氏体的稳定性，使 C 曲线右移。其中，非碳化物形成元素（如 Ni、Si、Cu）只改变 C 曲线的位置，不改变其形状。碳化物形成元素（如 Cr、Mo、V）同时改变 C 曲线的位置和形状。必须指出，碳化物形成元素必须溶于奥氏体中才能提高过冷奥氏体的稳定性，否则作用相反。

（3）加热条件的影响

加热条件主要指加热温度和保温时间。奥氏体化温度越高，保温时间越长，则形成的奥氏体晶粒越粗大，成分越均匀；同时，加热温度的提高也有利于先析出相及其他难熔质点的熔化。所有这些因素都将增加奥氏体的稳定性，使 C 曲线右移。

5.3.2　过冷奥氏体连续冷却转变

在实际中，多数热处理工艺应用的是连续冷却转变，即过冷奥氏体是在不断的降温过程中发生转变的，这就需要研究过冷奥氏体的连续冷却转变规律。

1. 过冷奥氏体连续冷却转变曲线

图 5-16 是共析钢的连续冷却转变曲线（CCT 曲线，其中 C、C、T 分别指 Continuous、Cooling、Transformation）。它反映了过冷奥氏体的冷却状况与组织结构之间的关系，是研究钢在冷却转变时组织转变的理论基础，也是选择热处理冷却工艺的重要依据。

图中 P_s 线为过冷奥氏体转变为珠光体的开始线，P_f 为转变终了线，两线之间为转变过渡区。KK' 线为转变的中止线，当冷却曲线碰到此线时，过冷奥氏体就中止向珠光体型组织的转变，剩余的奥氏体将被过冷到 M_s 点以下转变为马氏体。V_k 是 P_s 线相切的冷却速度，它是钢在淬火时可抑制非马氏体组织转

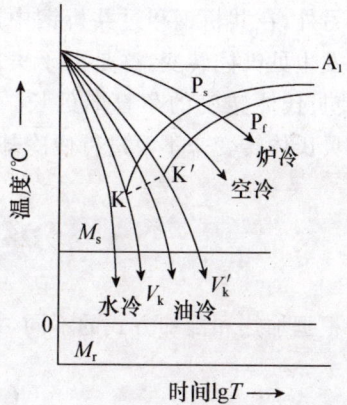

图 5-16　共析连续冷却转变曲线示意图

变的最小冷却速度，称为淬火冷却速度或上临界冷却速度。V_k' 是获得全部珠光体组织的最大冷却速度，称为下临界冷却速度。

当以不同的冷却速度连续冷却时，过冷奥氏体将会转变为不同的组织。根据冷却速度曲线与 CCT 曲线交点的位置，可以判断连续冷却转变的产物。

如图 5-16 所示，当冷却速度较小时，如炉冷，其转变产物为粗珠光体，硬度为 170～220HBS；增大冷却速度，如空冷，其转变产物为索氏体，硬度为 25～35HRC，与炉冷相比较，转变温度降低，转变所需时间缩短；冷却速度继续增大，转变温度将继续降低，但只要冷却速度不超过 V_k'，全部过冷奥氏体都将转变为珠光体型组织；当大于 V_k' 的冷却速度冷却时，如油冷，由于冷却曲线不与 P_f 线相交，所以转变过程中只有部分过冷奥氏体转变为珠光体型组织，其余部分则被过冷到 V_s 点以下转变马氏体，最后得到的组织为细珠光体＋马氏体＋少量的残余奥氏体，硬度为 45～55HRC；当冷却速度大于 V_k 以后，过冷奥氏体直接过冷到 V_s 点以下转变为马氏体及少量残余奥氏体，其硬度为 60～65HRC。

2. 过冷奥氏体连续冷却转变曲线与等温转变曲线的比较

以共析钢为例,将连续冷却转变曲线与等温转变曲线叠绘在同一个温度－时间半对数坐标系中进行对比,如图5－17所示。可以看出,连续冷却转变曲线位于等温转变曲线的右下方,说明在连续冷却转变过程中过冷奥氏体的转变温度低于相应的等温转变时的温度,且孕育期较长。

等温转变的产物为单一的组织,而连续冷却转变是在一个温度范围内进行的,可以把连续冷却转变看成是无数个微小的等温转变过程的总和,转变产物是不同温度下等温转变组织的混合组织。

另外,在共析钢和过共析钢中连续冷却转变时不发生贝氏体转变,这是由于奥氏体的碳浓度高,使贝氏体转变的孕育期延长,在连续冷却转变时贝氏体转变来不及进行便冷却至低温。

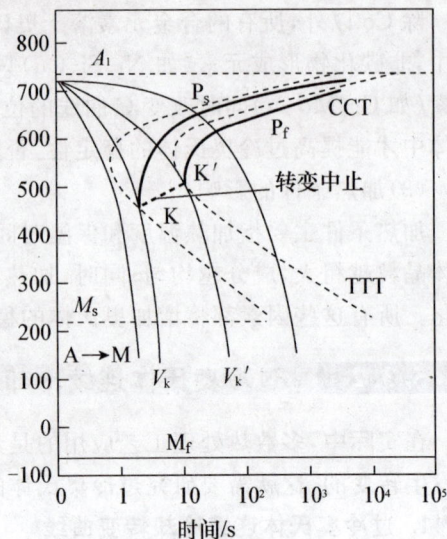

图5－17 共析钢的等温转变曲线和
连续冷却转变曲线的比较

5.4 钢的退火与正火

根据加热和冷却方式的不同,将热处理工艺分为如下三类:

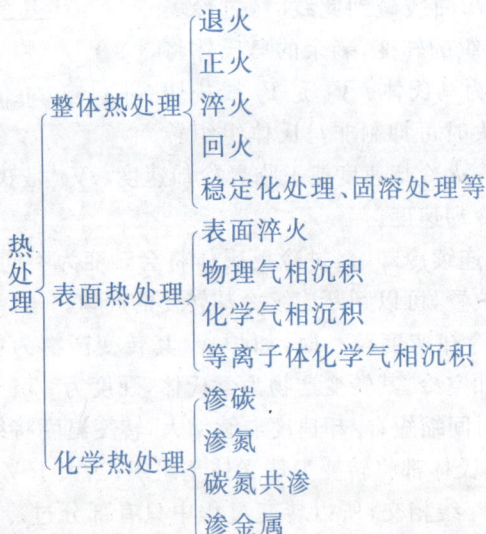

- 整体热处理
  - 退火
  - 正火
  - 淬火
  - 回火
  - 稳定化处理、固溶处理等
- 表面热处理
  - 表面淬火
  - 物理气相沉积
  - 化学气相沉积
  - 等离子体化学气相沉积
- 化学热处理
  - 渗碳
  - 渗氮
  - 碳氮共渗
  - 渗金属

5.4.1 退火

退火和正火是生产上应用最广泛的预备热处理工艺。退火是将工件加热到一定温度保温一定时间,然后缓慢冷却下来,获得接近平衡组织的热处理工艺。

1. 退火的目的

(1)降低钢件硬度,便于切削加工。

(2)消除残余应力,防止变形和开裂。

(3)消除缺陷,改善组织,细化晶粒,提高钢的机械性能。

(4)消除加工硬化,提高塑性以利于继续冷加工。

(5)改善或消除毛坯在铸、锻、焊时所造成的组织或成分不均匀,以提高其工艺性能和使用性能。

2. 退火的种类及应用

根据退火的目的与工艺特点不同,退火可分为完全退火、球化退火、去应力退火、再结晶退火、扩散退火等,它们的加热温度范围如图 5-18 所示。

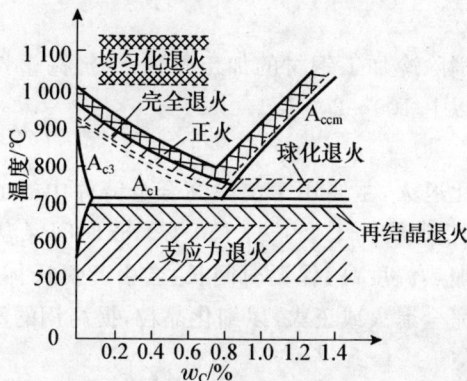

图 5-18　碳钢退火、正火加热温度范围示意图

(1)完全退火

完全退火是将钢件或钢材加热到 A_{c3} 以上 20~30 ℃,经完全奥氏体化后随炉缓慢冷却,以获得近于平衡组织的热处理工艺。完全退火的目的在于消除组织缺陷,均匀成分和细化晶粒,主要用于消除亚共析成分铸件、锻件、焊件等的内应力和组织缺陷。过共析钢不宜采用完全退火,因为加热到 A_{ccm} 以上缓冷时,沿奥氏体晶界会析出二次渗碳体,使钢的韧性、切削加工性能大大降低,并可能在以后的热处理中引起开裂。

完全退火冷却时间很长,特别是对于某些奥氏体比较稳定的合金钢更是如此。如果在 A_1 以下,珠光体形成温度等温停留,使之进行等温转变,称为等温退火。等温退火不仅使退火时间缩短,还可获得更加均匀的组织。

(2)球化退火

球化退火属于不完全退火,是将钢加热到 A_{c1} 以上 30~50 ℃,较长时间保温,并缓慢冷却,使钢中的碳化物进行球状化的热处理工艺。球化退火后的组织为铁素体基体上分布着均匀细小的球状碳化物,称为球状珠光体,如图 5-19 所示。这种工艺主要适用于共析或过共析的工模具钢,目的是使钢中碳化物球状化,从而降低硬度,提高塑性,改

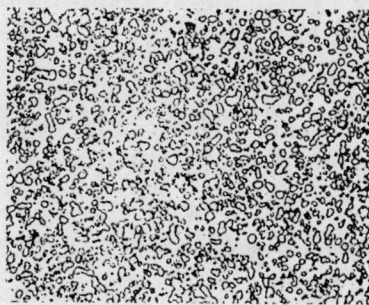

图 5-19　钢球化退火后的显微组织

善切削加工性能；另外，球化退火还能有效降低钢的过热敏感性，减小淬火时变形开裂倾向，为随后进行的淬火作好组织准备。

如果钢的原始组织中存在严重的网状二次渗碳体，则应在球化退火之前进行一次正火，以获得更好的球化效果。

（3）去应力退火

为了去除由于塑性变形、焊接、铸造等造成的残余应力而进行的称为去应力退火。去应力退火操作是将工件随炉缓慢加热到 A_{c1} 以下某一温度（一般为 500～650 ℃），保温一定时间后，随炉缓冷至 200～300 ℃ 出炉空冷。在去应力退火的过程中无组织转变，其强度、塑性等性能也无明显变化，只是残余应力得到松弛。通过去应力退火，可以稳定工件的尺寸和形状，减少在随后的机械加工和长期使用过程中变形或开裂的倾向。

（4）再结晶退火

再结晶退火主要用于消除冷加工钢材的加工硬化，以提高塑性，便于继续进行冷加工，其加热温度在再结晶温度以上 100～200 ℃。

（5）扩散退火

扩散退火又称为均匀化退火，主要用于消除高合金铸件中的成分偏析。加热温度在略低于固相线的温度（亚共析钢通常为 1 050～1 150 ℃），长时间保温（一般 10～20 h），然后随炉缓慢冷却到室温。因为加热温度高，保温时间长，会引起奥氏体晶粒的显著长大。因此，扩散退火后必须进行一次完全退火或正火，以细化晶粒，提高钢的塑性。

5.4.2　正　火

正火是将钢材或钢件加热到临界温度以上，保温后空冷的热处理工艺。亚共析钢的正火加热温度为 $A_{c3}+(30～50)℃$；而过共析钢的正火加热温度则为 $A_{ccm}+(30～50)℃$。

正火与退火的主要区别在于，正火的冷却速度较大，得到的组织为片间距较小的索氏体，且先共析相数量显著减少。因此，钢经正火后的机械性能比退火后提高。

正火主要应用于以下几个方面：

（1）消除网状二次渗碳体

所有的钢铁材料通过正火，均可使晶粒细化。而原始组织中存在网状二次渗碳体的过共析钢，经正火处理后可消除对性能不利的网状二次渗碳体，以保证球化退火质量。

（2）作为最终热处理

对于机械性能要求不高的结构钢零件，经正火后所获得的性能即可满足使用要求，可用正火作为最终热处理。

（3）改善切削加工性能

对于低碳钢或低碳合金钢，由于完全退火后硬度太低，一般在 170HB 以下，切削加工性能不好。而用正火，则可提高其硬度，从而改善切削加工性能。所以，对于低碳钢和低碳合金钢，通常采用正火来代替完全退火，作为预备热处理。从改善切削加工性能的角度出发，低碳钢宜采用正火；中碳钢既可采用退火，也可采用正火；含碳 0.45%～0.6% 的高碳钢则必须采用完全退火；过共析钢用正火消除网状渗碳体后再进行球化退火。

5.5 钢的淬火

钢的淬火、回火是热处理工艺中最重要的热处理工艺。淬火与不同温度的回火相结合，不仅可以显著提高钢的强度和硬度，而且可以获得不同强度、硬度、塑性和韧性的良好配合，满足服役条件不同的零件对机械性能的影响。

将钢件加热到 A_{c3} 或 A_{c1} 以上某一温度，保温后以适当的速度冷却，获得马氏体或下贝氏体组织的热处理工艺叫淬火。淬火的目的是为了获得马氏体或下贝氏体组织，然后在配以适当的回火工艺，以得到零件所要求的使用性能。淬火是强化钢的最重要的处理工艺，也是赋予钢最终性能的关键工序。

5.5.1 淬火工艺参数的选择

1. 淬火温度的确定

淬火温度即钢的奥氏体化温度，是淬火的主要工艺参数之一。选择淬火温度的原则是获得均匀细小的奥氏体组织，钢的化学成分是决定淬火温度最主要的因素。

图 5-20 是碳钢的淬火温度范围。亚共析钢的淬火温度一般为 A_{c3} 以上 30～50 ℃，淬火后获得均匀细小的马氏体组织。如果温度过高，会因为奥氏体晶粒粗大而得到粗大的马氏体组织，使钢的机械性能恶化，特别是使塑性和韧性降低；如果淬火温度低于 A_{c3}，淬火组织中会保留未溶铁素体，使钢的强度硬度下降，并影响钢整体性能的均匀性。

与亚共析钢不同，共析钢和过共析钢的淬火温度应为 A_{c1} 以上 30～50 ℃。这是因为这些钢在淬火之前都要经过球化退火处理，淬火时加热至 A_{c1} 以上 30～50 ℃时，得到的组织是奥氏体和一部分未溶的球状碳化物，淬火后可以获得均匀细小的马氏体和球状碳化物的混合组织（图 5-21），有利于提高钢的硬度和耐磨性。如果温度过高，渗碳体大量溶于奥氏体，淬火后残余奥氏体量增加，使工件硬度下降；奥氏体晶粒粗大，淬火后得到粗片状马氏体，使钢的脆性增加，增加工件变形和开裂的倾向。

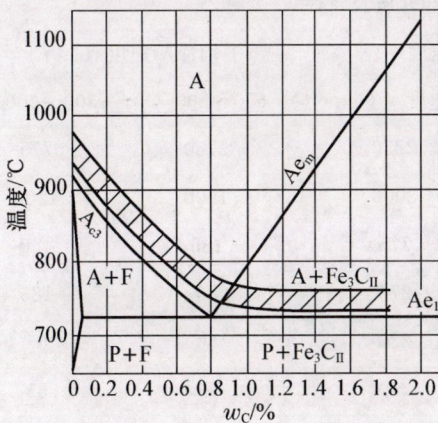

图 5-20 碳钢的淬火温度范围

图 5-21 T12 钢正常淬火回火后的组织

2. 加热时间的确定

加热时间由升温时间和保温时间组成。由零件入炉温度升至淬火温度所需的时间为升温时间,并以此作为保温时间的开始。保温时间是指零件烧透及完成奥氏体化过程所需要的时间。加热时间与钢的成分、工件的形状及尺寸、加热介质、装炉情况有关,通常根据经验公式估算或通过实验确定。

3. 淬火介质的选择

淬火时既要保证奥氏体转变为马氏体,又要在淬火过程中减少应力,减小变形,防止开裂,保证钢件的淬火质量,因此必须选择合理的淬火冷却介质。根据碳钢的奥氏体的等温转变曲线知道,淬火要得到马氏体组织,工件的冷却曲线不能与"C"曲线相交。理想的淬火冷却介质应该是:在650 ℃以上时,在保证不形成珠光体类型组织的前提下,可以尽量缓冷;而在650~400 ℃范围内必须快冷,以躲开"C"曲线的鼻尖,保证不产生珠光体相变;在400 ℃以下,又可以缓冷,特别是在300~200 ℃以下发生马氏体转变时,以减轻马氏体转变时的相变应力。理想淬火冷却曲线如图5-22所示。

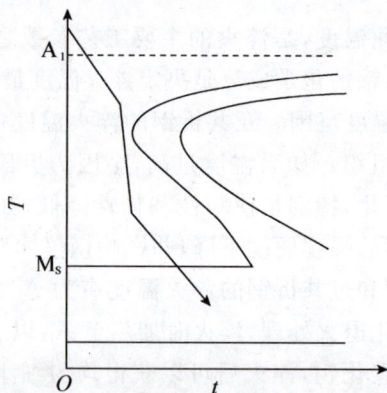

图 5-22 理想淬火冷却曲线示意图

常用的冷却介质有水、油、碱水、盐水等,其冷却特性见表5-2。

表 5-2 常用淬火冷却介质及特性

淬火冷却介质	最大冷却速度		平均冷却速度/(℃·s⁻¹)	
	温度/℃	冷却速度/(℃·s⁻¹)	650~500 ℃	300~200 ℃
15%NaOH 水溶液(20 ℃)	560	2830	2750	775
10%NaCl 水溶液(20 ℃)	580	2000	1900	1000
自来水(20 ℃)	340	775	135	450
自来水(60 ℃)	220	275	80	185
机油(20 ℃)	430	230	60	65
机油(80 ℃)	430	230	70	55

从表中可以了解到,碱水、盐水在650~500 ℃、300~200 ℃冷却能力均较强,对于保证淬火能力较差的碳钢的淬火有利,但组织应力较大,易造成工件的变形和开裂。水的冷却能力次之。水及水溶液均适用于形状简单的碳钢零件。

油在 650~500 ℃、300~200 ℃冷却能力均较弱,适合用于过冷奥氏体比较稳定的合金钢零件。

4. 淬火方法

选择适当的淬火方法同选用淬火介质一样,可以保证在获得所要求的淬火组织和性能条件下,尽量减小淬火应力,减少工件变形和开裂倾向。生产中常用淬火方法如下:

(1)单介质淬火

淬火时将奥氏体状态的工件放入一种淬火介质中一直冷却到室温的淬火方法,如图 5 - 23(a)所示。这种方法操作简单,容易实现机械化,适用于形状简单的碳钢和合金钢工件,一般碳钢在水或水溶液中淬火,合金钢在油中淬火。

单介质淬火的缺点是不容易满足淬火件的质量要求,水淬内应力大,变形和开裂倾向大;油淬又容易造成硬度不足或不均匀。此外,单介质淬火时工件的表里温差大,热应力大,对形状复杂的工件易产生较大的变形和开裂。

(2)双介质淬火

淬火时先将奥氏体状态的工件在冷却能力强的淬火介质中冷却至接近 M_s 点温度时,再立即转入冷却能力较弱的淬火介质中冷却,直至完成马氏体转变,如图 5 - 23(b)所示。最常用的是水－油双介质淬火(又称水淬油冷),有时也用水－空气双介质淬火(又称水淬空冷)。

水－油双介质淬火利用了水在高温区冷却速度快和油在低温区冷却速度慢的优点,既可以保证工件得到马氏体组织,又可以降低工件在马氏体区的冷却速度,减少组织应力,从而防止工件变形或开裂。采用双液淬火法必须严格控制工件在水中的停留时间,水中停留时间过短会引起奥氏体分解,导致淬火硬度不足;水中停留时间过长,工件某些部分已在水中发生马氏体转变,从而失去双液淬火的意义。因此,实行双液淬火要求工人必须有丰富的经验和熟练的技术。

(3)马氏体分级淬火

淬火时将奥氏体状态的工件首先淬入略高于钢的 M_s 点的盐浴或碱浴炉中保温,当工件内外温度均匀后,再从浴炉中取出空冷至室温,完成马氏体转变,如图 5 - 23(c)所示。这种淬火方法由于工件内外温度均匀并在缓慢冷却条件下完成马氏体转变,不仅减小了淬火热应力,而且显著降低组织应力,因而有效地减小或防止了工件淬火变形和开裂。同时还克服了双液淬火出水入油时间难以控制的缺点,但这种淬火方法由于冷却介质温度较高,工件在浴炉冷却速度较慢,而等温时间又有限制,大截面零件难以达到其临界淬火速度。因此,分级淬火只适用于尺寸较小的工件,如刀具、量具和要求变形很小的精密工件。

(4)贝氏体等温淬火

将奥氏体化后的工件浸入温度在贝氏体转变区间(260~400 ℃)的盐(碱)浴中,保温足够长时间,使过冷奥氏体转变为下贝氏体,然后空冷的淬火工艺。如图 5 - 23(d)所示。下贝氏体组织的强度、硬度较高而韧性良好。故等温淬火可显著提高钢的综合机械性能。等温淬火的加热温度通常比普通淬火高些,目的是提高奥氏体的稳定性和增大其冷却速度,防止等温冷却过程中发生珠光体型转变。等温淬火可以显著减小工件变形和开裂倾向,适合处理形状复杂、尺寸要求精密的工具和重要的机器零件,如模具、刀具、齿轮等。同分级淬火一样,等温淬火也只能适用于尺寸较小的工件。

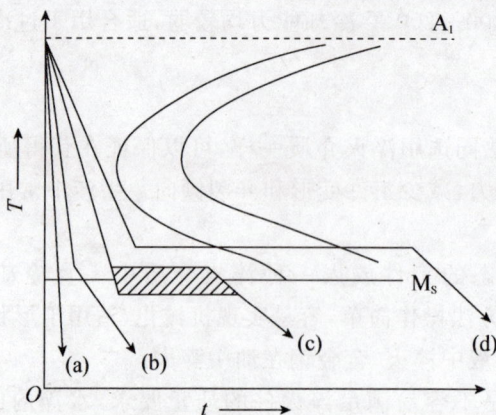

(a)单介质淬火;(b)双介质淬火;(c)分级淬火;(d)等温淬火

图 5-23　各种淬火方法示意图

生产中常用的淬火方法还有预冷淬火、局部淬火、深冷淬火等。

5.5.2　钢的淬透性

对钢进行淬火希望获得马氏体组织,但一定尺寸和化学成分的钢件在某种介质中淬火能否得到全部马氏体则取决于钢的淬透性。淬透性是钢的重要工艺性能,也是选材和制定热处理工艺的重要依据之一。

1. 淬透性的概念

钢的淬透性是指奥氏体化后的钢在淬火时获得马氏体的能力,其大小用钢在一定的条件下淬火获得的淬透层的深度表示。一定尺寸的工件在某介质中淬火,其淬透层的深度与工件截面各点的冷却速度有关。如果工件截面中心的冷却速度高于钢的临界淬火速度,工件就会淬透。然而工件淬火时表面冷却速度最大,心部冷却速度最小,由表面至心部冷却速度逐渐降低。只有冷却速度大于临界淬火速度的工件外层部分才能得到马氏体,这就是工件的淬透层。而冷却速度小于临界淬火速度的心部只能获得非马氏体组织,这就是工件的未淬透区。图 5-24 是大截面工件的不同冷速与淬透情况示意图。

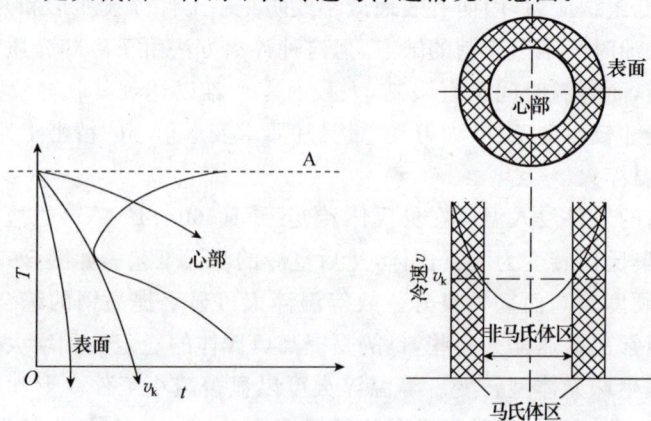

(a)零件截面的不同冷却速度　　　(b)未淬透区的示意图

图 5-24　大截面工件的不同冷速与淬透情况示意图

在未淬透的情况下,工件从表面至心部马氏体数量是逐渐减少,硬度逐渐降低。当淬火组织中马氏体和非马氏体组织各占一半,即所谓半马氏体区时,显微观察极为方便,硬度变化最为剧烈。为测试方便,通常采用从淬火工件表面至半马氏体区距离作为淬透层的深度。半马氏体区的硬度称为测定淬透层深度的临界硬度。研究表明,钢的半马氏体的硬度主要取决于奥氏体中含碳量,而与合金元素的含量关系不大。

在实际生产中要注意区别淬硬性与淬透性。淬透性表示钢淬火时获得马氏体的能力,它反映钢的过冷奥氏体稳定性,即与钢的临界冷却速度有关。过冷奥氏体越稳定,临界淬火速度越小,钢在一定条件下淬透层深度越深,则钢的淬透性越好。而淬硬性是钢在理想条件下所能达到的最大硬度,主要取决于马氏体的含碳量,与钢中合金元素的含量关系不大。淬透性和淬硬性并无必然联系,例如高碳工具钢的淬硬性高,但淬透性很低;而低碳合金钢的淬硬性不高,但淬透性却很好。

2. 淬透性的测定方法

我国国家标准规定,测定淬透性的方法有临界淬火直径法(GB 227—63)和末端淬火试验法(GB 225—63)。用这两种方法表示钢的淬透性必须保证在相同试样尺寸和相同淬火介质条件下进行比较,以消除试样截面尺寸和介质冷却能力对淬透层深度的影响。

(1)临界淬火直径法

生产上常用临界淬火直径 D_0 来衡量钢的淬透性,它是钢在某种淬火介质中能够完全淬透(心部马氏体的体积分数为 50%)的最大直径。通常采用不同直径的圆棒试样在某介质淬火后,沿试样截面测量硬度的分布,找出其中心部位刚好达到半马氏体区硬度的试样直径,即为钢在该淬火介质中淬火时的临界淬火直径 D_0。显然,在给定淬火条件下,临界淬火直径越大,说明完全淬透的试棒的直径越大,因而钢的淬透性好。但是用临界淬火直径比较钢的淬透性必须采用相同的冷却介质。因为在其他条件时,D_0 值随介质冷却能力而变,介质冷却能力越高,D_0 值大。例如 $D_{0油} < D_{0水}$,这是由于油比水冷却能力低,而并非表示同种钢的淬透性起了变化。表 5-3 为几种常用钢的临界淬火直径。

表 5-3　几种常用钢的临界淬透直径

钢号	$D_{0水}$/mm	$D_{0油}$/mm
45	10～18	6～8
60	20～25	9～15
40Cr	20～36	12～24
20CrMnTi	32～50	12～20
T8～T12	15～18	5～7
65Mn	25～30	17～25
9SiCr		40～50
35SiMn	40～46	25～34
GCr15		30～35
Cr12		200

(2)末端淬火法

图 5-25 为末端淬火法测定钢的淬透性的示意图。采用 $\phi 25 \times 100$ mm 的标准试样,试验时将试样加热至规定温度奥氏体化后,迅速放入试验装置中喷水冷却,如图 5-25(a)所

示。试样冷却后沿其轴线方向相对两侧面各磨去 0.2～0.5 mm,然后从试样末端起每隔 1.5 mm 测量一次硬度,即可得到硬度与至末端距离的关系曲线,如图 5-25(b)所示,这就是钢的淬透性曲线。显然,淬透性高的钢,硬度下降趋势较为平坦,而淬透性低的钢,硬度呈急剧下降的趋势。由于钢的化学成分允许在一个范围内波动,因此手册上给出的各种钢的淬透性曲线通常是一条淬透性带。

根据钢淬透性曲线,通常用 $J\dfrac{HRC}{d}$ 表示钢的淬透性,其中 J 表示端淬实验的淬透性,d 表示距水冷端的距离,HRC 为该处测得的硬度值。如 $J\dfrac{42}{5}$ 表示距水冷端 5 mm 处试样硬度为 42HRC。

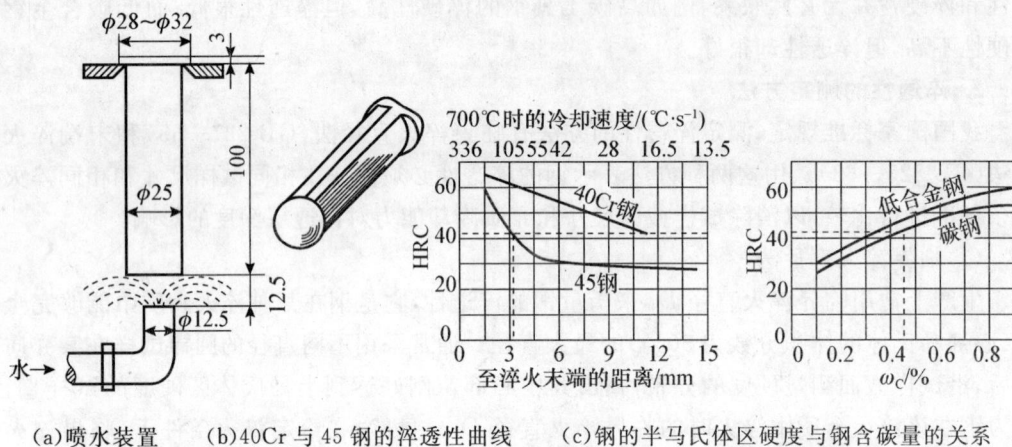

(a)喷水装置　　(b)40Cr 与 45 钢的淬透性曲线　　(c)钢的半马氏体区硬度与钢含碳量的关系

图 5-25　末端淬火法测定钢的淬透性的示意图

3. 淬透性的实际意义

钢的淬透性是钢的热处理工艺性能,在生产中有重要的实际意义。工件在整体淬火条件下,从表面至中心是否淬透,对其机械性能有重要影响。一些在拉压、弯曲或剪切载荷下工件的零件,例如各类齿轮、轴类零件,希望整个截面都能被淬透,从而保证这些零件在整个截面上得到均匀的机械性能。选择淬透性较高的钢即能满足这一性能要求。而淬透性较低的钢,零件心部不能淬透,其机械性能低,特别是冲击韧性更低,不能充分发挥材料的性能潜力。

钢的淬透性越高,能淬透的工件截面尺寸越大。对于大截面的重要工件,为了增加淬透层的深度,必须选用过冷奥氏体很稳定的合金钢,工件越大,要求的淬透层越深,钢的合金化程度应越高。所以淬透性是机器零件选材的重要参考数据。

从热处理工艺性能考虑,对于形状复杂、要求变形很小的工件,如果钢的淬透性较高,例如合金钢工件,可以在较缓慢的冷却介质中淬火。如果钢的淬透性很高,甚至可以在空气中冷却淬火,因此淬火变形更小。

但是并非所有工件均要求很高的淬透性。例如承受弯曲或扭转的轴类零件,其外缘承受最大应力,轴心部分应力较小,因此保证一定淬透层深度就可以了。一些汽车、拖拉机的重负荷齿轮通过表面淬火或化学热处理,获得一定深度的均匀淬硬层,即可达到表硬心韧的性能要求,甚至可以采用低淬透性钢制造。焊接用钢采用淬透性低的低碳钢制造,目的是避免焊缝及热影响区在焊后冷却过程中得到马氏体组织,从而可以防止焊接构件的变形和开裂。

5.6　钢的回火

将淬火后的钢件重新加热到 A_{c1} 以下某一温度,保温一定时间后再冷却到室温的热处理工艺称为回火。淬火后工件必须用回火的工艺方法来调整钢的组织与性能,以满足工件的使用要求。

一般淬火后的钢件都要进行回火处理。这是因为淬火后得到的马氏体很脆,并存在很大的内应力,如不及时回火,可能使工件产生开裂。此外,淬火组织中的马氏体和残余奥氏体都是不稳定的组织,如不回火会在随后使用中发生组织转变而引起工件尺寸变化。

回火的目的在于:

①减少或消除内应力,降低钢的脆性,以防止工件进一步变形和开裂。

②促进马氏体和残余奥氏体的分解,稳定组织,以稳定工件的尺寸和形状。

③调整工件的内部组织,以获得所需要的力学性能。

5.6.1　淬火钢回火时的组织转变

淬火后获得的马氏体与残余奥氏体在 A_1 线以下不同温度重新加热时,将发生下列四个阶段的组织转变:

(1)马氏体的分解(<200 ℃)

在80 ℃以下时,由于温度太低,只发生马氏体中碳原子偏聚现象。在80~200 ℃回火时,马氏体中过饱和的碳原子将以亚稳定的 ε 碳化物形式细小弥散地析出在基体上。由于碳原子析出,使马氏体应力降低。经过这一阶段回火后的组织由过饱和的 α 固溶体和亚稳定的 ε 碳化物组成,称为回火马氏体。钢的硬度没有明显降低,但淬火应力下降。

基本消除,硬度明显下降。

(2)残余奥氏体的分解(200~300 ℃)

当回火温度在200~300 ℃时,残余奥氏体分解为马氏体或下贝氏体组织。马氏体继续分解到350 ℃左右,淬火应力进一步降低,但硬度下降不明显。

(3)碳化物的转变(250~400 ℃)

当回火温度在250 ℃以上时,ε 碳化物随温度升高逐步转变为 Fe_3C,这时的 α 固溶体实际上已变成了淬火形态的铁素体。这一阶段的组织为铁素体和颗粒状的渗碳体复合组织,称回火屈氏体。淬火应力已基本消除,硬度明显下降。

(4)渗碳体的聚集长大与 α 相的再结晶(>400 ℃)

当回火温度升至400 ℃以上时,渗碳体发生聚集长大成为较大的颗粒状。同时铁素体形态在600 ℃以下回火保持淬火时的板条状或片状;而在600 ℃以上时,铁素体的形态变成了近似等轴的多边形晶粒,称铁素体发生了再结晶。于是得到了由经过再结晶的多边形铁素体和较大颗粒的渗碳体组成的组织,称为回火索氏体。

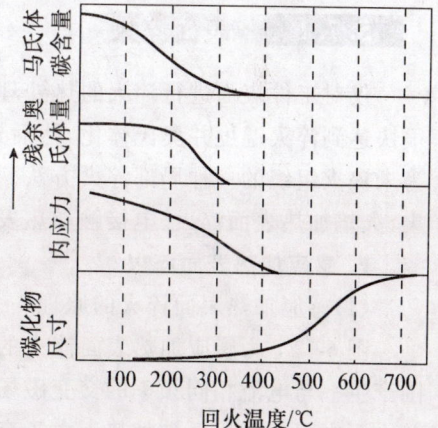

图 5-26　淬火钢在回火过程中的变化

碳钢在回火过程中 α 固溶体的含碳量、残余奥氏体量、淬火内应力以及碳化物尺寸的变化情况如图 5-26 所示。

5.6.2 淬火钢回火后的组织和性能

根据回火温度和钢件所要求的力学性能，一般工业上回火分三类，见表 5-4。该回火规范主要用于碳钢和低合金钢，而对中、高合金钢则应适当提高回火温度。

表 5-4 回火的种类与应用

种 类	加热温度/℃	组 织	性 能	应 用
低温回火	150～250	M$_回$＋碳化物	高硬度和高耐磨性，但脆性和残余应力降低 58～64HRC	各种高碳工具钢、模具、滚动轴承，渗碳件和表面淬火件
中温回火	350～500	T$_回$	高的弹性极限、屈服强度和一定韧性 35～45HRC	各种弹性元件及热锻模
高温回火（调质处理）	500～650	S$_回$	较高的强度、塑性和韧性，即良好的综合力学性能25～35HRC	各种重要结构零件，如轴、齿轮、连杆、高强度螺栓等

某些量具等精密零件，为保持淬火后的高硬度和尺寸稳定性，有时需在 100～150 ℃长时间加热（10～50 h），这种低温长时间回火称为尺寸稳定处理或时效处理。

5.7 表面热处理和化学热处理

5.7.1 表面淬火

仅对工件表面进行淬火的热处理方法称为表面淬火。它是利用快速加热，使工件表面很快达到淬火温度并奥氏体化，然后迅速冷却，使表层一定深度淬成马氏体组织，而心部仍为未淬火组织的一种局部淬火方法。按加热方式的不同，表面淬火可分为感应加热表面淬火、火焰加热表面淬火、电接触加热表面淬火、激光加热表面淬火和电解液加热表面淬火等。

1. 感应加热表面淬火

（1）感应加热表面淬火的原理

图 5-27 为感应加热表面淬火的示意图。感应线圈中通以交流电时，即在其内部和周围产生一与电流相同频率的交变磁场。若把工件置于磁场中，则在工件内部产生感应电流，并由于电阻的作用而被加热。由于交流电的集肤效应，靠近工件表面的电流密度大，而中心几乎为零。工件表面温度快速升高到相变点以上，而心部温度仍在相变点以下。感应加热后，采用水、乳化液或聚乙烯醇水溶液喷射淬火，淬火后进行 180～200 ℃低温回火，以降低淬火应力，并保持高硬度和高耐磨性。

电流透入钢件表面深度，主要与电流频率有关。对于碳钢，存在表达式：

$$\sigma = \frac{500}{\sqrt{f}} (mm) \qquad\qquad (5-2)$$

式中　σ——电流透入深度（mm）；

　　　f——电流频率（Hz）。

根据电流频率的不同，可将感应加热表面淬火分为 3 类：

①高频感应加热淬火。常用电流频率范围为 200～300 kHz，淬硬层深度一般为 0.5～2.0 mm。适用于要求淬硬层较薄的中小型零件，如中小模数的齿轮、中小尺寸的轴类等。

②中频感应加热淬火。常用电流频率范围为 2 500～8 000 Hz，淬硬层深度一般为 2～10 mm。适用于要求淬硬层较深的零件，如较大尺寸的轴和大中模数的齿轮等。

③工频感应加热淬火。电流频率为 50 Hz，淬硬层深度可达 10～15 mm。适用于较大直径零件的穿透加热及要求淬硬层深的大直径零件，如轧辊、火车车轮等。

(2)感应加热表面淬火的特点

与普通淬火相比，感应加热表面淬火具有以下主要特点：

①高频感应加热时，钢的奥氏体化是在较大的过热度（A_{c3} 以上 100～150 ℃）进行的，因此晶核多，且不易长大。

②表面层淬得马氏体后，由于体积膨胀在工件表面层造成较大的残余压应力，显著提高工件的疲劳强度。

③因加热速度快，没有保温时间，工件的氧化脱碳少。另外，由于内部未加热，工件的淬火变形也小。

④加热温度和淬硬层厚度（从表面到半马氏体区的距离）容易控制，便于实现机械化和自动化。

其缺点是设备昂贵、形状复杂的零件处理比较困难。

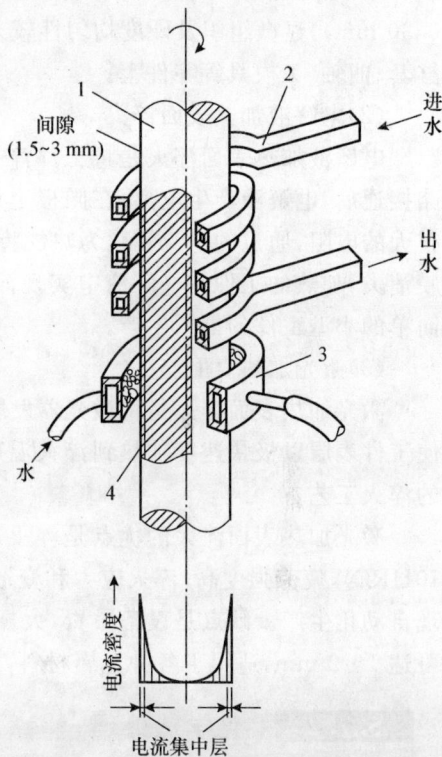

图 5-27　感应加热表面淬火的示意图

(3)感应加热表面淬火的应用

高频感应淬火一般用于中碳钢和中碳低合金钢，如 45、40Cr、40MnB 等。这类钢经正火或调质后表面淬火，心部保持较高的综合机械性能，而表面具有较高的硬度和耐磨性。高碳钢也可高频表面淬火，主要用于受较小冲击和交变载荷的工具、量具等。

2. 火焰加热表面淬火

火焰加热表面淬火是用氧－乙炔（或其他可燃气体）火焰对工件表面进行快速加热，随之喷液淬火冷却，从而获得一定淬硬层厚度的工艺，如图 5-28 所示。通过调节烧咀的位置和移动速度，可以获得不同厚度的淬硬层，一般火焰加热表面淬火的淬硬层深度为 2～8 mm。

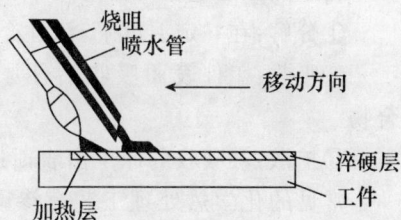

图 5-28　火焰加热表面淬火示意图

火焰加热表面淬火和高频感应加热表面淬火相比,具有设备简单,成本低等优点。但生产率低,零件表面存在不同程度的过热,质量控制也比较困难。因此主要适用于单件、小批量生产及大型零件(如大型齿轮、轴、轧辊等)的表面淬火。

3. 其他类型的表面淬火

(1)电接触加热表面淬火

利用触头和工件间的接触电阻在通以大电流时产生的电阻热,将工件表面迅速加热到淬火温度,当电极移开,借工件本身未加热部分的热传导来淬火冷却的热处理工艺称为电接触加热表面淬火。这种方法的优点是设备简单、操作方便,工件畸变小,淬火后不需要回火。

电接触加热表面淬火能显著提高工件的耐磨性和抗擦伤能力,但淬硬层较薄(0.15～0.30 mm),显微组织及硬度均匀性较差,目前多用于铸铁机床导轨的表面淬火,也可用于汽缸套、曲轴、工模具等零件上。

(2)电解液加热表面淬火

电解液加热表面淬火是将工件淬火部分置于电解液中为阴极,金属电解槽为阳极。电路接通后,电解液产生电离,在阳极上放出氧,在阴极上放出氢,氢围绕工件形成气膜,产生很大的电阻,通过的电流转化为热能将工件表面迅速加热到临界点以上温度。电路断开,气膜消失,加热的工件在电解液中实现淬火冷却。此方法设备简单,淬火变形小,适用于形状简单的小型工件的批量生产。

(3)激光加热表面淬火

激光加热表面淬火是将激光器发射出的高能量、高功率密度的激光束照射到工件表面,使工件表层以极快速度加热到淬火温度,依靠工件本身热传导迅速制冷而获得一定淬硬层的淬火工艺。

激光加热表面淬火的优点是淬火质量好,表层组织超细化,硬度高(比常规淬火高 6～10HRC),疲劳强度高,淬火应力和变形极小,且不需要回火,无环境污染,生产效率高,易实现自动化生产。缺点是设备昂贵,大规模生产受到限制。激光加热表面淬火的淬硬层深度可达 1～2 mm,适用于各种金属材料,如钢材、铸铁、铝合金等。

5.7.2　化学热处理

化学热处理是指将金属或合金工件置于一定温度的活性介质中保温,使一种或几种元素渗入它的表层,以改变其化学成分,组织和性能的热处理工艺。与表面淬火相比,化学热处理不仅改变表层的组织,而且还改变表层化学成分。化学热处理的目的主要是提高钢件表面的硬度,耐磨性,抗蚀性,抗疲劳强度和抗氧化性等。

化学热处理过程可分为三个相互衔接而又同时进行的阶段:

①分解:在一定温度下,活性介质分解出能渗入工件的活性原子。

②吸收:工件表面吸收活性原子,并溶入工件材料晶格的间隙或与其中元素形成化合物。

③扩散:被吸收的原子由表面逐渐向心部扩散,从而形成具有一定深度的渗层。

常见的化学热处理工艺有渗碳、渗氮、碳氮共渗、渗铝、渗硼等,以下简单介绍渗碳、渗氮,碳氮共渗和渗硼工艺。

1. 渗碳

渗碳是将钢件放入渗碳介质中加热、保温，以使碳原子渗入工件表层，以增加钢件表层的含碳量和获得一定的碳浓度梯度的化学热处理工艺。渗碳用钢为低碳钢和低合金钢（0.10%～0.25%C），如 20、20Cr、20CrMnTi。渗碳的目的是提高表面的硬度、耐磨性及疲劳强度，而心部仍保持足够的韧性和塑性。因此主要用于同时受磨损和较大冲击载荷的零件，例如变速齿轮、活塞销、套筒及要求很高的喷油泵构件等。

(1)渗碳原理及方法

根据渗碳剂的不同状态，渗碳方法可分为气体渗碳、固体渗碳和液体渗碳，最常用的是气体渗碳。

①气体渗碳。气体渗碳是将工件置于密封的气体渗碳炉内，加热到 900～950 ℃，使钢奥氏体化，向炉内滴入易分解的有机液体（如煤油、甲醇、丙酮等）或直接通入气体渗碳剂（如煤气、石油液化气），使渗碳剂中的活性组分在高温分解，形成活性炭原子，渗入工件表层，并向内扩散，形成一定深度的渗碳层。气体渗碳的原理如图 5-29 所示。

渗碳剂反应如下：

$$CH_4 \rightarrow [C] + 2H_2 \tag{5-3}$$

$$2CO \rightarrow [C] + CO_2 \tag{5-4}$$

$$CO + H_2 \rightarrow [C] + H_2O \tag{5-5}$$

气体渗碳时间短，生产效率高，质量好，渗碳过程容易控制，是应用最普遍的渗碳方法。

②固体渗碳。固体渗碳是将工件放在填充粒状渗碳剂的密封箱中，然后加热到渗碳温度，保温一定时间，使零件表层增碳的一种化学热处理工艺，如图 5-30 所示。固体渗碳剂通常由供碳剂（木炭、焦炭）和催渗剂（一般为碳酸盐，如 $BaCO_3$ 或 Na_2CO_3）混合而成，催渗剂用量为渗碳剂总量的 15%～20%。渗碳过程中的反应如下：

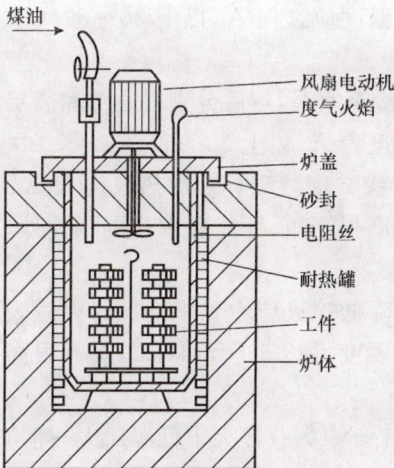

$$BaCO_3 \rightarrow BaO + CO_2 \tag{5-6}$$

$$CO_2 + C(炭粒) \rightarrow 2CO \tag{5-7}$$

$$2CO \rightarrow [C] + CO_2 \tag{5-8}$$

图 5-29　气体渗碳示意图

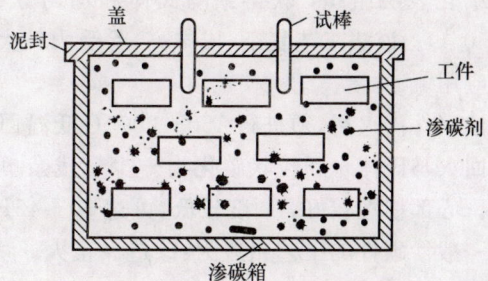

图 5-30　固体渗碳示意图

固体渗碳的周期长,生产效率低,劳动条件差,质量不易保证。但固体渗碳法设备简单,操作容易,适合于小批量和盲孔零件渗碳,因此在生产中仍具有应用价值。

③液体渗碳。液体渗碳是在液体介质中进行渗碳的方法。渗碳盐浴一般由三类物质组成。第一类是加热介质,通常用 NaCl 和 BaCl 或 NaCl 和 KCl 的混合盐;第二类是渗碳介质,通常用氰盐(NaCN、KCN)、碳化硅、木炭、"603"渗碳剂等;第三类是催化剂,常用碳酸盐($BaCO_3$ 或 Na_2CO_3),占盐浴总量的 5%～30%。

液体渗碳的优点是加热速度快、加热均匀、渗碳效率高,便于直接淬火及局部渗碳。缺点是成本高,渗碳盐浴多数有毒,不适合大量生产。

(2)渗碳工艺参数

渗碳的主要工艺参数是加热温度和保温时间。渗碳温度一般在 900～950 ℃,温度高渗碳速度快,但过高会使晶粒粗大。同一渗碳温度下,渗层厚度随保温时间延长而增加。有效渗碳层厚度是指渗碳淬火件由表面测定到规定硬度(通常为 550HV)处的垂直距离。渗碳后表面含碳量以 0.85%～1.05% 为宜,含碳量过低,表面耐磨性差;含碳量过高渗层变脆,易剥落。

低碳钢渗碳缓冷后得到的组织,表层为珠光体和网状二次渗碳体的过共析组织,心部为珠光体和铁素体的亚共析组织,中间是过渡区,如图 5-31 所示。

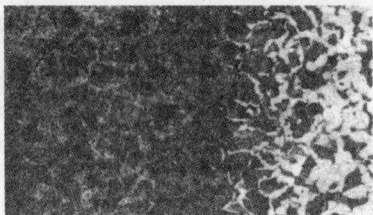

图 5-31 渗碳层显微组织

(3)渗碳后的热处理及组织

渗碳后的热处理方法有三种,如图 5-32 所示:

①直接淬火。如图 5-32(a)所示,即渗碳后的工件取出经空气中预冷到 830～850 ℃直接淬火。这种方法操作简单,成本低,效率高,但由于淬火温度高,晶粒易粗化。一般只用于本质细晶粒的合金渗碳钢(如 20CrMnTi、20MnVB)或耐磨性、承载能力要求较低的工件。

②一次淬火法。如图 5-32(b)所示,即工件渗碳后空冷至室温,然后再重新加热淬火。淬火温度的选择要兼顾表面和心部的要求,心部组织要求高时,一次淬火的加热温度略高于 A_{c3};对于受载不大但表面性能要求较高的零件,淬火温度应选用 A_{c1} 以上 30～50 ℃,使表层晶粒细化,而心部组织无大的改善,性能略差一些。

③二次淬火法。如图 5-32(c)所示,即工件先空冷至室温,然后分别对心部和表层进行淬火强化。第一次淬火是为了改善心部组织,加热温度为 A_{c3} 以上 30～50 ℃。第二次淬火是为细化表层组织,获得细马氏体和均匀分布的粒状二次渗碳体,加热温度为 A_{c1} 以上 30～50 ℃。该法工艺复杂、成本高,除受力较大、表面磨损严重、性能要求高的零件外,一般较少应用。

渗碳件淬火后,须进行 150～200 ℃低温回火,以降低淬火应力和脆性。回火后表层组织为回火马氏体＋颗粒状碳化物＋少量残余奥氏体,硬度可达 58～64HRC,具有很高的耐磨性。心部韧性较好,硬度较低,可达 30～45HRC。

一般渗碳件的工艺路线为:锻造→正火→切削加工→渗碳→淬火＋低温回火→精加工。

（a）直接淬火法　　　（b）一次淬火法　　　（c）二次淬火法

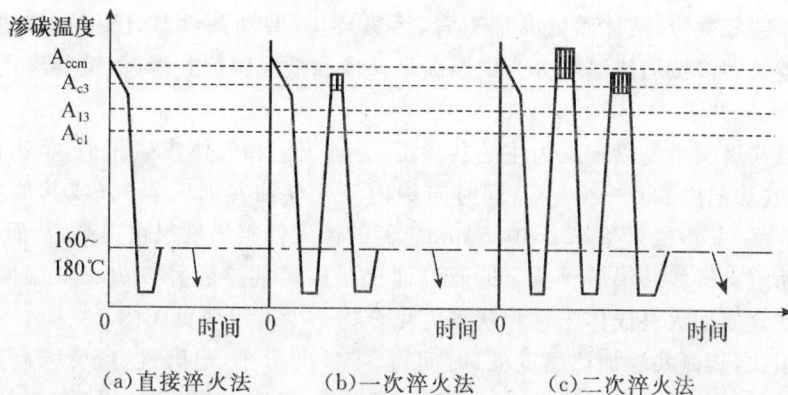

图 5-32　渗碳后的热处理工艺

2. 渗氮（氮化）

渗氮又叫氮化，是在一定温度下使活性氮原子渗入工件表面的化学热处理工艺。通常采用的渗氮工艺有气体渗氮和离子渗氮两种，下面主要介绍气体渗氮。

（1）氮化原理与工艺

渗氮常在专用井式渗氮炉中进行，利用氨气受热分解来提供活性氮原子，反应式为：

$$2NH_3 \rightarrow 3H_2 + 2[N] \tag{5-9}$$

活性氮原子被工件表面吸收，溶解于铁素体中，并不断向内部扩散。当铁素体中氮含量超过溶解度后，便形成氮化物。渗氮时间取决于所需要的渗氮层深度，一般渗氮层深度为 0.3～0.5 mm，渗氮时间长达 20～50 h。

渗氮用钢通常是含 Cr、Mo、Al、V 等合金元素的钢，因为这些合金元素易与氮形成高度弥散、硬度高而稳定的氮化物，如 CrN、MoN、AlN 等。38CrMoAl 是广泛应用的渗氮钢，各种类型钢，如 42CrMo、18Cr2Ni4WA、5CrNiMo、1Cr18Ni9Ti 等都可进行渗氮。

（2）渗氮的特点及应用

①由于渗氮层中合金氮化物具有极高的硬度、熔点及非常稳定的化学性能，所以氮化后零件表面可以获得很高的硬度和耐磨性（可达 1 000～1 100HV，相当于 70HRC 左右），且不需要再进行其他的热处理。

②氮化层体积增大，使工件表面产生残余压应力，使疲劳强度提高约 15%～35%。

③由于氮化层表面是由致密的、连续分布的氮化物所组成的，所以具有很高的抗蚀性能。

④由于渗氮温度低，渗后不需要进行其他的热处理，所以氮化后变形很小。

但是氮化的生产率低，成本高，并需要专门的氮化钢，因此只用于处理要求高硬度、高耐磨性和高精密度的零件，如镗床镗杆、精密传动齿轮及分配式油泵转子等零件。

氮化前零件须经调质处理，目的是改善机加工性能和获得均匀的回火索氏体组织，保证较高的强度和韧性。对于形状复杂或精度要求高的零件，在氮化前精加工后还要进行消除内应力的退火，以减少氮化时的变形。渗氮零件的工艺路线一般为：锻造→正火→粗加工→调质→精加工→去应力退火→粗磨→渗氮→精磨。

3. 碳氮共渗

碳氮共渗，就是将碳、氮同时渗入工件表层的化学热处理过程。碳氮共渗主要有液体碳氮共渗和气体碳氮共渗,液体碳氮共渗有毒,污染环境,劳动条件差,已很少应用,多采用气体法。气体碳氮共渗按加热温度分为中温碳氮共渗和低温碳氮共渗(氮碳共渗)。

(1)中温碳氮共渗

中温碳氮共渗实质是以渗碳为主的共渗工艺,其工艺和气体渗碳相似,将工件放入密封炉内,加热到共渗温度 820~880 ℃,同时向炉内滴入煤油并通入氨气(或其他共渗介质)。经保温 1~2 h 后,共渗层可达 0.2~0.5 mm。氮的渗入使碳浓度很快提高,从而使共渗温度降低和时间缩短。碳氮共渗后淬火,再低温回火。碳氮共渗后经淬火+低温回火后,表层组织为细片状含氮回火马氏体+颗粒状碳氮化合物+少量残余奥氏体。

与渗碳相比,碳氮共渗加热温度低、时间短、零件变形小,耐磨性、疲劳强度和耐蚀性也较好。生产上碳氮共渗常代替渗碳,多用于处理汽车、机床上的齿轮、凸轮、蜗杆、涡轮和活塞销等零件。

(2)低温碳氮共渗(氮碳共渗)

工件表层渗入氮和碳,并以渗氮为主的化学热处理工艺称为氮碳共渗。这种工艺使钢件的表面硬度、脆性和裂纹敏感性比渗氮工艺小,所以称为气体软氮化。

软氮化通常在 500~570 ℃ 温度下进行,时间 1~4 h,氮碳共渗层深度约为 0.2~0.5 mm,硬度较低,一般为 500~900HV。常以尿素为共渗介质,它在低温加热分解的氮原子比碳原子多,氮原子在铁素体中的溶解度比碳原子大,故以渗氮为主。

软氮化不受钢种限制,碳钢、合金钢、铸铁和粉末冶金制品均可应用。氮碳共渗处理后,零件变形很小,处理前后零件精度变化不大,但能提高材料的耐磨、耐疲劳、抗咬合和抗擦伤性能,且渗层不易剥落。如,Cr12MoV 钢制作的拉深模,经 570 ℃×1.5 h 气体碳氮共渗后,寿命从原来的 1 000~2 000 件提高到 30 000 件,废品率由 1%~2% 降低至 0.2% 以下。

4. 渗硼

渗硼是在高温下使硼原子渗入工件表层形成硬化层的化学热处理工艺。渗硼温度多在 800~1 000 ℃,保温 1~6 h。渗硼层厚度约为 0.1~0.3 mm。渗硼层一般由 Fe_2B 和 FeB 组成,但也可获得只有单一 Fe_2B 的渗层。单相的 Fe_2B 渗层脆性较小而仍保持高硬度,是比较理想的渗硼层。

固体法是目前国内应用最多的渗硼方法。固体渗硼剂常以硼铁粉或 B_4C 作供硼剂,加入 5%~10%KBF_4 作催化剂,再加入 20%~30% 的木炭或 SiC 作填充剂。渗硼后应缓慢冷却,一般不需再进行淬火。对心部强度要求较高的,渗硼后可预冷淬火并及时回火。

渗硼使零件表面具有很高的硬度(1 200~2 300HV)和耐磨性,良好的耐热性、抗蚀性。不足之处是渗硼层较脆,易剥落,研磨加工困难。目前已有用结构钢渗硼代替工具钢制造刃、模具。例如 45 钢渗硼冷拔模,外模寿命比碳氮共渗处理提高 4 倍多。还可用一般碳钢渗硼代替高合金耐热钢、不锈钢制造受热、受蚀零件。

5.8　热处理新技术简介

1. 真空热处理

真空热处理是指在低于大气压力(通常 10^{-3}~10^{-1} Pa)的环境中进行的热处理工艺。

包括真空淬火、真空退火、真空化学热处理。真空热处理零件不氧化、不脱碳,表面光洁美观;升温慢,热处理变形小;可显著提高疲劳强度、耐磨性和韧性;表面氧化物、油污在真空加热时分解,被真空泵排出,劳动条件好。但是真空热处理设备复杂、投资和成本高。目前主要用于工模具和精密零件的热处理。

2. 可控气氛热处理

可控气氛热处理是在成分可控制的炉气中进行的热处理。其目的是为了有效的进行渗碳、碳氮共渗等化学热处理,或防止工件加热时的氧化、脱碳。还可用于低碳钢的光亮退火及中、高碳钢的光亮淬火。通过建立气体渗碳数学模型、计算机碳势优化控制及碳势动态控制,可实现渗碳层浓度分布的优化控制、层深的精确控制,大大提高生产率。国外已经广泛用于汽车、拖拉机零件和轴承的生产,国内也引进成套设备,用于铁路、车辆轴承的热处理。

3. 形变热处理

形变热处理是将塑性变形与热处理有机结合的复合工艺。它能同时发挥形变强化和相变强化的作用,提高材料的强韧性,而且还简化工序,降低成本,减少能耗和材料烧损。

(1)高温形变热处理

将钢加热到奥氏体区内后进行塑性变形,然后立即淬火、回火的热处理工艺,又称高温形变淬火。例如热轧淬火、锻热淬火等。与普通热处理比较,此工艺能提高强度 10%～30%,提高塑性 40%～50%,韧性成倍提高。它适用于形状简单的零件或工具的热处理,如连杆、曲轴、模具和刀具。

(2)低温形变热处理

将钢加热到奥氏体区后急冷至 Ar_1 以下,进行大量塑性变形,随即淬火、回火的工艺,又称亚稳奥氏体的形变淬火。此工艺与普通热处理比较,在保持塑性、韧性不降低的情况下,大幅度提高钢的强度和耐磨性。这种工艺适用于具有较高淬透性、较长孕育期的合金钢。

形变热处理主要受设备和工艺条件限制,应用还不普遍,对形状比较复杂的工件进行形变热处理尚有困难,形变热处理后对工件的切削加工和焊接也有一定影响。

4. 高能束表面改性热处理

高能束热处理是利用激光、电子束、等离子弧等高功率高能量密度加热工件的热处理工艺总称。

(1)激光热处理

激光热处理是利用激光器发射的高能激光束扫描工件表面,使表面迅速加热到高温,以达到局部改变表层组织和性能的热处理工艺。目前工业用激光器大多是二氧化碳激光器,因为它具有大功率(10～15 kW 以上),转换效率较高,并能长时间连续工作等优点。

激光热处理可实现表面淬火、局部表面硬化和表面合金化。其优点是:①功率密度高,加热、冷却速度极快,无氧化脱碳,可实现自激冷淬火;②应力和变形小,表面光亮,不需再表面精加工;③可以在零件选定表面局部加热,解决拐角、沟槽、盲孔底部、深孔内壁等一般热处理工艺难以解决的强化问题;④生产效率高,易实现自动化,无需冷却介质,对环境无污染。

激光表面淬火是激光表面强化领域中最成熟的技术,已得到广泛应用。例如汽车转向器壳体采用激光表面淬火,获得宽度为 1.52～2.54 mm,深度为 0.25～0.35 mm,表面硬度为 64HRC 的 4 条淬火带。处理后使用寿命提高 10 倍，费用仅为高频感应加热淬火和渗氮处理的 1/3。

（2）电子束热处理

电子束热处理是利用电子枪发射的电子束轰击金属表面，将能量转换为热能进行热处理的方法。电子束在极短时间内以密集能量（可达 $10^6 \sim 10^8$ W/cm²）轰击工件表面而使表面温度迅速升高，利用自激冷作用进行冲击淬火或进行表面熔铸合金。例如 43CrMo 钢电子束表面淬火，当电子束功率为 1.8 kW 时，其淬硬层深度达 1.55 mm，表面硬度为 606HV。

电子束加热工件时，表面温度和淬硬深度取决于电子束的能量大小和轰击时间。实验表明，功率密度越大，淬硬深度越深，但轰击时间过长会影响自激冷作用。

电子束热处理的应用与激光热处理相似，其加热效率比激光高，但电子束热处理需要在真空下进行，可控制性也差，而且要注意 X 射线的防护。

（3）离子热处理

离子热处理是利用低真空中稀薄气体的辉光放电产生的等离子体轰击工件表面，使工件表面成分、组织和性能改变的热处理工艺。

1）离子渗氮

离子渗氮是在低于一个大气压的渗氮气氛中利用工件（阴极）和阳极之间产生的辉光放电进行渗氮的工艺。常在真空炉内进行，通入氨气或氮、氢混合气体，炉压在 133 ～ 1 066 Pa。接通电源，在阴极（工件）和阳极（真空器）间施加 400～700 V 直流电压，使炉内气体放电，在工件周围产生辉光放电现象，并使电离后的氮正离子高速冲击工件表面，获得电子还原成氮原子而渗入工件表面，并向内部扩散形成氮化层。

离子渗氮的优点是速度快，在同样渗层厚度的情况下仅为气体渗氮所需时间的 1/3～1/4。渗氮层质量好、节能，而且无公害、操作条件良好，目前已得到广泛应用。例如 $30Cr_3W_A$ 钢制造的球面垫圈、蜗杆等零件，经过离子渗氮处理效果良好。缺点是零件复杂或截面悬殊时很难同时达到同一的硬度和深度。

2）离子渗碳

离子渗碳是将工件装入温度在 900 ℃以上的真空炉内，在通入碳化氢的减压气氛中加热，同时在工件（阴极）和阳极之间施加高压直流电，产生辉光放电使活化的碳被离子化，在工件附近加速而轰击工件表面进行渗碳。

离子渗碳的硬度、疲劳强度和耐磨性等力学性能比传统渗碳方法高，渗速快，渗层厚度及碳浓度容易控制，不易氧化，表面洁净。

根据同样离子轰击热处理还可以进行离子碳氮共渗、离子渗金属等，具有很大的发展前途。

📖 复习思考题

1. 奥氏体晶粒大小与哪些因素有关？为什么说奥氏体晶粒大小直接影响冷却后钢的组织和性能？

2. 过冷奥氏体在不同的温度等温转变时，可得到哪些转变产物？试列表比较它们的组织和性能。

3. 判断下列说法是否正确。为什么？

(1)钢在奥氏体化冷却，所形成的组织主要取决于钢的加热速度。

(2)低碳钢和高碳钢零件为了切削方便，可预先进行球化退火处理。

(3)过冷奥氏体的冷却速度越快，钢件冷却后的硬度越高。

(4)钢经淬火后处于硬脆状态。

(5)马氏体中的碳含量等于钢中的碳含量。

4. 马氏体转变有何特点？为什么说马氏体转变是一个不完全的转变？

5. 退火的主要目的是什么？生产中常用的退火方法有哪几种？.

6. 正火与退火相比有何异同？什么条件下正火可代替退火？

7. 将二个同尺寸的 T12 钢试样，分别加热到 780 ℃和 860 ℃，并保温相同时间，然后以大于 V_k 的同一冷速冷至室温，试问：

(1)哪个试样中马氏体的 w_C 较高？

(2)哪个试样中残余奥氏体量较多？

(3)哪个试样中未溶碳化物较多？

(4)哪个淬火加热温度较合适？为什么？

8. 现有 20 钢和 40 钢制造的齿轮各一个，为了提高轮齿齿面的硬度和耐磨性，宜采用何种热处理工艺？热处理后的组织和性能有何不同？

9. 什么是钢的淬透性和淬硬性？它们对于钢材的使用各有何意义？

10. 指出下列工件的淬火及回火温度，并说明其回火后获得的组织和大致的硬度：

(1)45 钢小轴(要求综合力学性能)；

(2)60 钢弹簧；

(3)T12 钢锉刀。

11. 什么是表面淬火？为什么机床主轴、齿轮等中碳钢零件常采用感应加热表面淬火？

12. 什么是化学热处理？化学热处理包括哪几个基本过程？常用的化学热处理方法有哪几种？

第6章 热处理设备与基本操作

6.1 热处理设备

6.1.1 热处理炉分类

按热源分可分为电阻炉、燃料炉、煤气炉、油炉、煤炉;按工作温度可分为高温炉(1 000 ℃以上),中温炉(650~1 000 ℃),低温炉(650 ℃以下);按炉膛形式可分为箱式炉、井式炉、罩式炉、转底式炉、管式炉等;按工艺用途可分为退火炉、淬火炉、回火炉、渗碳炉、渗氮炉等;按作业方式可分为间歇式、连续式、脉动式;按使用介质可分为空气介质炉、火焰炉、可控气氛炉、盐浴炉、油浴炉、铅浴炉、流态化炉、真空炉等;按炉型可分为台车式炉、升降底式炉、推杆式炉、输送带式炉、辊底式炉、振底式炉、步进式炉等。

6.1.2 热处理炉的主要特性

1. 温 度

高温炉应设计成辐射传热型(辐射能—T4);低温炉主要依靠对流传热,应有强烈的气流循环。

2. 热 源

电加热炉具有较高的温度均匀性和精度;煤气和油加热炉具有较高的能源利用率;燃煤加热炉,控温精度低、热效率低、CO_2 排放大,其应用应受到限制。

3. 炉气氛

空气气氛:结构简单、易氧化脱碳;火焰气氛:CO_2、H_2O、N_2,过量的 CO 或 O_2;可控气氛:中性气氛、还原气氛、含碳气氛、浴态介质。

4. 控制方式

控制范围:温度、压力、流量、气氛等工艺参数、传动机械控制、工艺过程控制、预测产品质量控制。控制方法:单纯的参数控制、可编程序控制器控制、计算机模拟仿真控制。

6.1.3 加热设备

热处理加热炉,是以燃料(如天然气、油、煤)及电力作热源的,其中以电作热源的炉子在生产中用得较多。

通用热处理电阻炉在我国已有系列产品,其型号采用汉语拼音字母和数字的组合来表示,一般格式为:

```
R □□ - □ - □
```

炉子最高工作温度除
以100所得的整数(℃)

炉子额定功率(kW)

设计序号

炉型；X—箱式炉；j—井式炉
T—台车式炉；Q—井式气体渗碳炉

热处理用电阻炉

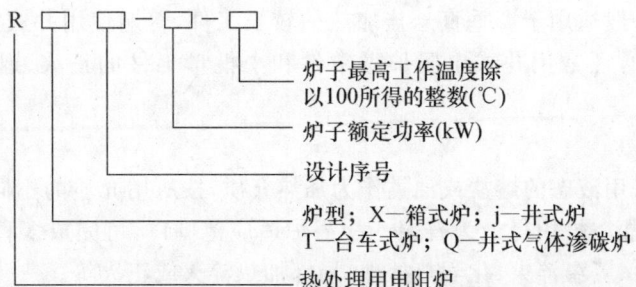

例如 RJ2-65-9,井式电阻加热炉,其额定功率为 65 kW,最高使用温度为 950 ℃,有的型号最后还可以加上表示炉子气氛种类的字母,如 Q 表示通用保护气体;D 表示可用滴注式保护气氛等。

1. 电阻炉

电阻炉的工作原理是将电流通过电阻发热体后发出热能,传导给工件(或坩埚),使工件升至预定的温度,各种以金属和非金属电热元件作供热体的热处理炉都属于此类炉子。

热处理电阻炉的炉型很多,热处理车间常用的是箱式电阻炉和井式电阻炉两类。热处理电阻炉与其他类型的热处理炉相比,结构简单、易于操作、成本低,可根据生产要求形成低温、中温和高温温度空间,可获得较高的温度均匀性,炉体结构紧凑,便于密封以施行真空热处理工艺或通入可控气氛,较易于实现温度和工艺过程的自动控制,有较高的热效率等。因此是目前热处理加热中使用最多和最重要的一种炉子。

(1)箱式电阻炉

箱式电阻炉按其工作温度可分为高温炉、中温炉和低温炉,其中以中温箱式炉应用最广,常用的型号有 RX3-45-9、RX3-75-9 等。箱式电阻炉由炉门,炉衬、炉壳、电热元件和炉底等构成,一般外形如图 6-1 所示。箱式电阻炉广泛用于工件的正火、退火、淬火、回火和渗碳处理。

(2)井式电阻炉

井式电阻炉在热处理车间应用得也较广泛,常用的有井式回火炉(图 6-2)和井式气体渗碳炉(图 6-3)。井式炉密封性良好,热效率高,工件进出炉方便。为了操作维修时安全方便,大中型井式电阻炉通常安装在地坑中,只有上部露在地面上。

图 6-1　RX3 型中温箱式电阻炉　　图 6-2　井式回火炉　　图 6-3　井式气体渗碳电阻炉

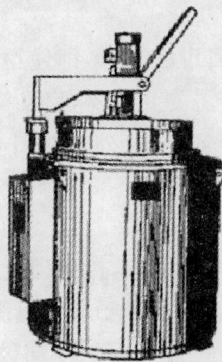

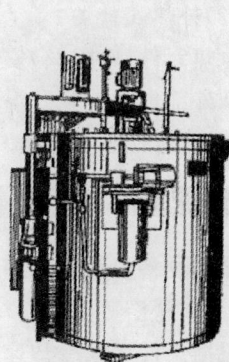

井式电阻炉一般适用于需垂直悬挂加热的较长工件,普遍使用井式电阻炉进行气体渗碳。热处理生产中,还常用井式电阻炉做单件和小批量工件的正火、退火、淬火和回火处理用。

2. 盐浴炉

热处理浴炉采用液态的熔盐或油类作为加热介质,按所用介质的不同,可分为盐浴炉及油浴炉等,其中以盐浴炉用得最为普遍。盐浴炉适应范围广,可完成多种热处理工艺,如淬火、回火、分级淬火、等温淬火、化学热处理、局部加热淬火或正火等。

工件在盐浴炉中加热,与电阻炉相比,具有以下主要优点:炉体结构简单、加热速度快、温度均匀和不易氧化、脱碳等,但盐浴炉有启动升温时间长、热损失大、原料(盐)和电力消耗大、劳动条件差等缺点。

盐浴炉按热源方式可分为内热式和外热式两种。

(1)内热式盐炉

在插入炉膛和埋入炉墙的电极上,通上低压大电流的交流电,使熔化盐的电阻发出热量来达到要求的温度。内热式以电极盐浴炉应用最普遍,图 6 - 4 为内热式电极盐浴炉外形图,常用的型号如 RYD - 100 - 94 等。

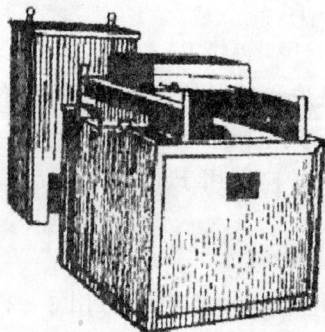

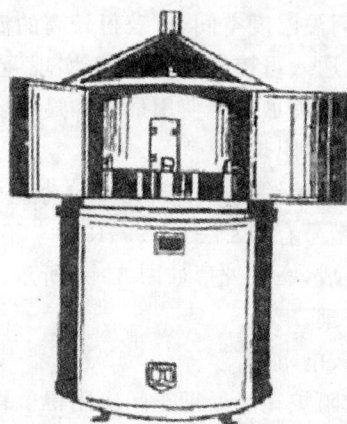

图 6 - 4　内热式电极盐浴炉　　　　图 6 - 5　外热式坩埚盐浴炉

(2)外热式盐炉

电热元件(电阻丝)安装在金属坩埚外部,即使坩埚内的盐处于不能导电的凝固状态,仍可以从外部加热使其升温熔化,不需要变压器,启动操作方便。外热式以坩埚式盐浴炉应用最为普遍,常用型号有 RYG - 20 - 8 等,其外形如图 6 - 5 所示。

6.1.4　冷却设备

冷却设备也是热处理车间的主要设备,热处理生产中普遍采用空气、水及一些物质的水溶液、油和盐浴等作为冷却介质,以获得所要求的组织与性能,满足不同的加工要求。

根据工件要求冷却速度的不同,常采用的冷却设备有缓冷设备、淬火冷却设备、淬火校正、淬火成型及冷处理设备,其中应用最普遍的是淬火冷却设备,如淬火槽。

缓冷设备主要应用于退火冷却,也用于正火冷却和渗碳后预冷。较常用的缓冷设备有箱式电阻炉、燃料炉(用于退火)、冷却室或冷却坑等。淬火冷却设备主要是淬火槽,另外还有用于分级淬火和等温淬火的中、低温盐浴炉及硝盐槽。

6.1.5　测温设备

时间和温度是最主要最基本的两个热处理工艺参数,生产中经常要对其进行测量和控制。时间的测量比较简单,目视计时可采用钟表,自动计时一般使用时间继电器。常用的测温控温装置有热电偶、光学高温计、电子电位差计和毫伏计等。

1. 热电偶

在温度测量中,热电偶是应用最广泛的测温元件。其工作原理是,将两根材料的金属导体一端焊牢成工作端,将另一端接上电表形成闭合回路,电表即显示出电动势的大小。工作端和自由端的温差越大,电动势越大,因此,通过测定热电动势的大小就可以确定被测物体的温度。

不同材料制成的热电偶产生的热电动势的大小不同,因此不同热电偶都各有各自的毫伏与温度对应表。热电动势的大小不受热电极的长短与粗细的影响,所以当热电偶的材料固定、自由端的温度固定,热电动势的大小与工作端温度成正比。

热电偶的种类有 7 种,其分度号为 S、R、B、K、E、J、T,我国采用了除 R 外的另外 6 种。热电偶的结构见图 6-6。

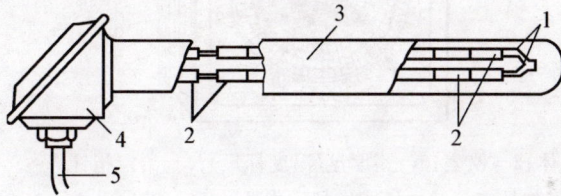

1—热电极;2—绝缘套管;3—保护套管;4—接线盘;5—连接导线(补偿导线)。

图 6-6　热电偶结构图

2. 测温毫伏计

毫伏计是测量热电偶产生的热电动势的一种磁电式仪表。其原理是,电流通过永久磁铁中的动线圈时,线圈产生的磁场和外磁场互相作用使带有指针的动线圈偏转,线圈内电流大则指针偏转也大,根据毫伏数与温度数的线性关系,可在毫伏计上直接读出温度来。

常用毫伏计主要有两种,如图 6-7 为热处理常见的两种毫伏计的外形图。

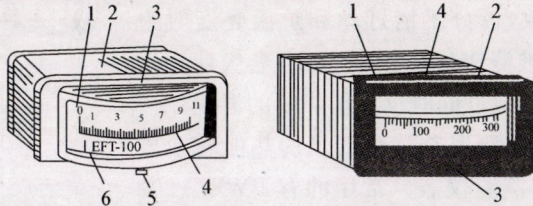

(a) EFT-100 型调节式毫伏表　　(b) XCZ-101 型毫伏表

1— 温度指针;2—仪表壳;3 零位调节旋钮;

4—刻度盘;5—给定指针调节旋钮;6—给定指针

图 6-7　毫伏计的外形示意图

①指示毫伏计。仅能测量、指示温度,有 XCZ－101、EFZ－110 等型号。

②调节式毫伏计。既可测量指示温度又可调节温度,这是热处理常用的一种毫伏计,有 XCT－101、EFT－100 等型号。

由于热电偶种类不同,毫伏计只能匹配一种热电偶。在毫伏计的刻度盘的左上角都注明相配的热电偶分度号。使用前应检查仪表指针的零位,还应注意毫伏计有正负极之分,热电偶与仪表接线柱的"＋"、"－"极性,不要接反。

3. 电子电位差计

电子电位差计是一种精确、可靠并能够自动记录和控制炉温变化的二次仪表,具有指示温度、记录温度曲线和控制温度的三个功能。将黑色指针设定在需要的温度刻度上,当旋转指针到达该温度时即可自动断电,以达到自动控制的目的。表盘上有同步电机带动的记录纸记录温度曲线,记录纸上用许多同心圆来表示温度分度,每一大格通常表示 1 h 根据记录墨线所占的格子数可以判断加热时间的长短。热处理生产中常用的电子电位差计是配有原图记录机构的 XWB 型,外形如图 6－8 所示。

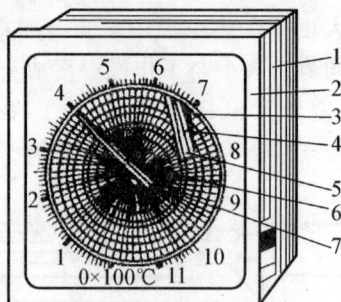

1－ 壳体;2－仪表;3－刻度盘(温度标尺);4－给定指针;

5－记录指针;6－记录纸;7－指示指针

图 6－8 XWB 型电子电位差计外形图

4. 光学高温计和辐射高温计

温度超过 1 100 ℃或无法使用热电偶测量的地方,常采用非接触式温度仪表——光学温度计和辐射温度计。实际生产中,也经常用来校验其他测温仪表所显示的炉温准确与否。

光学高温计(图 6－9)测量温度时,物镜距离炉子约 0.7～5 m。观察者从光学高温计目镜中可以观察到灯丝的亮度,并将它同炉温亮度比较,通过调节滑线电阻使灯丝亮度与炉温亮度一致,以分不清灯丝和炉温亮度时为准,即灯丝影像隐灭在被测物体影像中,这时毫伏计反应的温度虽是灯丝的温度,但也同时反应了炉子的温度。

辐射高温计是通过被测温物体辐射出的热能转换成电动势来测量其温度的测温仪表。常用的有 FWT－202 型辐射高温计。在测温时,被测物体辐射出的热能由辐射高温计的物镜聚集在与辐射高温计配套的热电偶工作端上,然后转换成热电势,它的大小是与被测温度高低相对

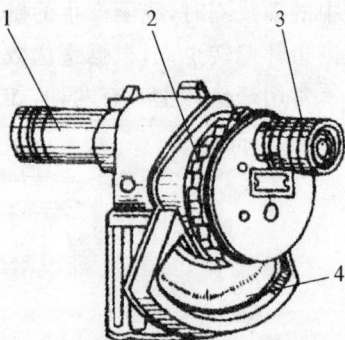

1－ 物镜;2－滑线电阻盘;

3－目镜;4－温度显示表

图 6－9 WG2 型光学高温计

应的,从而可测得被测温物体的温度。

辐射高温计使用时辐射镜离热源的距离为 0.7～1.1 m,一般都是 1 m。倾斜角度为 30°～60°,物镜应经常擦拭,否则会影响测温准度。

光学高温计和辐射高温计测量盐浴温度时只能测量表面温度,不能反映炉内温度,这一缺点也是造成工件过热的原因之一。另外由于工件挡住辐射镜致使工件过热的现象也经常发生,因此操作者要注意检查辐射镜的位置。

6.2　热处理基本操作与实例

6.2.1　退火与正火操作

1. 操作步骤

(1)装炉前的准备

①查对工件名称、钢种、技术要求和数量。根据钢种和技术要求,确定具体的工艺操作方法。

②根据工件的变形度和脱碳要求,确定装炉方法。

对铸件、锻件以及退火后有很大切削加工余量的工件,一般可直接装炉,不采取防止氧化,脱碳的保护性措施。通常这类工件的变形要求不严格,每米允许弯曲的最大值可达 3～5 mm,所以可随炉散装堆放。

对加工余量很少或只进行磨削加工的工件,则需要采取防止氧化、脱碳的措施,即使用保护气氛或真空炉,以保证工件退火后无氧化、脱碳,而使用箱式电阻炉和井式电阻炉进行退火时,则需要以填充物保护密封装箱。常用的装箱填充物有以下几种。

铁屑保护:旧铸铁屑 60%～70%＋新铸铁屑 30%～40%。

砂子保护:砂子 90%～95% ＋ 木炭 5%～10%。

填充物要保持干燥,不要和其他化学物品相混,最好在专用容器内存放。先在箱底铺一层 20～30 mm 填充物,再放进工件并加入填充物,工件之间保持 5～10 mm 间隙,工件距箱壁、箱盖 10～20 mm,盖好箱盖后用耐火泥或粘土把箱口密封好,耐火泥不能太稀,否则封不住箱或者高温时耐火泥会出现裂缝。上述装箱操作中,由于工件之间和工件与箱壁之间留有一定距离,所以透烧情况较好,加热均匀。但是装炉量不足,生产效率不太高。由于工件与填充物混装一起,退火完毕每次倒箱时粉末大,而且要分开工件和填充物比较麻烦。

(2)装炉方法

①检查炉体各部分是否损坏,其他设备运转是否正常,高温仪表指示必须正确,工件应装在各种炉型规定的有效加热区内。

②同炉退火的工件,工艺规范须相同或相近,各种工件有效厚度不能相差太大,工件堆放保持适当距离,如果在箱式电炉中退火,离炉底板的距离大于或等于 100 mm。

③大型燃料炉退火时,有效厚度相差不能大于 200 mm,装在台车上要平稳,离台车表面的距离大于 200 mm,横向间隔宜大于或等于 100 mm,以保证炉气良好的循环。

④大件放在底层,小件放在上层,厚壁大件放在近火门处,上层工件的质量不应集中在下层易变形部位。

⑤力学性能试棒必须与所代表的工件同炉装在工件有代表性的部位或工艺卡规定的地方。

⑥凡工艺卡规定有跟件热电偶时,跟件热电偶的数量和装置部位按工艺卡规定,在工艺没有规定的情况下,装在有代表性的部位或装在重要工件上。

⑦保护气氛加热炉、热浴加热炉、真空炉、连续作业炉等其他炉型用于退火作业时,其操作技能可按各厂规定的专业操作规范来。

(3)进 炉

将工件或装好工件的密封桶,用吊车直接吊进井式电阻炉内。在箱式电阻炉退火时,先将装入工件的密封箱用吊车放在平台车上,再用工具钩把密封箱推进炉膛里。密封箱安放的位置应在炉膛的有效加热区内,进出炉时要注意不要碰坏炉壁。进炉的方法通常有以下两种。

①冷炉装料法。冷炉装料法就是炉温在室温时,工件进入炉内,并随炉一起升温、保温。开始时炉温和工件温度是一样的,随着加热温度的逐渐升高,在加热阶段,工件心部温度总是比表面要低些。在保温阶段,工件内外温度才趋于一致。

冷炉装料法虽能减小工件温差,但操作很不方便,如第一炉完成加热后,要等炉子冷下来再装第二炉,浪费了大量的热能,增加了生产周期,所以大批生产时一般不用冷炉装料法。

②热炉装料法。当炉温处在要求的温度或接近工艺温度时,将工件装进炉内。由于打开炉门及装入冷工件,造成炉温短暂下降,但很快又升到工艺温度进行保温。

冷工件进入热炉,温差很大,但因工件从一开始就受到对流和辐射加热,加热速度快,升到工艺温度的时间短,均热也快,所以对大多数结构钢和合金钢工件是很适用的,其优点是生产周期短,生产率高,适合大批生产。

(4)关闭炉门

工件进入炉后,关闭炉门。检查电源开关和仪表运转是否正常,并按工艺规程调整好仪表的控温位置。

(5)送电升温

按工艺规程进行正常正火或退火,退火周期较长,一般在一个班内不能完成,必须做好交接班工作,直至退火全过程完毕。

(6)冷却出炉

正火的冷却操作主要是将工件放在空气中冷却直到室温。一些形状简单,技术要求不高的工件可直接放在地面的铁板上冷却。要分散放置,不要堆放。细长工件,要求变形量小,则不能随意放在地面上冷却,必须悬挂在架子上空冷。大工件正火后冷却可用风扇,鼓风或喷水雾冷却,操作中尽量使工件冷却均匀。

退火的冷却操作较为简单,随炉冷至 500 ℃后或至室温后出炉。

2. 注意事项

①正火空冷时,一般应散开冷却,不要堆放。对要求变形较小的工件应悬挂冷却。当风冷和喷雾冷却时,更要注意冷却的均匀性,以免影响工件的硬度和组织的不一致。

②退火装箱时,要注意填充物的比例配制和干燥清洁,否则容易引起工件的脱碳或渗碳。装箱密封用耐火泥调和要适宜,不要太稀或太稠,以免造成密封不良。正火件的装炉量一般应比退火少些。

③退火过程中操作者应经常检查控温仪表和设备运转情况,并通过炉子观察孔经常观察火色,掌握炉温实际情况,随时发现跑温和降温的情况。前面所提到的保温时间,不包括装箱退火,采用装箱退火时,加热时间应根据箱子大小增加 2～3 h。

④燃料炉的加热时间,一般根据跟件热电偶到温计算,箱式电炉加热时间一般按设备上的热电偶到温起算,所以箱式炉的加热时间在工件相同的情况下,应比燃料炉加热时间长。

⑤工件出炉后,应散放在干燥处冷却,不得堆积,不能放在潮湿处。

3. 退火和正火的操作实例

实例:冲头锻坯退火

(1)核对工作卡,图样和工件,鉴别火花

工件名称:冲头。

钢种:T8A,为了验证钢号,避免料错,需进行火花鉴别。

技术要求:硬度≤207HBS。

球状珠光体级别 2 级～4 级。

工件尺寸:如图 6-10 所示。

(2)技术要求和使用性能

该冲头是冷作模具,工作条件是在一定吨位的冲压机上,冷冲硅钢片的固定孔。因此要求韧性好,能承受冲击载荷,并要求使用寿命高,耐磨性好。以上性能通过冲头的淬火-回火处理可以达到。为了给淬火处理作好组织准备,冲头进行退火,要求球状珠光体达到 2 级～4 级,硬度≤207HBS,以满足良好的机械加工性能。

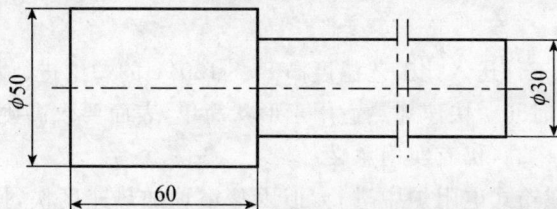

图 6-10　冲头锻坯

(3)工艺方法和设备选用

此冲头是经过锻造成型的毛坯,加工余量较大,而且是批量生产,所用的电阻加热炉进行退火。为了避免高碳钢在高温、长时间加热时的脱碳,需装箱保护退火。

(4)操　作

①升温并严格按脱氧操作规程进行脱氧。

②测温。按所测温度误差调整控温仪表至工艺温度。

③预热后进入加热护加热。因连续作业,加热时间和预热时间相同。

④出炉。在冷却架上空冷,不要堆放,冷却时用鼓风机或风扇吹。

⑤清洗。待冷至室温后,用热水清洗残盐。

⑥检查。退火出箱后,冲头需作硬度和金相检查,以达到技术要求。

6.2.2 淬火和回火的操作

1. 加热操作

工件通常经过粗加工后进行淬火、回火后再精加工,因加工余量较小。所以淬火加热时必须考虑工件的氧化、脱碳以及变形。

淬火加热方法是根据各厂产品类型和设备类型而有所不同,但基本操作相近,下面以通用加热设备介绍淬火加热操作。

(1)淬火加热操作

①箱式和井式电阻炉加热。环形和扁平类工件可以在箱式电阻炉加热,而轴类工件一般在井式电阻炉加热。用电阻炉加热淬火的工件,常常允许有一定的脱碳层,但加热时仍需采取防护措施,工件表面涂上一层防氧化脱碳涂料,或在10%硝酸酒精溶液中浸泡10~20 min,待工件表面涂料干燥后再入炉加热。

根据生产批量可采用以下两种加热方法。

(a)冷炉装料。工件要求变形度小,产量少时采用冷炉装料,工件随炉子一起升温。

(b)热炉装料。成批生产,工件数量大时,采用热炉装料。先把炉温升至工艺温度,再装进工件,也可待第一炉工件出炉淬火后即装入第二炉工件加热。

以上两种加热方法,工件一般不进行预热,直接进炉加热。

②连续式炉加热。工件品种单一、批量大时,如轴承产品的淬火,可在连续式炉加热。由于炉子有传送带或推杆,工件从入炉口进炉连续加热,而且炉温分段控温,工件加热时,先在低温段预热,再在高温段加热。

(a)预热。工件在预热炉内先进行低于相变温度下的预热,然后移到加热炉内,按工艺温度加热。由于经过预热的工件内外温差小,减小了变形,并且预热后缩短加热时间,提高了生产率。

(b)快速加热。将工件送入比工艺温度高80~120 ℃的炉中进行加热,工件很快达到工艺温度,大大缩短加热时间。快速加热适用于形状简单,表面要求高硬度的工件。此法操作难度较大,但由于生产率高,仍有实用意义。

快速加热也可以在箱式电阻炉中进行,但因盐浴炉加热速度快,操作方便,故常采用盐浴炉加热。

(2)装炉操作

①箱式电阻炉。箱式电阻炉的炉门一般都在正面,工件从水平方向装炉,装炉量大,工件的进出炉和摆放都不方便,一般大工件都采用台车式电炉。中型工件加热时,可以单件装炉,装炉中工件可放在垫轨上滑入炉中,加热时因为下面有空隙,有利透烧,工件温度均匀。要考虑到出炉的方便、迅速,工件可用钢丝绑扎,出炉时钩住铁丝,可迅速出炉冷却。小型工件加热时可先装进卡具,卡具上有一挂钩,装炉时用铁钩将工件连同卡具一起送入炉中,并排列整齐。如果工件大小不同,钢种相同时,先将大工件放在里面,小工件放在外面,因为小件加热时间短,先出炉淬火。

②井式电阻炉。井式电阻炉炉门在上部,适宜用吊车进出工件,操作简便。大型工件可以利用工件孔,或者专做一个吊挂孔,用挂钩或铁丝绑扎,垂直吊挂装炉;小型工件可排装在

粗铁丝网格中,然后把网格一层层放在装炉框架上,再用吊车将装好工件的框架吊进炉内加热。

③连续炉。连续炉的装炉操作比较简单,把工件放在前炉门口的装料台上,传送带或推料装置将工件连续送进炉内加热,随着连续移动加热完毕,工件被送出另一端炉门进入冷却装置。

④盐浴炉。盐浴炉的炉膛小,加热速度快,适合小工件的加热。由于工件小,所以大多数以手工操作为主。装炉方法一般有两种:一是用卡具,将工件插在卡具孔中,立放,再用铁钩挂起卡具进炉内。另一种是用铁丝绑扎工件,或用铁丝将内孔工件串起,再用铁钩挂起进炉加热。

在大批量生产的专业工厂的热处理车间,用盐浴炉加热工件时,采用机械化操作。一般将预热炉、加热炉、冷却炉连成一生产线,用联动机吊挂工件加热和冷却,这样减轻了操作者的劳动强度。

(3)回火加热操作

①电阻炉回火。电阻炉一般用于 500～650 ℃高温回火,常用的是低温井式炉,炉内有风扇,回火时炉温均匀。有时也用箱式电阻炉或台车式炉回火,在箱式电阻炉回火时,大件可散装在有效加热区,小件可放在托盘或料架上加热,便于进出炉。

用井式电阻炉回火时,通常用料筐或回火桶装料加热,为使回火加热时透烧性好,温度均匀,料筐及回火桶壁钻透气孔。

电阻炉回火装炉操作方法和淬火加热操作基本相同。

②盐浴炉回火。盐浴炉加热均匀,通常用于低温及中温回火,因为氯化盐熔点高,低温时要凝固,一般都用硝酸盐盐浴作回火加热用。例如高速钢刀具的回火就在成分为 100% 硝酸钾或硝酸钠的盐浴炉中进行。由于盐浴浴面和空气接触被氧化,盐浴老化以及工件的氧化产生氧化皮,所以盐浴炉炉底有沉渣,每周必须捞渣一次。

回火时为避免工件与炉底沉渣接触,并由于炉底温度偏低,所以盐浴炉底用铁架垫高约 100～200 mm。

③油炉回火。80～150 ℃低温回火时,有时采用汽缸油和锭子油炉加热,炉温均匀,材料成本低。工件尺寸稳定化的时效处理一般用油浴炉。油炉回火操作时需注意安全,油的燃点低,不当心时会引起着火。

2. 冷却操作

只要在冷却方法、冷却介质上加以变化,就能使钢的性能发生改变,这是热处理操作者必须掌握又最难掌握的操作性能。

(1)淬火冷却操作

淬火加热后的冷却主要是获得高硬度、高强度的马氏体组织,所以要求冷却速度比较快。一般的钢种空冷速度是得不到马氏体组织的,而液体的冷却速度要快得多。各种液体之间的冷却能力也有很大差别,并且各有特点。根据工件的钢种、形状以及性能要求选定冷却操作技能极其重要。

1)冷却介质的选用。一些形状比较简单,或者截面较大的工件,其材料为碳素结构钢或低合金结构钢,如 45 钢、40Cr 等,淬火后要求中、高硬度,这类工件通常采用水作冷却介质,或者在水中加入一定比例的可溶性物质,改变冷却特性。中、小型工件,所用材料为含碳量稍高的碳素钢或者中合金钢,如 T7、T8、T12、9SiCr、GCr15 等钢种,要求中、高硬度时选用油作冷却介质。由于油的冷却速度比水低,所以常用做"水淬油淬"的双液淬火。氯化盐浴是理想的等温冷却和分级冷却介质,当工件从加热炉中取出时,立即放入 580~620 ℃ 的盐浴中冷却,在短时间内即可达到等温效果。分级冷却后取出空冷,可减小工件的变形,避免大件的开裂。硝酸盐浴既可作为回火加热介质,又可作为分级和等温冷却的介质,其应用范围很广。

冷却介质应保持干净,避免脏物进入,更换溶液时应清洗槽壁,不使用介质时应加盖。冷却介质的溶液成分应定期化验,根据化验结果调整成分,变质溶液应及时更换。冷却介质的温度应随时测量,防止温度过高或过低。硝盐浴槽必须定期过滤。按硝酸盐比例添加新盐,以免盐浴老化影响冷却能力。

介质的运动,对提高冷却能力具有重要的意义。工件在冷却介质中窜动得愈好,则淬火效果愈好。为了改善操作者劳动强度,可以搅动冷却介质,冷却介质的运动,可以极大提高冷却能力。在强力搅拌的情况下,较弱的冷却介质,也能获得满意的淬火效果。

热处理过程中工件出现的质量问题,虽然也有原材料因素或设计不当的原因,但主要还是由于淬火时不正确操作,造成工件的质量问题。为了减少畸变、防止开裂,应注意以下几点:

①工件从炉中取出时,必须防止摆动及相互碰撞。

②细长圆筒形或薄壁圆环形工件应轴向垂直入淬火槽,并在冷却剂中上下窜动。

③圆盘形工件入淬火槽时,其轴向应平行于液面。

④厚薄不均匀的工件,先使较厚部分入槽。

⑤有凹面及不通孔的工件入槽时,应使凹面或孔的开口朝上。

⑥长方形带通孔的工件,应垂直斜向入槽。薄片及薄刃件,应垂直迅速入槽。

⑦在带单面长槽的工件,应槽口朝上,一端倾斜 45°,淬入淬火介质中。长板类工件,宜横向侧面淬入淬火介质中。

⑧入槽后工件适当上下窜动,以加强介质对流,促进冷却。

⑨在真空炉淬火的工件,应待工件冷却后方可出炉,以免工件变色。

⑩工件淬火后应及时施行回火,高合金钢和大件淬回火间隔时间不能超过 2 h。在空气炉或煤气炉中退火或正火加热的工件,出炉后应及时去除氧化皮及涂料后,再淬火冷却。

2)冷却操作。正确的冷却操作,可以保证工件淬火的质量,减少或防止冷却缺陷的产生。

冷却操作要领如下:

①工件从加热炉中取出进入冷却介质中冷却,要求操作动作熟练,迅速稳妥,工件进冷却介质前要注意两个操作动作要点:

在空气炉中加热的工件,表面有一层防氧化的涂料,未涂料的工件表面会产生一层氧化皮,淬火时先要抖掉表面层的涂料或氧化皮,然后进入冷却介质中,这个操作动作要轻、快,才能使工件淬火后不发生软点或硬度不足现象。

在盐浴炉加热的工件,出炉时卡具或工件表面有熔盐附着,当出炉动作缓慢,工件带着盐浴进入冷却介质,盐浴凝附工件表面,影响工件的冷却能力,所以出炉时要甩掉工件上的盐浴,这个操作动作一定要轻、快。

②厚薄不均匀的工件,或要求变形小的工件,可采用预冷法,使薄壁处或整个工件变成暗红时进入水中。

③内孔、凹腔要求硬度高的工件,可用喷射淬火法。

④小型简单工件如螺母,小尺寸的量规等,可用勺子在盐浴炉中堆装加热,冷却时在冷却槽的中下部放一锥体,尖向上,将工件逐渐倒入冷却液中,并沿锥面分散。也可在介质中放一个铁丝网,冷却时,工件撒进网中,另一操作者用铁勺进行搅动。

⑤极薄的片状工件,可用铜板或铁板代替冷却介质,冷却时将薄片工件夹在两板之间,热量传到铁板上,达到淬火目的,又可减少变形。

(2)回火冷却操作

一般情况下,工件回火多数采用空气冷却,因为回火后空冷对工件性能影响不大,但要注意形状复杂的工模具在冷至室温前不允许水冷,以防止开裂。而一些铬镍、铬锰合金结构钢,在 $450 \sim 560$ ℃高温回火时要产生回火脆性,所以这些钢种的工件回火加热后要用水或油以较快速度冷却,冷却后再进行一次低温补充回火,以消除快冷所产生的内应力。

高速钢工件通常采用 560 ℃三次回火,当上一次回火后在空气中冷却时,必须注意一定要冷至室温再进行下二次回火,这样才能使奥氏体充分转变为马氏体,使二次硬化达到最佳程度,并使回火充分。

(3)淬火与回火操作实例

实例:直柄钻头淬火—回火

工件尺寸:如图 6-11 所示

材料:钼高速钢 W6Mo5Cr4V2

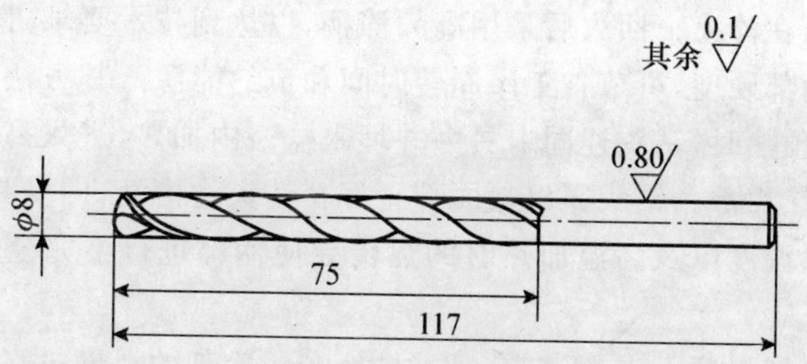

图 6-11 直柄钻头

技术要求:晶粒度号　10 号～11 号

　　　　　硬度:柄部 35～50HRC

　　　　　刃部 63～66HRC

　　　　　不直度:径向跳动≤0.24 mm

1)技术要求

钻头是切削刀具之一,其刃部要求高硬度,才能对各种材料进行钻孔,并要求高强度,高耐磨性。通常钻头都用高速钢制造,由于合金元素多,所以红硬性高,能进行高速切削。钻头柄部作定位和被夹持用,硬度不必过高。硬度太高,对校正钻头变形不利,而且打不上标记,所以柄部为中硬度。钻头加热表面不允许脱碳,若表面脱碳后,淬火硬度不足,影响切削性能。

2)设备选用

高速钢刀具热处理通常都选用盐浴炉加热,由于合金元素多,导热性差,一般都要进行二次预热再加热。冷却采用低温混合氯化盐浴炉分级冷却,回火采用硝盐浴炉。

3)生产准备

①准备工作。绑扎好零件,检查炉温仪表,对高温盐浴炉必须严格按操作规程进行脱氧。

②钻头有专用卡具装卡加热。

4)工艺规范

①淬火:预热　第一次　650～700 ℃　160 s;

　　　　　　第二次　800～850 ℃　160 s。

　　　　加热　1 220～1 230 ℃　160 s　装量98件。

　　　　冷却　580～620 ℃　160 s后空冷至室温。

②清洗:热水洗。

③回火:550～560 ℃,2 h,回火三次。

④检查:洛氏硬度计检查硬度。

⑤喷砂。

⑥冷校直。

⑦检查:V形铁及百分表检查径向跳动。

5)操作注意事项

①装卡后工件必须烘干,以免进盐浴炉时溅射伤人。

②柄部硬度可以在淬火—回火后采用高频淬柄,以达到技术要求,但大量生产时通常采用加热方法来控制柄部硬度,可节省工序周转时间和节约能源。其方法是这样的:将装好卡的钻头在第一、二次预热时,钻头连同卡具一并埋入盐浴内加热,进入高温加热炉时,使钻头柄部露出盐面,只加热刃部。钻头露出盐面部正好在钻头沟槽处,即卡具的下层板刚好在盐面上。这是利用预热温度以及高温加热时的热传导使柄部进行不完全淬火,以达到柄部要求的硬度。

③分级冷却的盐浴温度不得超过650 ℃,钻头分级冷却的温度过高、时间过长将使高速钢中合金碳化物析出,影响钻头硬度和使用寿命。为保证冷却温度在工艺规定范围,必须经常调整盐浴成分。

④淬火后应及时回火,停留时间过长,使奥氏体稳定化,影响刀具硬度和使用寿命。三次回火过程中,每次回火后必须冷至室温再进行下一次的回火,使组织转变充分。

⑤操作过程要经常检查高温炉辐射镜是否遮挡以及仪表运转是否正常,避免造成工件过热。

6.3　热处理技术条件及工序位置

6.3.1　常见的热处理缺陷及防止

1. 氧化和脱碳

零件加热时,如果周围介质中存在有氧化性气氛(如空气中的 O_2、CO_2、H_2O),或氧化性物质,则表面的铁和碳在高温下就会氧化。钢被氧化的结果,不仅是材料被烧损,表面粗糙,而且氧化皮还影响零件的力学性能、耐腐蚀性能和切削性能。脱碳是指工件表层的碳被氧化烧损而使工件表层碳含量下降的现象。脱碳降低了工件的表面硬度和耐磨性。

在实际生产中,零件的氧化和脱碳经常是同时出现的。对于表面质量要求较高的精密零件或特殊金属材料制造的零件,在热处理过程中应采取真空或保护气氛加热来避免氧化。

2. 过热和过烧

由于加热温度过高或保温时间过长引起晶粒粗化的现象称为过热。一般采用正火来消除过热缺陷。过烧是指由于加热温度过高,致使分布在晶界上的低熔点共晶体或化合物被熔化或氧化的现象。过烧一旦产生是无法挽救的,是不允许存在的缺陷。

3. 变形和开裂

(1)产生原因

工件淬火后出现形变现象是必然的结果,因为在淬火冷却过程中,必将产生内应力。此内应力又可分为热应力和相变应力两部分。

工件在加热和(或)冷却时,由于不同部位存在着温度差而导致热胀和(或)冷缩不一致所引起的应力称为热应力。钢中奥氏体比容最小,奥氏体转变为其他各种组织时比容都会增大,使钢的体积膨胀,其中尤以发生马氏体转变时产生的体积效应更为明显。热处理过程中各部位冷速的差异使工件各部位相转变的不同时性所引起的应力称为相变应力(组织应力)。

淬火冷却时,工件中的内应力可能导致形状和尺寸发生变化,局部产生塑性变形,如果残余应力超过了工件的破坏强度,则工件发生开裂。

(2)减小变形和开裂的措施

1)合理选择钢材与正确设计零件

对于形状复杂、各部位截面尺寸相差较大而又要求变形极小的工件,应选用淬透性较好的合金钢,以便能在缓和的淬火介质中冷却。零件设计时应尽量减小截面尺寸的差异,避免薄片和尖角。必要的截面变化应平滑过渡,形状尽可能对称,有时可适当增加工艺孔。

2)正确锻造和进行预备热处理

对高合金工具钢,锻造工艺十分重要,锻造时必须尽可能改善碳化物分布,使之达到规定的级别。高碳钢球化退火有助于减小淬火变形,采用消除内应力退火,去除机械加工造成的内应力,也可减小淬火变形。

3)采用合理的热处理工艺

为了减小淬火变形,可适当降低淬火温度。对于形状复杂或用高合金钢制造的工件,应采用一次或多次预热。预冷淬火、分级淬火和等温淬火都可以减小工件的变形。

6.3.2　热处理技术条件的标注

设计图样上的热处理技术标注有热处理工艺名称、硬化层深度、硬度等。在标注硬度时允许有一个波动范围，一般布氏硬度波动范围在30～40个单位；洛氏硬度波动范围约5个。对于重要零件有时也标注抗拉强度、伸长率、金相组织等。表面淬火、表面热处理工件要标明处理部位、层深及组织等要求。常见热处理工艺代号及技术条件的标注方法见表6-3。

表6-3　常见热处理工艺代号及技术条件的标注方法

热处理类型	代号	表示方法举例
退火	Th	标注为 Th
正火	Z	标注为 Z
调质	T	调质后硬度为 200～250HB 时，标注为 T235
淬火	C	淬火后回火至 45～50HRC 时，标注为 C48
油淬	Y	油淬＋回火硬度为 30～40HRC，标注为 Y35
高频淬火	G	高频淬火＋回火硬度为 50～55HRC，标注为 G52
调质＋高频感应加强淬火	T-G	调质＋高频淬火硬度为 52～58HRC，标注为 T-G54
火焰表面淬火	H	火焰表面淬火＋回火硬度为 52～58HRC，标注为 H54
氮化	D	氮化层深 0.3 mm，硬度＞850HV，标注为 D0.3-900
渗碳＋淬火	S-C	氮化层深 0.5 mm，淬火＋回火硬度为 56～62HRC，标注为 S0.5-C59
氰化（碳氮共渗）	Q	氰化后淬火＋回火硬度为 56～62HRC，标注为 Q59
渗碳＋高频淬火	S+G	渗碳层深度 0.9 mm，高频淬火后回火硬度为 56～62HRC，标注为 S0.9-G59

6.3.3　热处理工序位置的安排

零件加工都是按一定工艺路线进行的。合理安排热处理工序的位置，对于保证零件质量和改善切削加工性，具有重要的意义。根据热处理目的和工序位置的不同，热处理可以分为预备热处理和最终热处理两大类，其工序位置安排规律一般如下。

1. 预备热处理

预备热处理包括退火、正火、调质等。这类热处理的作用是消除前一道工序所造成的某些缺陷（如内应力、晶粒粗大、组织不均匀等），并为后续工序做准备。预备热处理一般安排在毛坯生产之后、切削加工之前，或粗加工之后、精加工之前。

①退火、正火的工序位置。一般安排在毛坯生产之后、切削加工之前进行：

毛坯生产（铸造、锻压、焊接等）→正火（或退火）→切削加工

②调质的工序位置。调质主要是为了提高零件的综合力学性能，或为以后表面淬火做好组织准备（有时调质也直接作为最终热处理使用）。调质工序一般在粗加工之后，半精加工之前。工序安排如下：

下料→锻造→正火（退火）→粗加工（留余量）→调质→半精加工

在实际生产中,普通铸铁件、铸钢件和某些无特殊要求的锻钢件,经退火、正火或调质后,其性能已能满足要求,可不再进行最终热处理。

2. 最终热处理

最终热处理包括各种淬火、回火、表面淬火、化学热处理等,它决定工件的组织状态、使用性能与寿命。零件经这类热处理后硬度较高,除磨削加工外,不能用其他加工方法加工,故其工序位置一般安排在半精加工之后、磨削之前进行。

(1)整体淬火的工序位置

下料→锻造→退火(正火)→粗、半精加工(留余量)→淬火＋回火(低、中温)→磨削

(2)表面淬火零件的工序位置

下料→锻造→正火或退火→粗加工→调质→半精加工(留余量)→表面淬火＋低温回火→磨削

(3)渗碳淬火的工序位置

渗碳分整体渗碳和局部渗碳。整体渗碳零件的加工路线一般为:

下料→锻造→正火→粗、半精加工→渗碳→淬火＋低温回火→磨削

对于局部渗碳,一般采用在不要求渗碳的部位增大原加工余量(增大的量称防渗余量),待渗碳后淬火前将余量切掉。因此,对于局部渗碳零件,需增加切去防渗碳余量的工序,其余与整体渗碳零件相同。另外,也可采用在粗、半精加工之后,对局部不渗碳部位镀铜或涂防渗剂,然后再渗碳,其后加工工艺路线与整体渗碳相同。

(4)渗氮的工序位置

渗氮温度低,变形小,氮化层硬而薄,因此工序位置应尽量靠后,一般渗氮后不再磨削加工,个别质量要求较高的零件可进行精磨或超精磨。为防止因切削加工而产生的内应力使渗氮件产生变形,常在渗氮前安排去应力退火工序。渗氮零件的加工路线一般为:

下料→锻造→退火→粗加工→调质→半精、精加工→去应力退火→粗磨→渗氮→精磨或超精磨。

📖**复习思考题**

1. 简述电阻炉的种类、优缺点及各种电阻炉的适用范围。

2. 简述热电偶的测温原理。怎样进行热电偶参考端的温度补偿? 安装和使用热电偶时应注意些什么?

3. 用 40Cr 钢制造模数为 3 的齿轮,其工艺路线为:下料(棒料)→锻造毛胚→正火→粗加工→调质→精加工→表面淬火＋低温回火→粗磨。请说明正火、调质、表面淬火和低温回火的目的,工艺条件(只要求写明加热条件及冷却方法,不要求具体温度)和组织。

4. 拟用 T12 钢制成锉刀,其工艺路线如下:锻打→热处理→机械加工→热处理→精加工。试写出各热处理工序的名称,并制定最终热处理工艺。

第7章 合金钢

7.1 概　述

合金钢是为了提高钢的性能,在碳钢中特意加入一定合金元素所获得的钢种。合金元素的加入,克服了碳钢淬透性低、强度和屈强比低、回火稳定性差、不能满足特殊性能要求等缺点,满足了日益发展的科学技术和工业生产及应用的要求,因此在现代工业、农业、科研、国防等各行各业中得到广泛应用。目前,钢中主要加入的元素有:锰、铬、镍、钨、钼、钒、钛、铜、铝、硅、硼、氮、铌、锆、稀土元素等。

7.1.1　合金元素在钢中的作用

碳钢中加入合金元素后,对钢的相组成,相的成分和结构,各相在钢中所占的体积组分和彼此相对的分布状态等起作用,从而引起钢性能的改善。

1. 合金元素对基本相的影响

(1)强化铁素体

合金钢元素可溶于铁素体形成合金铁素体,产生固溶强化作用,使铁素体的强度、硬度升高,塑性、韧性下降,如图7-1所示。

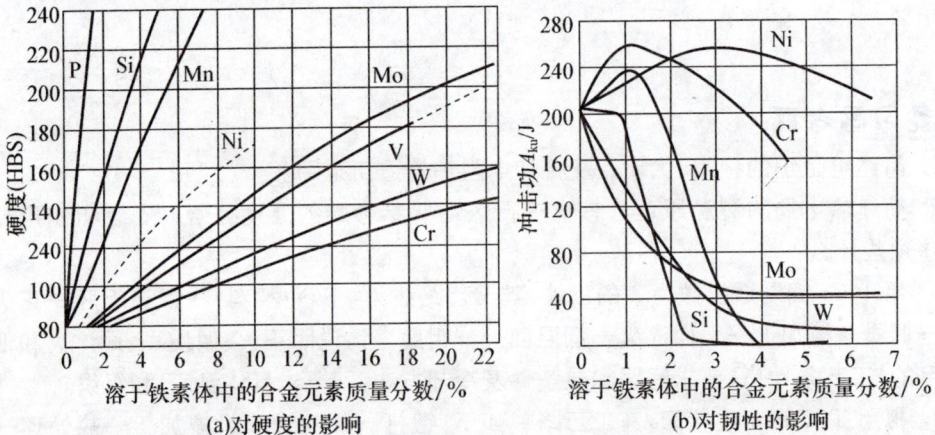

图7-1　合金元素对铁素体力学性能影响

(a)对硬度的影响　　(b)对韧性的影响

(2)形成碳化物

钢中的碳常与铁形成 Fe_3C,而合金元素存在于钢中时也会与碳发生反应形成碳化物。如 Fe、Mn、Cr、Mo、W、V、Nb、Zr、Ti 等(按与 C 的亲和力由弱到强排列),这些元素称为碳化物形成元素。而与 C 亲和力很弱，无法形成碳化物的元素，如 Ni、Si、Al、Co、Cu 等，称为非碳化物形成元素。

由于碳化物形成元素与 C 的亲和力强弱不同，以及在钢中的含量不同，形成碳化物的类型有：合金渗碳体，如 $(Fe,Mn)_3C$、$(Fe,Cr)_3C$；合金碳化物，如 Cr_7C_3、$Cr_{23}C_6$；和特殊碳化物，如 WC、VC、TiC。从合金渗碳体到特殊碳化物，稳定性及硬度依次升高。当碳化物以微细质点分布于基体上时，产生弥散强化作用，而且合金碳化物有极高的硬度和熔点，可显著提高钢的耐磨性和耐热性。此外，难溶的稳定碳化物分布在奥氏体晶界上，可有效地细化晶粒，改善钢的性能。

2. 合金元素对 Fe - Fe₃C 相图的影响

(1)对奥氏体相区的影响

缩小奥氏体相区的元素有：Cr、Mo、W、V、Ti、Si、Al、B 等，又称为铁素体形成元素。由于合金元素的加入使 A_1 线、A_3 线升高，当含量足够高时，奥氏体区域可能完全消失，使钢在高温与常温均保持铁素体组织，这类钢称为铁素体钢。如 Cr17 不锈钢就是铁素体不锈钢。图 7 - 2 表示 Cr 对奥氏体区域的影响。

扩大奥氏体相区的元素有：Ni、Mn、Co、Cu、Zn、N 等，又称为奥氏体形成元素。合金元素的加入使 A_1 线、A_3 线下降，当含量足够高时，奥氏体区域扩大至室温，使钢在室温下以奥氏体单相存在而成为一种奥氏体钢。如 ZGMn13 耐磨钢就属奥氏体钢。图 7 - 3 表示 Mn 对奥氏体区域的影响。

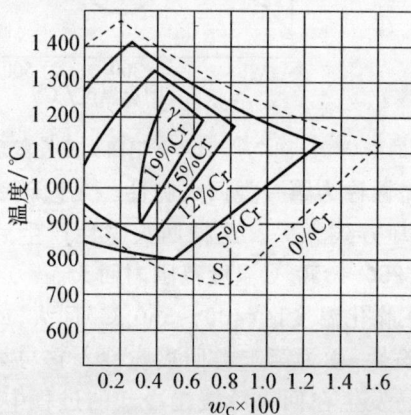

图 7 - 2　Cr 元素对奥氏体相区的影响　　　图 7 - 3　Mn 元素对奥氏体相区的影响

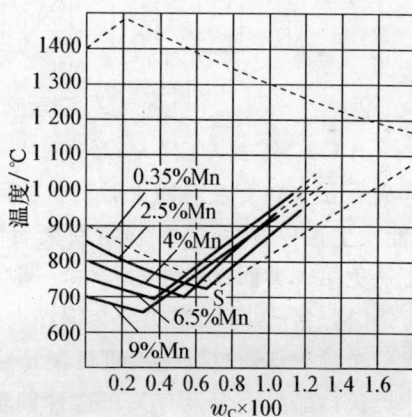

(2)对 S、E 点的影响

几乎所有合金元素都使 S、E 点向左移，即降低共析碳含量，以及碳在奥氏体中的最大溶解度，从而使碳含量相同的碳钢和合金钢具有不同的组织。如在高速钢（$w_C = 0.7\% \sim 0.8\%$）的铸态组织中就有莱氏体组织。

3. 合金元素对热处理的影响

(1)提高回火稳定性

淬火钢在回火过程中抵抗硬度下降的能力称为回火稳定性。由于合金元素减慢了碳的扩散，从而减慢了马氏体及残余奥氏体的分解过程和阻碍碳化物析出，聚集长大，因而在回火过程中,合金钢的软化速度比碳钢慢,合金钢具有较高的回火抗力,在较高的回火温度下仍保持较高的硬度。在回火温度相同时,合金钢的硬度及强度比碳含量相同的碳钢高,而回火至相同硬度时,合金钢的回火温度高,内应力的消除比较彻底,因此,其塑性和韧性比碳钢好。

(2)产生二次硬化现象

若钢中 Cr、W、Mo、V 等元素超过一定量时,在 400 ℃以上还会形成弥散分布的特殊碳化物,使硬度重新升高,直到 500～600 ℃硬度达到最高值,出现二次硬化现象,如图 7-4 所示。二次硬化现象对高合金工具钢十分重要,通过 500～600 ℃回火可使其硬度比淬火态硬度高 5HRC 以上。

(3)产生回火脆性

淬火钢在某些温度区间回火或从回火温度缓慢冷却通过该温度区间的脆化现象,称为回火脆性。图 7-5 为镍铬钢回火后的冲击韧度与回火温度的关系。

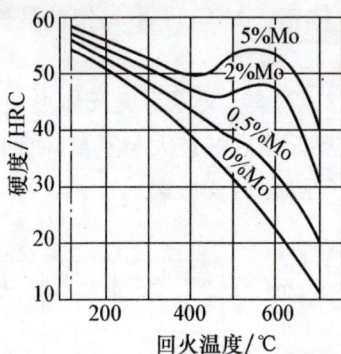

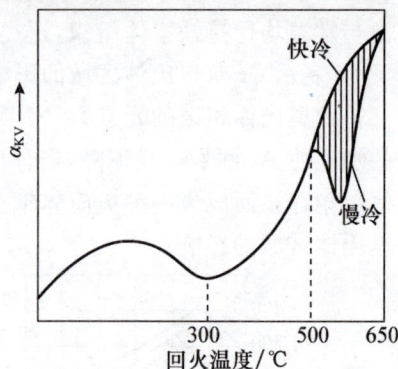

图 7-4　含 0.35%C 加入不同 Mo 量的钢对回火度的影响　　图 7-5　合金钢回火脆性示意图

钢淬火后在 300 ℃左右回火时产生的回火脆性称为第一类回火脆性。无论碳钢或合金钢,都可能发生这种脆性,并且它与回火后的冷却方式无关。这种回火脆性产生后无法消除。为了避免第一类回火脆性的发生,一般不在 250～350 ℃温度范围内回火。

含有铬、锰、铬-镍等元素的合金钢淬火后,在脆化温度区(400～550 ℃)回火,或经更高温度回火后缓慢冷却通过脆化温度区所产生的脆性,称为第二类回火脆性。它与某些杂质元素在原奥氏体晶界上偏聚有关。这种偏聚容易发生在回火后缓慢冷却的过程中,最容易发生在含铬、锰、镍等合金元素的合金钢中。如果回火后快冷,杂质元素便来不及在晶界上偏聚,就不易发生这类回火脆性。当出现第二类回火脆性时,可将其加热至 500～600℃经保温后快冷,即可消除回火脆性。对于不能快冷的大型结构件或不允许快冷的精密零件,应选用含有适量钼和钨的合金钢,能有效防止第二类回火脆性的发生。

7.1.2　合金钢的分类

合金钢的分类方法很多。

1. 按合金元素分类

按钢中合金元素总含量可分为低合金钢(合金元素总质量分数 $w_{Me} \leqslant 5\%$)、中合金钢(合金元素总质量分数 $w_{Me} = 5\% \sim 10\%$)和高合金钢(合金元素总质量分数 $w_{Me} > 10\%$)。

按钢中所含主要合金元素种类不同来分类,可分为锰钢、铬钢、硼钢等。

2. 按质量分类

根据钢中所含磷、硫量的多少,分为普通质量钢($w_P \leqslant 0.045\%$、$w_S \leqslant 0.045\%$)、优质钢($w_P \leqslant 0.035\%$、$w_S \leqslant 0.035\%$)、高级优质钢($w_P \leqslant 0.025\%$、$w_S \leqslant 0.025\%$)和特级优质钢($w_P \leqslant 0.025\%$、$w_S \leqslant 0.015\%$)。

3. 按冶炼方法分类

根据冶炼所用炼钢炉不同,可分为平炉钢、转炉钢和电炉钢。根据冶炼时脱氧程度不同,又可分为沸腾钢 F(脱氧不完全)、镇静钢 Z(脱氧完全)和半镇静钢 B。

4. 按室温组织分类

按合金钢在空气中冷却后所得到的组织,可分为珠光体钢、贝氏体钢、马氏体钢、奥氏体钢、莱氏体钢等。

5. 按用途分类

按钢的用途分类是钢的主要分类方法。根据合金钢的不同用途,可将其分为结构钢、工具钢、特殊性能钢。

7.1.3 合金钢的编号

我国钢的牌号一般采用汉语拼音字母、化学元素符号和阿拉伯数字相结合的方法表示。

1. 合金结构钢

(1)低合金高强度结构钢

用"屈"字汉语拼音字母首 Q、屈服点数值、质量等级符号(A、B、C、D)表示。如 Q345C 表示屈服点不小于 345MPa 的 C 级低合金高强度钢。由于低合金高强度结构钢分为镇静钢和特殊镇静钢,因此牌号的组成中没有表示脱氧方法的符号。

专用低合金结构钢牌号应在牌号头部(或尾部)如表 7-1 中规定代表产品用途的符号表示。如:压力容器用钢牌号表示为"Q345R",焊接气瓶用钢牌号表示为"Q295HP",锅炉用钢牌号表示为"Q390g",桥梁用钢表示为"Q420q"。

表 7-1 钢号中部分汉语拼音字母含义说明表

字 母	含 义	位 置	字 母	含 义	位 置
R	压力容器用钢	牌号尾	YF	易切削非调质钢	牌号头
g	锅炉用钢	牌号尾	F	热锻用非调质钢	牌号头
HP	焊接气瓶用钢	牌号尾	Y	易切削钢	牌号头
q	桥梁用钢	牌号尾	ML	铆螺钢	牌号头
H	保证淬透性	牌号尾	H	焊接用钢	牌号头
G	高压锅炉用钢	牌号尾	G	滚动轴承钢	牌号头
L	汽车大梁用钢	牌号尾	ZGD	低合金铸钢	牌号头

(2)机械结构用合金钢

①渗碳钢、调质钢、弹簧钢。采用"两位数字＋元素符号＋数字＋……"的方法表示,前面两位数字表示碳的平均质量分数的万分之几,元素符号表明钢中的主要合金元素,其后的

数字则表明该合金元素的含量,平均含量小于 1.50% 时,牌号中仅标明元素符号,一般不标明含量;平均合金含量为 1.50%～2.49%、2.50%～3.49%、3.50%～4.49% 时,在合金元素后相应写成 2、3、4…。例如,碳、铬、锰、硅的平均含量分别为 0.30%、0.95%、0.85%、1.05% 的合金结构钢,当 S、P 含量分别≤0.035% 时,其牌号表示为 30CrMnSi。

高级优质合金结构钢,在牌号尾部加符号"A"表示,例如:30CrMnSiA。

特级优质合金结构钢,在牌号尾部加符号"E"表示,例如:30CrMnSiE。

专用合金结构钢牌号应在牌号头部(或尾部)加表 7-1 中规定代表产品用途的符号。例如,铆螺专用的 30CrMnSi 钢,钢号表示为 ML30CrMnSi。

②高碳铬滚动轴承钢。高碳铬滚动轴承钢有自己独特的牌号。牌号前面以"滚"字汉语拼音首字母"G"为标志,其后为铬元素符号 Cr,Cr 后的数字表示 Cr 质量分数的千分之几,碳含量一般为 0.95%～1.05%,但一般不标出,其余与合金渗碳钢牌号规定相同,如碳、铬、硅、锰的平均含量分别为 1.0%、1.5%、0.6%、1.2% 的轴承钢,其牌号为 GCr15SiMn。

2. 合金工具钢

采用"数字＋合金元素符号＋数字＋……"的方法表示,"前面的数字"表示钢中碳的平均质量分数的千分之几,当钢中碳的质量分数大于 1% 时不标出,其余与渗碳钢、调质钢、弹簧钢的牌号相同。如 9SiCr、CrWMn(w_C>1.0% 不标出)。高速工具钢牌号中不标出含碳量,如 W18Cr4V(0.7%～0.8%)。

3. 特殊性能钢

采用"数字＋合金元素符号＋数字＋……"的方法表示,"前面的数字"表示钢中碳的平均质量分数的千分之几,其余与渗碳钢、调质钢、弹簧钢的牌号相同。含碳量的表示方法为:当钢中碳的平均质量分数≥1.00% 时,用两位数字表示,如 11Cr17;当 0.1%≤碳的平均质量分数<1.00% 时,用一位数字表示,如 2Cr13;当碳的平均质量分数<0.08% 或<0.03% 时,分别用"0"或"00"表示,如 0Cr19Ni9、00Cr17Ni4Mo2。

为便于现代化的数据处理设备进行存储和检索,我国国家标准 GB/T 17616－1998 对钢铁材料及合金产品牌号规定了统一数字代号,如表 7-2 所列。

统一数字代号,由 6 位符号组成,左边第 1 位用大写的拉丁字母作前缀("I"和"O"除外),代表不同的钢铁及合金类型;后接 5 位阿拉伯数字,第 1 位阿拉伯数字代表各类型钢铁及合金细分类;第 2～5 位阿拉伯数字代表不同分类内的编组和同一编组内不同牌号的区别顺序号。每个统一数字代号只适用于一个产品牌号。

表 7-2　钢铁及合金类型与统一数字代号

钢铁及合金类型	统一数字代号	钢铁及合金类型	统一数字代号
合金结构钢	A×××××	杂类材料	M×××××
轴承钢	B×××××	粉末及粉末材料	P×××××
铸铁、铸钢及铸造合金	C×××××	快淬金属及合金	Q×××××
电工用钢和纯铁	E×××××	不锈、耐蚀和耐热钢	S×××××
铁合金和生铁	F×××××	工具钢	T×××××
高温合金和耐蚀合金	H×××××	非合金钢	U×××××
低合金钢	L×××××	焊接用钢及合金	W×××××

7.2 结构钢

用于制造重要工程结构和各种机器零部件的钢。是合金钢中用途最广、用量最大的一类钢种。主要包括低合金高强度结构钢、渗碳钢、调质钢、弹簧钢、滚动轴承钢等。

7.2.1 低合金高强度结构钢

1. 用途

主要用于制造在大气和海洋中工作的大型焊接结构件,如建筑结构、桥梁、车辆、船舶、输油输气管道、压力容器等。

2. 性能特点

强度高,良好的塑性、韧性、冷冲压性能及焊接性能,可抵抗大气腐蚀。

3. 成分特点

(1)低碳:含碳量<0.2%,以保证良好的塑性、韧性、冷冲压性能及焊接性能;

(2)低合金:主要以 Mn 和 Si 为主,强化铁素体基体,产生固溶强化;加入少量的 Ti、V、Nb、RE 等,细化晶粒,提高强韧性。

4. 热处理工艺特点

一般在热轧空冷状态下使用,必要时经正火处理后使用。正火处理的温度在 $A_{c3}+(30\sim50)$℃,使用态组织为铁素体+珠光体。

5. 典型牌号及用途

在 Q345 较低级别的钢中,16Mn 最具有代表性,是目前我国用量最多、产量最大的一种低合金高强度钢。其派生钢种有 16MnRE、16MnCu 等,RE 的主要作用是提高塑性和韧性,提高疲劳强度,降低冷脆转变温度,Cu 的主要作用是通过钝化提高耐蚀性。这类钢多用于船舶、车辆、桥梁等大型钢结构。

对 Q420 级的 15MnVN、14MnVTiRE 等,加入了钒、氮起到细化晶粒和第二相强化作用,稀土又起净化晶界作用,提高强韧性,因此强度高于 15MnTi。

Q460 级的钢种,如 14MnMoVBRE,加入钼和微量硼元素,可推迟奥氏体冷却时的铁素体析出,而对贝氏体转变则影响不大,正火后得到贝氏体组织,然后再高温回火,以稳定组织,消除内应力,提高塑性和韧性,焊接性好,适于制造 400~500 ℃的锅炉、中温高压容器等。低合金高强度结构钢常用钢种见表 7-3。

表 7-3 常用低合金高强度结构钢牌号、力学性能及用途

钢号	质量等级	厚度＞16~35 mm σ_b/MPa≥	σ_b/MPa	δ_5/% ≥	A_{KV}/J +20℃ ≥	旧钢号	用途举例
Q295	A、B	275	390~570	23	34	09MnV、09MnNb、09Mn2、12Mn	车辆的冲压件、中低压化工容器、储油罐、输油管、油船等

钢号	质量等级	厚度＞ 16～35 mm σ_b/MPa≥	σ_b /MPa	δ_5 /% ≥	A_{KV}/J +20 ℃	旧钢号	用途举例
Q345	A、B C、D、E	345	470～630	21 22	34	12MnV、14MnNb 16Mn、16MnCu 16MnRE	桥梁、车辆、船舶、压力容器、矿山机械、电站设备厂房钢架等
Q390	A、B C、D、E	390	490～650	19 20	34	15MnV、15MnTi 16MnNb	桥梁、大型船舶、起重设备、压力容器、较高载荷的焊接件等
Q420	A、B C、D、E	420	520～680	18 19	34	15MnVN 14MnVTiRE	桥梁、高压容器、大型船舶、电站设备、中高压锅炉及容器等
Q460	C、D、E	460	550～720	17	34	14MnMoVBRE	中温高压容器（＜120 ℃）、锅炉、大型气、挖掘机、起重运输机械、钻井平台等

7.2.2　合金渗碳钢

1. 用途

主要作于制作承受交变载荷、很大的接触应力，并在冲击和严重磨损条件下工作的零件，如汽车、重型机床齿轮、活塞销，内燃机的凸轮轴。

2. 性能要求

"表硬心韧"要求零件表面硬度高、耐磨，心部则具有较高的韧性和足够的强度以承受冲击。一般渗碳件表面渗碳层淬火后硬度≥58HRC，心部 35～45HRC。

3. 成分特点

①含碳量：低碳，$w_C=0.15\%～0.25\%$，以保证心部塑韧性。

②合金元素：主要加入元素有 Cr、Ni、Mn、B，强化基体，提高淬透性，保证心部强韧性；辅加元素 V、Ti、W、Mo 等防止渗碳时过热，细化晶粒，提高耐磨性。

4. 热处理特点

渗碳件一般的工艺路线：

下料→锻造→正火→机加工→渗碳→淬火＋低温回火→磨削

①预备热处理：一般是正火，组织为 P＋F，目的是调整硬度，改善组织和切削加工性能。

②最终热处理：一般是渗碳后直接淬火（或一次、二次淬火）＋低温回火。其组织为：表面组织为 $M_{回}$＋细小碳化物＋少量 Ar，硬度一般为 58～64HRC；心部组织依钢的淬透性及工件尺寸而定，淬透时为低碳 $M_{回}$，未淬透为低碳 $M_{回}$＋F＋P。

5. 分类和常用钢种

常用渗碳钢牌号见表 7-4。按淬透性的高低，渗碳钢大致可以分为三类：

①低淬透性渗碳钢：典型钢种为 20Cr，其水淬临界直径 20～35 mm，渗碳淬火后，心部

强韧性较低,只适于制造受冲击载荷较小的耐磨零件,如活塞销、凸轮、滑块、小齿轮等。

②中淬透性渗碳钢:典型钢种为 20CrMnTi,其油淬临界直径约为 25～60 mm,主要用于制造承受中等载荷、要求足够冲击韧性和耐磨性的汽车齿轮等零件。

③高淬透性渗碳钢:典型钢种为 18Cr2Ni4WA、20Cr2Ni4A,其油淬临界直径＞100 mm,主要用于制造大截面、高载荷的重要耐磨件,如飞机、坦克中的曲轴、大模数齿轮等。

表 7-4　常用渗碳钢牌号、热处理、力学性能及用途

类别	钢号	热处理/℃			力学性能			用途举例
		一次淬火	二次淬火	回火	σ_s/ MPa	σ_b/ MPa	δ_5/%	
低淬透性	15	890±10 空	770～800 水	200	≥300	≥500	15	活塞销、套筒等
	20Cr	880 水、油	800 水、油	200	550	850	10	齿轮、小轴、活塞销
	20MnV	880 水、油		200	600	800	10	同上,也作锅炉、高压容器管道等
	20CrV	880	880 水、油	200	600	850	12	齿轮、小轴、顶杆、活塞销、耐热垫圈
中淬透性	20CrMn	850 油		200	750	950	10	齿轮、轴、蜗杆、摩擦轮
	20CrMnTi	830 油	860 油	200	850	1100	10	汽车、拖拉机上的变速箱齿轮
	20MnTiB	860 油		200	950	1150	10	代 20CrMnTi
高淬透性	18Cr2Ni4WA	950 空	850 空	200	850	1200	10	大型渗碳齿轮和轴类零件
	20Cr2Ni4A	880 油	780 油	200	1100	1200	10	同上
	15CrMn2SiMo	880～920 空	860 油	200	900	1200	10	大型渗碳齿轮、飞机齿轮

7.2.3　合金调质钢

1. 用　途

用于受力较复杂的重要结构零件,如机床主轴、火车发动机曲轴和汽车后桥半轴等轴类零件,以及连杆、螺栓和齿轮等。

2. 性能要求

具有良好的综合力学性能,即高的强度、良好塑性和韧性。

3. 成分特点

①碳含量:中碳,$w_C=0.25\%～0.5\%$,保证热处理后具有足够的强度、良好的塑性和韧性。含碳量太低,强度硬度不足;太高,塑性、韧性降低;为达到两者兼顾,取中碳范围。一般碳素调质钢的淬透性低,含碳量偏上限;合金调质钢淬透性好,随合金元素的增加,含碳量趋于下限,如 30CrMnSi、38CrMoAl。

②合金元素:主要加入元素有 Cr、Ni、Mn、Si、Al 等,提高淬透性,调质处理后有良好的综合力学性能;辅助加入元素有 W、Mo 元素,防止高温回火脆性,细化晶粒,提高回火稳定性。

4. 热处理工艺特点

调质件一般的工艺路线：下料→锻造→退火→粗机加工→调质→精机加工

①预备热处理：采用完全退火或正火（高淬透性的调质钢正火后应再高温回火），其目的是细化晶粒，改善组织；调整硬度，改善切削加工性能。组织为(P＋F)。

②最终热处理：调质处理，组织为回火索氏体，具有良好的综合机械性能。

对除了要求良好综合机械性能外，还要求表面具有高硬度、高耐磨性的调质件，调质处理后还需进行"表面淬火＋低温回火"处理，表面淬火多采用感应加热表面淬火。表面组织为 $M_回$，心部为 $S_回$。

5. 分类及常用钢种

常用调质钢牌号见表7－5。按淬透性的高低，调质钢大致可以分为三类：

①低淬透性调质钢：典型钢种为45、40Cr，这类钢的油淬临界直径最大为 $30\sim40$ mm，广泛用于制造一般尺寸的重要零件，如轴、齿轮、连杆螺栓等。35SiMn、40MnB 是为节约铬而发展的代用钢种。

②中淬透性调质钢：典型钢种为40CrNi，这类钢的油淬临界直径最大为 $40\sim60$ mm，含有较多的合金元素，用于制造截面较大、承受较重载荷的零件，如曲轴、连杆等。

③高淬透性调质钢：典型钢种为40CrNiMoA，这类钢的油淬临界直径为 $60\sim100$ mm，多半为铬镍钢。铬、镍的适当配合，可大大提高淬透性，并能获得比较优良的综合机械性能。用于制造大截面、承受重负荷的重要零件，如汽轮机主轴、压力机曲轴、航空发动机曲轴等。

表7－5 常用调质钢牌号、热处理、力学性能及用途

类别	钢号	热处理			力学性能			用途举例
		淬火/℃	冷却介质	回火/℃	σ_s/MPa	σ_b/MPa	δ_5/%	
低淬透性钢	45	840		600	355	600	16	主轴、曲轴、齿轮、柱塞等
	40Cr	850	油	500	800	1 000	9	重要调质件，如齿轮、轴、曲轴、连杆螺旋等
	35SiMn	900	水	590	750	900	15	除要求低温（－20 ℃以下）韧性很高外，可全面代40Cr做调质件
	40MnB	850	油	500	800	1 000	10	取代40Cr
中淬透性钢	40CrMn	840	油	520	850	1 000	9	代40CrNi、42CrMo 作高速高载荷而冲击不大的零件
	40CrNi	820	油	500	800	1 000	10	汽车、拖拉机、机床、柴油机的轴、齿轮、连接机件螺旋、电动机轴
	30CrMnSi	880	油	520	900	1 100	10	高强度钢，高速载荷砂轮轴、齿轮、轴、联轴器、离合器等重要调质件
	35CrMo	850	油	550	850	1 000	12	代替40CrNi 制大截面齿轮与轴，汽轮发电机转子、480 ℃以下工件的紧固件
	38CrMoAlA	940	水、油	640	850	1 000	15	高级氮化钢，制造＞900HV 氮化件，如镗床镗杆、蜗杆、高压阀门

类别	钢号	热处理			力学性能			用途举例
		淬火/℃	冷却介质	回火/℃	σ_s/MPa	σ_b/MPa	δ_s/%	
高淬透性钢	37CrNi3	820	油	500	1 000	1 150	10	高强韧性的重要零件,如活塞销、凸齿轴、齿轮、重要螺栓拉杆
	40CrNiMoA	850	油	600	850	1 000	12	受冲击载荷的高强度零件,如锻压机床的传动偏心轴,压力机曲轴等大截面重要零件
	25Cr2Ni4WA	850	油	500	950	1 100	11	断面 200 mm 以下,完全淬透的重要零件,也与 12Cr2Ni4 相同,可作高级渗碳件

7.2.4　合金弹簧钢

1. 用　途

合金弹簧钢是专用结构钢,主要用于制造各种弹簧和弹性元件。

2. 性能要求

具有高的弹性极限和屈强比,高的疲劳强度和足够的塑性、韧性。良好的淬透性和低的脱碳敏感性。

3. 成分特点

(1)含碳量:$w_C = 0.50\% \sim 0.70\%$,多数为 0.6% 左右,是中、高碳。含碳量过高,塑性和韧性降低,疲劳极限也下降。

(2)合金元素:主要加入元素有 Mn、Si,提高淬透性,提高强度及屈强比;辅助加入元素有 W、Mo、V 等,进一步提高淬透性,细化晶粒,提高回火稳定性和耐热性。

4. 热处理工艺

根据弹簧的加工成形方法不同,弹簧分为热成形弹簧和冷成形弹簧。一般截面尺寸在 10～15 mm 的弹簧采用热成型方法;截面尺寸＜10 mm 的弹簧采用冷成型方法。

(1)热成型弹簧:这类弹簧多用热轧钢丝或钢板制成(钢丝直径或板厚＞10 mm)。以 60Si2Mn 制造的汽车板簧为例,工艺路线如下:

下料→加热压弯成型→淬火＋中温回火→喷丸处理→装配

成型后采用淬火＋中温回火(350～500 ℃),组织为 $T_{回}$,硬度 40～52HRC,具有高的弹性极限、屈强比和足够的韧性,喷丸处理可进一步提高疲劳强度。

(2)冷成型弹簧:这类弹簧常采用冷拔钢丝冷卷成型(钢丝直径或板厚＜8 mm)。成型后不必淬火处理,只需进行一次去应力退火处理(250～300 ℃保温 1 h),目的是消除内应力、稳定尺寸。由于冷拉过程中产生加工硬化,强度大大提高。

5. 分类及常用钢种

常用弹簧钢牌号见表 7 - 6。合金弹簧钢大致分两类:

(1)以硅、锰为主要合金元素的合金弹簧钢

典型钢种有 65Mn 和 60Si2Mn 钢等。这类钢的价格便宜,淬透性明显优于碳素弹簧钢,

硅、锰的复合合金化,性能要比只用锰的好得多。主要用于汽车、拖拉机上的板簧和螺旋弹簧。

(2)含铬、钒、钨等元素的合金弹簧钢

典型钢种为50CrVA。铬、钒不仅大大提高钢的淬透性,而且还提高钢的高温强度、韧性和热处理工艺性能。可制作在350~400 ℃温度下承受重载的较大弹簧,如阀门弹簧、高速柴油机的气门弹簧等。

表7-6　常用弹簧钢牌号、热处理、力学性能及用途

钢　号	热处理			力学性能			用途举例
	淬火/℃	冷却介质	回火/℃	σ_s/MPa	σ_b/MPa	δ_5/%	
55Si2Mn	870	水、油	480	1 200	1 300	6	$\phi20\sim\phi25$弹簧,工作温度低于230 ℃
60Si2Mn	870	油	480	1 200	1 300	5	$\phi25\sim\phi30$弹簧,工作温度低于300 ℃
50CrVA	850	油	500	1 150	1 300	10	$\phi30\sim\phi50$弹簧,制造工作温度低于210 ℃的气阀弹簧
60Si2CrVA	850	油	410	1 700	1 900	6	直径<50 mm弹簧,工作温度低于250 ℃
55SiMnMoV	880	油	550	13 00	1 400	6	直径<75 mm弹簧,重型汽车、越野汽车大截面板簧

7.2.5　滚动轴承钢

1. 用　途

用于制作各类滚动轴承的内外套圈、滚动体。从化学成分看,滚动轴承钢属于工具钢范畴,所以这类钢也经常用于制造各种精密量具、冷冲模具、机床丝杠等耐磨零件。

2. 性能要求

高而均匀的硬度,高耐磨性,高的弹性极限和接触疲劳强度,足够的韧性和淬透性,有一定的抗蚀能力和良好的尺寸稳定性。

3. 成分特点

①含碳量:高碳,$w_C = 0.95\% \sim 1.15\%$,过共析成分,保证形成足够铬的碳化物强化相,提高强度、硬度及耐磨性。

②合金元素:主要加入Cr元素($w_{Cr} = 0.4\% \sim 1.65\%$),提高淬透性和接触疲劳抗力,细化晶粒。有的还加入Si、Mn进一步提高淬透性,用于制造大型轴承。

4. 热处理工艺

高碳铬轴承的热处理主要为球化退火、淬火和低温回火。

①预备热处理:采用球化退火,获得球状珠光体,改善组织,降低硬度(<210HBS),便于切削加工。

②最终热处理:采用淬火+低温回火(150~180 ℃),组织为$M_{回}$+细小粒状碳化物+A残,硬度为61~65HRC。低温回火保持淬火后的高硬度和高耐磨性,消除淬火应力。

对精密轴承零件,为了将残余奥氏体降低到最低程度,提高尺寸稳定性,常采用淬火后

冷处理（−60～−80 ℃），然后再进行低温回火，并在磨削加工后，再予以稳定化时效处理。

5. 常用钢种

滚动轴承钢最具代表性的是 GCr15。用于制造中、小型号轴承，也常常用来制造量具、丝锥、冷冲模等。常用滚动轴承钢的成分、热处理及用途列于表 7−7 中。

表 7−7　常用滚动轴承钢的牌号、成分、热处理及用途

牌　号	化学成分				热处理			用途举例
	w_C %	w_{Cr} %	w_{Si} %	w_{Mn} %	淬火/℃	回火/℃	回火后 HRC	
GCr9	1.00～1.10	0.90～1.20	0.15～0.35	0.25～0.45	810～830 水、油	150～170	62～64	直径＜20 mm 的滚珠、滚柱及滚针
GCr9SiMn	1.00～1.10	0.90～1.20	0.45～0.75	0.95～1.25	810～830 水、油	150～160	62～64	壁厚＜12 mm、外径＜250 mm 的套圈。直径为 25～50 mm 的钢球。直径＜22 mm 的滚子
GCr15	0.95～1.05	1.40～1.65	0.15～0.35	0.25～0.45	820～840 水、油	150～160	62～64	与 GCr9SiMn 相同
GCr15SiMn	0.95～1.05	1.40～1.65	0.45～0.75	0.95～1.25	820～840 水、油	150～170	62～64	壁厚≥12 mm、外径大于 250 mm 的套圈。直径＞50 mm 的钢球。直径＞22 mm 的滚子

7.3　工具钢

工具钢是指用于制造各种刀具、模具和量具的钢。按化学成分分为碳素工具钢、低合金工具钢、高合金工具钢等。按用途分为刃具钢、模具钢和量具钢。

合金工具钢与碳素工具钢相比，具有较高的淬透性、耐磨性、红硬性、热稳定性等优点，特别是形状复杂、截面尺寸较大、精度要求较高及工作温度较高的各种工具，多选用合金工具钢制造。

7.3.1　刃具钢

主要用于制造各种切削刃具。如：车刀、钻头、铣刀、拉刀等。切削刃具的种类繁多，受力复杂，工作时温度高，摩擦、磨损严重，同时还受到冲击与振动，因此，要求刃具钢具有高硬度，高耐磨性，高的热硬性和一定强度、韧性和塑性，能承受一定的冲击和振动。

1. 低合金刃具钢（最高工作温度不超过 300 ℃）

（1）化学成分

碳质量分数在 0.9％～1.1％之间，以保证高硬度和高耐磨性。合金含量低，主要加入合金钢元素有 Cr、Mn、Si、V、W 等，以提高钢的淬透性：回火稳定性，细化晶粒，提高硬度、耐磨性及热硬性。

（2）热处理特点

预备热处理一般为球化退火，其目的是降低硬度（≤217HB），便于切削加工，并为淬火作组织准备。最终热处理采用淬火＋低温回火。热处理后的组织为回火马氏体＋碳化物＋少量残余奥氏体工作，硬度可达 60～65HRC。

（3）常用钢种

典型钢种为 9SiCr，其含有提高回火稳定性的硅元素，经 230～250 ℃回火后，硬度大于60HRC，使用温度为 250～300 ℃，广泛用于制造各种低速切削刃具，如扳牙、丝锥等，也常用于冷冲模制作。常用钢种见表 7-8。

表 7-8　常用合金刃具钢的牌号、热处理及用途

类别	钢　号	淬　火			回　火		用途举例
		温度/℃	冷却介质	硬度 HRC	温度/℃	硬度 HRC	
低合金刃具钢	9SiCr	860～880	油	≥62	180～200	60～62	板牙、丝锥、钻头、铰刀、齿轮铣刀、冷冲模、冷轧辊等
	Cr2	830～860	油	≥62	150～170	61～63	车刀、铣刀、插刀、铰刀、凸轮销、偏心轮、冷轧辊等
	8MnSi	800～820	油	≥65	150～160	64～65	慢速切削硬金属用的道具如铣刀、车刀、刨刀等；高压力工作用的刻刀等
	W	840～860	油	≥62	130～140	62～65	低速切削硬金属刀具，如麻花钻、车刀和特殊切削工具
高速钢	W18Cr4V (18-4-1)	1 270～ 1 285	油	≥63	550～570 （三次）	≥63	制造一般高速切削用车刀、刨刀、钻头、铣刀等
	W6Mo5Cr4V2 (6-5-4-2)	1 210～ 1 230	油	≥63	540～560 （三次）	≥63	制造要求耐磨性和韧性很好配合的切削刀具，如丝锥、钻头灯；并适于采用轧制、扭制热变形加工成形新工艺制造钻头
	W6Mo5Cr4V3 (6-5-4-3)	1 200～ 1 220	油	≥63	540～560 （三次）	≥64	制造要求耐磨性和热硬性较高的，耐磨性和韧性较好配合的，形状稍微复杂的刀具，如拉刀、铣刀等

2. 高速工具钢（工作温度可达到 600 ℃）

（1）化学成分

碳质量分数在 0.75％～1.50％，以保证有足够数量的合金碳化物，提高钢的硬度和耐磨性。合金元素含量高，主要加入合金钢元素有 W、Mo、Cr、V。W 元素主要提高热硬性；Mo

元素起提高热硬性、韧性，及消除第二类回火脆性的作用；Cr 元素大大提高淬透性和耐磨性；V 元素起细化晶粒，提高硬度、耐磨性及热硬性的作用。

（2）加工和热处理特点

高速钢的加工工艺路线为：下料→锻造→球化退火→机加工→淬火＋回火→喷砂→磨削

①锻造。高速钢是莱氏体钢，其铸态组织中含有大量粗大共晶碳化物，并呈鱼骨状分布，如图 7-6 所示，这种组织脆性大且无法通过热处理来改善。因此，需要通过反复锻打来击碎鱼骨状碳化物，使其均匀地分布于基体中。可见，对于高速钢而言，锻造具有成形和改善碳化物形态和分布的双重作用。

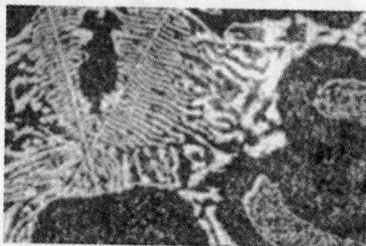

图 7-6　W18Cr4V 钢铸态组织

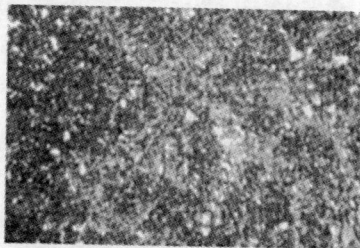

图 7-7　W18Cr4V 钢退火组织

②球化退火。高速钢的预备热处理为球化退火，目的是改善机械加工性能，并为淬火做好准备。退火后的组织为索氏体＋均匀分布的细小粒状碳化物。如图 7-7 所示。

③淬火。高速钢中含有大量的难溶碳化物，它们只有在 1 200 ℃以上才能大量的溶于奥氏体中，以保证钢淬火、回火后获得很高的热硬性，因此其淬火加热温度非常高，一般为 1 220～1 280 ℃。又由于高速钢的导热性很差，淬火温度又高，所以淬火加热时，必须进行一次 800～850 ℃的预热，或二次 500～600 ℃和 800～850 ℃的二次预热。淬火后的组织为淬火马氏体、碳化物和大量残余奥氏体，如图 7-8 所示。

④三次回火。淬火后残余奥氏体量大约为 25％，只有在约 500～570 ℃温度才产生马氏体的明显分解。由于残余奥氏体多，一次回火后仍有 15％左右的残余奥氏体未转变，二次回火后仍有 3％～5％左右的残余奥氏体，三次回火后残余奥氏体才基本转变完成，但仍保留有 1％～2％。回火后组织为极细的回火马氏体、较多颗粒碳化物和少量残余奥氏体。如图 7-9 所示。

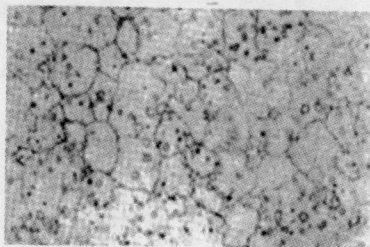

图 7-8　W18Cr4V 钢淬火组织

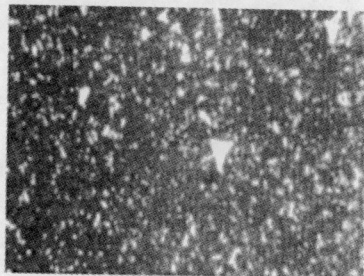

图 7-9　W18Cr4V 钢淬火回火后组织

(3)典型钢种

钨系 W18Cr4V 钢是开发最早、应用最广泛的高速工具钢,它具有较高的热硬性,过热和脱碳倾向小,但由于热塑性差,通常适用于制造一般高速切削刀具,如车刀、铣刀、铰刀等。钨钼系 W6Mo5Cr4V2 钢用钼代替的部分钨,钨的碳化物细小,韧性较好,耐磨性也较好,但热硬性较差,过热与脱碳倾向较大,故适用于制造耐磨性和韧性需要较好配合的刀具,如丝锥、齿轮铣刀、插齿刀等。常用钢种见表 7 - 8。

7.3.2 模具钢

模具钢一般可分为冷作模具钢、热作模具钢和塑料模具钢。

1. 冷作模具钢

(1)用　途

主要用于制造室温下使用的各种模具,如冷冲模、冷镦模、剪切模、拉丝模、冷挤压模。工作时温度不超过 300 ℃。

(2)性能特点

冷作模具工作时承受较大的压力、摩擦和冲击作用,所以要求冷作模具钢应具有很高的硬度和耐磨性、足够的强度和韧性、较高的淬透性和较小的淬火变形倾向性等性能。

(3)化学成分

碳质量分数 $w_c > 0.9\%$,有时高达 2.0% 以上。主要加入元素有 Mn、Cr、W、Mo、V,强化基体,形成碳化物,提高淬透性、硬度和耐磨性等。

(4)热处理特点

预备热处理为球化退火;最终热处理淬火＋低温回火。硬度达 58～60HRC。

(5)常用钢种

9Mn2V、CrWMn 钢价格便宜,加工性能好,能基本满足模具的工作要求;Cr12 型钢,淬火变形小,淬透性好,耐磨性好,用于制作负荷大、尺寸大、形状复杂的模具。常用冷作模具钢的热处理和用途见表 7 - 9。

表 7 - 9　常用冷作模具钢的热处理及用途

钢　种	退火		淬火		回火		用途举例
	温度/℃	硬度 HBW	温度/℃	冷却介质	温度/℃	硬度 HRC	
9Mn2V	750～770	≤229	780～820	油	150～200	60～62	滚丝模、冷冲模、冷压模、塑料模
CrWMn	760～790	190～230	820～840	油	140～160	62～65	冷冲模、塑料模
Cr12	870～900	207～255	950～1 000	油	200～450	58～64	冷冲模、拉延模、压印模、滚丝模
Cr12MoV	850～870	207～255	1 020～1 040	油	150～425	55～63	冷冲模、压印模、冷镦模、冷挤压模
			1 115～1 130	硝盐	510～520	60～62	零件模、拉延模

钢　种	退　火		淬　火		回　火		用途举例
	温度/℃	硬度 HBW	温度/℃	冷却介质	温度/℃	硬度 HRC	
Cr4W2MoV	850～870	240～255	980～1 000	油	260～300	＞60	代替 Cr12MoV 钢
				硝盐	500～540	60～62	
6W6Mo5Cr4V	850～870	179～229	1 020～1 040	油或硝盐	560～580	60～63	冷挤压模（钢件、硬铝件）

2. 热作模具钢

（1）用途

用于制造各种热锻模、热挤压模、压铸模等。工作时型腔表面温度可达 600 ℃。

（2）性能特点

热作模具工作时除受压力、冲击和摩擦外，还受工作温度的作用，所以要求热作模具钢在高温下具有足够的硬度、强度、韧性，要求较高的耐磨性、导热性和较好的抗疲劳能力。大型模具要求较高的淬透性和小的热处理变形。

（3）化学成分

碳质量分数 $w_C = 0.3\% \sim 0.6\%$。主要加入元素有 Cr、Ni、Mn、W、Mo、V。提高淬透性，回火稳定性及耐磨性。其中，Mo、W 还抑制第二类回火脆性，Cr、Si、W 提高热疲劳性能。

（4）热处理特点

热模作具钢的最终热处理一般为淬火后高温（或中温）回火，以获得均匀的回火索氏体（或回火屈氏体）组织，硬度在 40HRC 左右，并具有较高的韧性。

（5）常用钢种

热作模具钢应用较广泛的是 5CrMnMo、5CrNiMo 和 3Cr2W8V，见表 7 – 10。

5CrNiMo 综合性能好，主要用于制造形状复杂、冲击载荷大的大型热锻模。

5CrMnMo 中用 Mn 代替 Ni 虽然价格低、强度不降低，但塑性、韧性及淬透性不如 5CrNiMo 好，一般用于中小型（截面尺寸≤300 mm）热锻模。

3Cr2W8V 具有高的回火稳定性，广泛用于压铸模及热挤压模的制造。目前国内许多厂用 H13(4Cr5MoSiV1) 钢代替 3Cr2W8V 制造热作模具效果良好。

表 7 – 10　热作模具钢的热处理及用途举例

钢　种	淬　火			回　火		用途举例
	温度/℃	冷却介质	硬度 HRC	温度/℃	硬度 HRC	
5CrNiMo	830～860	油	≥47	530～550	43～45	大型锻模（模高＞400 mm）
5CrMnMo	820～850	油	≥50	560～580	40～45	中型锻模（模高 275～400 mm）
6SiMnV	820～860	油	≥56	490～510	39～44	中、小型锻模等
3Cr2W8V	1 050～1 100	油	＞50	560～580（三次）	44～48	高应力压模、螺钉或铆钉热挤压模、热剪切刀、压铸模等
4Cr5MoSiV1	1 000～1 100	油	＞60	550	56～58	小型热锻模、热挤压模、高速精锻模、压力机模具等

3. 塑料模具钢

（1）用　途

用于制造各种橡胶、塑料制品成型模具用钢。

（2）性能特点

应具有一定的硬度和耐磨性，使模具在特定的工作条件下能够保持其形状和尺寸的稳定；应具有足够的强度和韧性，既能承受一定的高压又能承受一定冲击载荷的作用；应具有一定的抗热性能，包括一定的热强性和热硬性、热稳定性、热疲劳抗力和抗粘着性等，以承受模具工作时因强烈的摩擦而产生的局部高温。还应具有良好的冷、热加工性能及热处理工艺性能，制造简单，加工方便，能够保证供应且经济性合理等。

（3）成分和热处理特点

由于模具的使用条件不同，对其材料的要求也不同，所以其成分和热处理的特点也相应不同。

（4）常用钢种

塑料模具用钢种类繁多，常用钢种的牌号及其应用选择列在表 7-11 中。

表 7-11　常用的塑料模具钢类型、牌号、应用及热处理

类　型	牌　号	应用及热处理
非合金型	SM40、SM50、日本 S45C～S58C	具有价格便宜、加工性能好，原料来源方便等优点，用于制造形状简单的小型塑料模具或精度要求不高、使用寿命不需要很长的塑料模具
	T7A～T12A、	仅适于制造尺寸不大受力较小，形状简单以及变形要求不高的塑料模具
渗碳型	20、20Cr、12CrNi3A、12Cr2Ni4、20CrNi4A、20CrMnTi、0Cr4NiMoV(LJ)	主要用于冷挤压成型的塑料模具。为了便于冷挤压成型，这类钢在退火时必须有高的塑性和低的变形抗力，因此，对这类钢要求有低的或超低的碳含量，为了提高模具的耐磨性，这类钢在冷挤压成型后一般都进行渗碳和淬火、回火处理，表面硬度可达 58～62HRC
淬硬型	9CrWMn、9SiCr、Cr12、Cr12MoV、5CrMnMo、5CrNiMo	低合金冷作模具钢主要用于制造尺寸较大、形状较复杂和精度较高的塑料模具；Cr12 型钢适于制造要求高耐磨性的大型、复杂和精密的塑料模具；热作模具钢适于制造有较高强韧性和一定耐磨性的塑料模具。这些钢的最终热处理一般是淬火和低温回火（少数采用中温回火或高温回火），热处理后的硬度通常在 45HRC 以上
预硬型	3Cr2Mo(P20)、3Cr2NiMo(P4410)、8Cr2MnWMoVS(8Cr2S)、5CrNiMnMoVSCa(5NiSCa)、Y55CrNiMnMoV(SM1)	预硬钢供应时已预先进行了热处理，并使之达到模具使用态硬度的钢。这类钢的特点是在硬度 30～40HRC 的状态下可以直接进行成型加工，精加工后可直接交付使用，这就完全避免了热处理变形的影响，从而保证了模具的制造精度。最适宜制作形状复杂的大、中型精密塑料模具

类　型	牌　号	应用及热处理
时效硬化型	25CrNi3MoAl、 18Ni 类钢 06Ni6CrMoVTiAl(06Ni)、 10Ni3MnCuAlMoS （ PMS ）、 Y20CrNi3AlMnMo(SM2)	碳含量低、合金度较高,经高温淬火(固溶处理)后,钢处于软化状态,组织为单一的过饱和固溶体。适宜制造高硬度、高强度和高韧性的精密塑料模具。采用此类钢制造塑料模具时,可在固溶处理后进行模具的机械成型加工,然后通过时效处理,使模具获得使用状态的强度和硬度,有效地保证了模具最终尺寸和形状的精度
耐腐蚀型	3Cr13、4Cr13、9Cr18、1Cr17Ni2、 0Cr16Ni4Cu3Nb(PCR)	主要用在生产以化学性腐蚀塑料(如聚氯乙烯或聚苯乙烯添加抗燃剂等)为原料的塑料制品的模具。PCR 钢属于析出硬化不锈钢,硬度为 32～35HRC 时可进行切削加工。该钢再经 460～480℃时效处理后,可获得较好的综合力学性能

7.3.3　量具钢

1. 用　途

用于制造各种测量工件尺寸的测量工具,如直尺、卡尺、千分尺、块规等。

2. 性能特点

为了保证测量精度,量具本身必须具备较高的精度,所以要求制造量具用钢必须具有高硬度、高耐磨性、高的尺寸稳定性以及淬火变形倾向小等性能。

3. 化学成分

与低合金刃具钢相似,为高碳,碳质量分数 $w_c = 0.9\% \sim 1.5\%$。主要加入元素有 Cr、Mn、W 等元素。

4. 热处理特点

热处理方法与低合金刃具钢相似,预备热处理为球化退火,最终热处理采用淬火＋低温回火。为减少量具的变形和提高其尺寸稳定性,其淬火温度尽量降低。对于精度要求高的量具,淬火后立即进行－70～－80℃的冷处理,然后进行低温回火和 120～130℃长时间时效处理。有时磨削后还要进行保温 120～130℃,8 h 的时效处理,甚至进行多次。

5. 常用钢种

量具无专用制造钢种。量具用钢的选用如表 7－12 所列。

表 7－12　量具用钢的选用举例

钢的类别	选用钢号	量具用途
碳素工具钢	T10A、T11A、T12A、	尺寸小、精度不高、形状简单的量规、塞规、样板等
渗碳钢	15、20、15Cr	精度不高,耐冲击的卡板、样板、直尺等
低合金工具钢	CrMn、9CrWMn、CrWMn	块规、螺纹塞规、环规、样柱、样套等
滚珠轴承钢	GCr15	块规、塞规、样柱等
冷作模具钢	9Mn2V、Cr2Mn2SiWMoV	各种要求精度的量具
不锈钢	4Cr13、9Cr18	要求精度高和耐腐蚀性的量具

7.4　特殊性能钢

特殊性能钢是指具有特殊物理、化学、力学性能的钢。用于制造在特殊条件下工作的零件或结构件。常用的有不锈钢、耐热钢、耐磨钢。

7.4.1　不锈钢

不锈钢是不锈钢和耐酸钢的总称，常简称为不锈钢。所谓不锈钢是指在大气或弱腐蚀性介质(如水蒸气等)中能够抵抗腐蚀的钢。所谓耐酸钢是指在强腐蚀性介质(酸、碱、盐)溶液中能够抵抗腐蚀的钢。由此看来，不锈钢不一定耐酸，而耐酸钢却具有不锈的性能。

1. 金属的腐蚀

腐蚀是指金属表面与周围介质相互作用，使金属基体受到破坏的现象。根据腐蚀的原理不同，分为化学腐蚀和电化学腐蚀两大类。化学腐蚀是指金属与周围介质直接接触产生化学反应而产生的腐蚀。腐蚀过程中无电流产生，如钢在高温下的氧化、脱碳。电化学腐蚀是金属与电解质溶液接触产生原电池作用引起的腐蚀现象。腐蚀过程中有电流产生，如大气腐蚀、在各种电解液中的腐蚀等。金属的腐蚀绝大多数是由电化学腐蚀引起的，电化学腐蚀比化学腐蚀快得多，危害性也更大。

2. 用　途

主要用于制造在各种腐蚀介质中工作的零件或构件。如化工装置中的各种管道、阀门和泵，防锈刀具和量具、医疗手术器械等。

3. 性能特点

良好的耐蚀性是不锈钢的最大特点。此外，它还具有较高的强度和较好的韧性，以及良好的焊接性能和冷变形性能。

4. 化学成分

大多数不锈钢的碳含量 $w_C = 0.10\% \sim 0.20\%$，对用于制造刃具等不锈钢的碳含量则较高 $w_C = 0.85\% \sim 0.95\%$。碳含量越低，耐蚀性越好。

铬是不锈钢提高耐蚀性的主要元素。铬在钢的表面可形成一层致密的氧化薄膜(Cr_2O_3)，薄膜与金属基体结合很牢固，能保护钢免受外界介质的进一步氧化侵蚀。当 $w_{Cr} > 11.7\%$ 时，还可以使钢的基体组织的电极电位提高，减小电位差，从而阻止形成微电池，提高抗蚀性。因此，不锈钢中含铬量都较高，一般都大于12%。钢中含铬量越高，钢的耐蚀性越好。

镍、钼、锰也能提高钢的耐蚀性，特别是镍含量较高时，钢的耐蚀性大大提高，并能提高钢的塑性、韧性和焊接性能。

5. 常用不锈钢

根据其组织类型，可分为马氏体不锈钢、铁素体不锈钢和奥氏体不锈钢三种类型。常用不锈钢的牌号、成分、热处理工艺及用途见表7-13。

表 7－13 常用不锈钢的成分、热处理和用途举例

类别	钢 号	化学成分			热处理		用途举例
		$w_C/\%$	$w_{Cr}/\%$	其他 $w_{Me}/\%$	淬火/℃	回火/℃	
马氏体钢	1Cr13	≤0.15	12～14	—	1 000～1 050 水、油	700～790	汽轮机叶片、水压机阀、螺栓、螺母等抗弱腐蚀介质并承受冲击的零件
	2Cr13	0.16～0.25	12～14	—	1 000～1 050 水、油	660～770	
	3Cr13	0.26～0.40	12～14	—	1 000～1 050 油	200～300	做耐磨的零件，如加油泵轴、阀门零件、轴承、弹簧以及医疗器械
	4Cr13	0.35～0.45	12～14	—	1 000～1 050 油	200～300	
铁素体钢	1Cr17	≤0.12	16～18	—	—	750～800	硝酸工厂、食品工厂的设备
	1Cr17Ti	≤0.12	16～18	Ti:5×C ～0.8%	—	700～800	同 1Cr17，但晶间腐蚀抗力较高
奥氏体钢	0Cr18Ni9	≤0.08	17～19	Ni:8 ～10.5%	固溶处理 1 000～1 050 水	—	深冲零件、焊 NiCr 钢的焊芯
	1Cr18Ni9	0.04～0.10	17～19	Ni:8%～11%	固溶处理 1 100～1 150 水	—	耐硝酸、有机酸、盐、碱溶液腐蚀的设备
	1Cr18Ni9Ti	≤0.12	17～19	Ni:8%～11% Ti:0.8～5(C%－0.02%)	固溶处理 1 000～1 100 水	—	做焊芯、抗磁仪表、医疗器械、耐酸容器、输送管道

（1）马氏体不锈钢

属铬不锈钢，通常称为 Cr13 型不锈钢。其碳质量分数一般为 $w_C=0.10\%\sim0.40\%$，比铁素体和奥氏体不锈钢都高，铬的质量分数为 $w_{Cr}=12\%\sim14\%$，其淬透性较高，通常在油中淬火，甚至在空气中淬火都可获得马氏体组织，所以称其为马氏体不锈钢。马氏体不锈钢的耐蚀性稍差，但强度硬度高，适用于制造力学性能要求高，耐蚀性要求低的构件。

（2）铁素体不锈钢

也属于铬不锈钢。其碳质量分数一般在 0.12% 以下，铬的质量分数为 $w_{Cr}=12\%\sim30\%$，含碳量低，含铬量高。这类钢具有单相铁素体组织，耐腐蚀性、塑性及焊接性能均高于马氏体不锈钢，但强度较低，主要用于制作耐蚀性要求高，而强度要求不高的构件。

（3）奥氏体不锈钢

属于铬镍不锈钢，通常称为 18－8 型不锈钢。其碳质量分数大多在 0.10% 左右，铬的质量分数为 $w_{Cr}=17\%\sim19\%$，镍的质量分数为 $w_{Ni}=8\%\sim11\%$。常用的是 1Cr18Ni9Ti 不锈钢。这类钢具有单一的奥氏体组织，有很好的塑韧性、耐腐蚀性，优良的抗氧化性和高的力学性能，在工业上应用最为广泛。

7.4.2　耐热钢

耐热钢是指在高温下具有热稳定性和热强性的特殊合金钢。

1. 用　途

主要用于制造工业加热炉、高压锅炉、汽轮机、内燃机、航空发动机、热交换器等在高温下工作的构件和零件。

2. 性能特点

主要是要求其耐热性要好。钢的耐热性包括两个方面：一是高的热稳定性，即具有高温抗氧化能力；二是高的热强性，即具有高的抗蠕变能力和持久强度能力。除耐热性外，还应具有适当的物理性能，以及较好的加工工艺性能。

3. 化学成分

为了提高钢的抗氧化性能，加入 Cr、Si 和 Al 合金元素，在钢的表面形成完整稳定的氧化物保护膜。为提高钢的热强性，加入 Ti、Nb、V、W、Mo、Ni 等合金元素。

4. 常用钢种

耐热钢按性能和用途可分为抗氧化钢和热强钢。

（1）抗氧化钢

在高温下有较好的抗氧化性且有一定强度的钢种称为抗氧化钢。多用来制造炉用零件和热交换器，如燃气轮机燃烧室、锅炉吊钩、加热炉底板和辊道以及炉管等。典型钢种有 3Cr18Ni25Si2、2Cr20Mn9 和 3Cr18Mn12Si2N 三种奥氏体类型钢，它们不仅具有良好抗氧化性，而且有抗硫腐蚀和抗渗碳能力，还能进行剪切、冷热冲压和焊接。

（2）热强钢

在高温下有一定抗氧化能力和较高强度以及良好组织稳定性的钢种称为热强钢。按组织不同可分为珠光体型、马氏体型和奥氏体型。

①珠光体型。这类钢在 600 ℃以下温度范围内使用。常加入的合金元素有 Cr、Mo、W、V 等，合金元素总量一般不超过 3%～5%，由于这类钢中合金元素含量少，因而其膨胀系数小，导热性好，并具有良好的冷、热加工性能和焊接性能，广泛用于制造工作温度低于 600 ℃的锅炉及管道、压力容器、汽轮机转子等。常用牌号有 12CrMo、15CrMo、25Cr2MoVA 等。

②马氏体型。这类钢淬透性好，空冷就能得到马氏体。它包括两种类型，一类是低碳高铬钢，是在 Cr13 型不锈钢基础上加入 Mo、W、V、Ti、Nb 等合金元素，而形成的马氏体耐热钢。在 500 ℃以下具有良好的蠕变抗力和优良的消振性，最宜制造汽轮机的叶片，故又称叶片钢。常用的牌号有 1Cr11MoV、1Cr12WMoV 等。另一类是中碳铬硅钢，其抗氧化性好、蠕变抗力高，还有较高的硬度和耐磨性。主要用于制造使用温度低于 750 ℃的发动机排气阀，故又称气阀钢。常用的牌号有 4Cr9Si2、4Cr10Si2Mo 等。

③奥氏体型。是在奥氏体不锈钢的基础上加入了 W、Mo、V、Ti、Nb、Al 等合金元素，而形成的奥氏体耐热钢。合金加入总量大大超过 10%，具有高的热强性和抗氧化性，高的塑性和冲击韧性，良好的可焊性和冷成形性。主要用于制造工作温度在 600～850 ℃间的高压锅炉过热器、汽轮机叶片、叶轮、发动机气阀等。常用的牌号有 1Cr18Ni9Ti、4Cr14Ni14W2Mo 等。

表 7 - 14 常用耐热钢的成分、热处理和用途举例

类别	牌号	化学成分/%					热处理/℃		用途举例
		C	Si	Mn	Cr	其他	淬火	回火	
珠光体型	12CrMo	0.18～0.15	0.17～0.37	0.40～0.70	0.40～0.70	Mo 0.40～0.55	900空	650空	正火后用于 510 ℃的锅炉及汽轮机的主汽管,≤540 ℃的导管、过热器管,淬火后可制造各种高温弹性零件
	15CrMo	0.12～0.18	0.17～0.37	0.40～0.70	0.80～1.10	Mo 0.40～0.55	900空	650空	正火后用于 510 ℃的锅炉过热器、主汽管、中高压蒸汽导管及联箱,淬火回火后可制造各种常温工作的重要零件
	12CrMoV	0.08～0.15	0.17～0.37	0.40～0.70	0.30～0.60	Mo 0.25～0.35 V 0.15～0.30	970空	750空	用于小于≤540 ℃的汽轮主汽管、转向导叶环、隔板及≤570 ℃过热器管、导管
	25Cr2MoVA	0.22～0.29	0.17～0.37	0.40～0.70	1.50～1.80	Mo 0.25～0.35 V 0.15～0.30 P、S≤0.025	900油	640空	≤570 ℃的螺母,<530 ℃的螺栓,510 ℃长期工作的紧固件,汽轮机整体转子、套筒、主汽阀、调节阀
马氏体	1Cr5Mo	≤0.15	≤0.50	≤0.60	4.00～6.00	Mo 0.45～0.60 Ni ≤0.60	900～950油	600～700空	作再热蒸汽管、石油裂解管、锅炉吊架、汽轮机汽缸衬套、泵的零件、阀、活塞杆、高压加氢设备部件、紧固件
	4Cr9Si2	0.35～0.50	2.00～3.00	≤0.70	8.00～10.0	Ni≤0.60	1020～1040油	700～780油	有较高的热强性,作内燃机进气阀、轻负荷发动机的排气阀
	4Cr10Si2Mo	0.35～0.45	1.90～2.60	≤0.70	9.00～10.5	Mo 0.70～0.90 Ni≤0.60	1010～1040油	720～760油	
	1Cr11MoV	0.11～0.18	≤0.50	≤0.60	10.0～11.5	Mo 0.50～0.70 V 0.25～0.40 Ni≤0.60	1050～1100空	720～740空	有较高的热强性,良好的减振性及组织稳定性,用于透平叶片及导向叶片
	1Cr12WMoV	012～0.18	≤0.50	0.50～0.90	11.0～13.0	Mo 0.50～0.70 V 0.18～0.30 W 0.70～1.10	1000～1050油	680～700空	有较高的热强性,良好的减振性及组织稳定性,用于透平叶片、紧固件、转子及轮盘

类别	牌　号	化学成分/％					热处理/℃		用途举例
		C	Si	Mn	Cr	其　他	淬　火	回　火	
奥氏体	1Cr16Ni35	≤0.15	≤1.50	≤2.00	14.0～17.0	Ni 33.0～37.0	固溶 1 030～1 180 快冷		抗渗碳、渗氮性大的钢种，1 035 ℃以下反复加热。炉用钢料、石油裂解装置
	0Cr18Ni9	≤0.07	≤1.50	≤2.00	17.0～19.0	Ni 8.00～11.00	固溶 1 010～1 150 快冷		通用耐氧化钢，可承受 870 ℃以下反复加热
	4Cr14Ni14W2Mo	0.40～0.50	≤0.80	≤0.70	13.0～15.0	Ni 13.00～15.00 W 2.00～2.75	退火 820～850 快冷		有较高的强热性，用于内燃机重负荷排气阀
	1Cr18Ni9Ti	≤0.12	≤1.50	≤2.00	17.0～19.0	Ni 8.00～11.00	固溶 920～1 150 快冷		有良好的耐热性及抗腐蚀性，作加热炉管、燃烧室筒体、退火炉罩
	0Cr18Ni10Ti	≤0.08	≤1.50	≤2.00	17.0～19.0	Ni 8.00～11.00	固溶 920～1 150 快冷		在 400～900 ℃腐蚀条件下使用的部件，高温用焊接结构部件

7.4.3　耐磨钢

1. 用　途

主要用于制造在运转中承受严重磨损和强烈冲击的零件，如挖掘机、拖拉机、坦克的履带板、球磨机的衬板等。

2. 性能特点

要求零件表面具有高的硬度和耐磨性，心部具有韧性好、强度高的特点。

3. 化学成分

高锰钢能满足上述性能要求，它是重要的耐磨钢。高锰钢的成分特点是高碳、高锰，碳的质量分数为 1.0％～1.3％，以保证高的耐磨性；锰的质量分数为 11.5％～14.5％，以保证形成单相奥氏体组织。

4. 热处理及常用钢种

高锰钢的牌号主要有 ZGMn13 - 1 到 ZGMn13 - 5，见表 7 - 15。由于这种钢机械加工比较困难，基本上都是铸造成型。铸态高锰钢表现出硬而脆、耐磨性差的特性，不能实际应用。为了使高锰钢全部获得奥氏体组织，须进行"水韧处理"。所谓水韧处理是将钢加热至 1 060～1 100 ℃，保温一段时间，使钢中碳化物能全部溶解到奥氏体中去，然后迅速在水中冷却，获得单一的奥氏体组织，这时它的硬度并不高，在 180～220HB 范围，而韧性很高，当它在受到剧烈冲击或较大压力作用时，表面层奥氏体将迅速产生加工硬化，并发生马氏体转变，使表面层硬度提高到 50HRC 以上，获得高硬度、高耐磨性，而其心部则仍维持原来的高韧性状态。

表 7 – 15　高锰钢的牌号、化学成分、力学性能和用途

牌　号	化学成分/%						力学性能①（不小于）					用途举例
	C	Mn	Si	S≤	P	其他	σ_s/ MPa	σ_b/ MPa	δ_5/ %	α_k/ (J·cm^{-2})	HBS ≤	
ZGMn13 – 1	1.00~ 1.45	11.0~ 14.0	0.30~ 1.00	0.040	0.090	—	—	685	20	—	—	适用于铸造形状简单的低冲击耐磨件，如破碎壁、辊套、齿板、衬板、铲齿等
ZGMn13 – 2	0.09~ 1.35	11.0~ 14.0	0.30~ 1.00	0.040	0.070	—	—	685	25	147	300	
ZGMn13 – 3	0.95~ 1.35	11.0~ 14.0	0.30~ 0.80	0.035	0.070	—	—	735	30	147	3 000	用于结构复杂并以韧性为主的承受强烈冲击载荷的零件，如斗前壁、提梁和履带板等
ZGMn13 – 4	0.90~ 1.30	11.0~ 14.0	0.30~ 0.80	0.070	Cr1.50 ~2.50	390	735	20	300			
ZGMn13 – 5	0.75~ 1.30	11.0~ 14.0	0.30~ 1.00	0.040	0.070	Mo0.90 ~1.20	—					特殊耐磨件，如自固型无螺栓磨煤机衬板等

注：①力学性能为经水韧处理后试样的数据。

复习思考题

1. 名词解释

二次硬化　回火脆性　回火稳定性　过冷奥氏体　热硬性

2. 判断题

(1)20 钢比 T12 钢的碳质量分数要高。

(2)在退火状态(接近平衡组织)45 钢比 20 钢的塑性和强度都高。

(3)合金元素溶于奥氏体后,均能增加过冷奥氏体的稳定性。

(4)所有的合金元素都能提高钢的淬透性。

(5)合金元素对钢的强化效果主要是固溶强化。

(6)T8 钢与 20MnVB 相比,淬硬性和淬透性都较低。

(7)T8 钢比 T12 和 40 钢有更好的淬透性和淬硬性。

(8)调质钢的合金化主要是考虑提高其红硬性。

(9)合金元素均在不同程度上有细化晶粒的作用。

(10)40Cr 钢是合金渗碳钢。

3. 比较 9SiCr、Cr12MoV、5CrMnMo、W18Cr4V 等四种合金工具钢的成分、性能和用途差异。

4. 今有 W18Cr4V 钢制铣刀,试制定其加工工艺路线,说明热加工工序的目的,淬火温度为什么要高达 1 280 ℃?淬火后为什么要进行三次高温回火?能不能用一次长时间回火代替?

5. 耐磨钢(ZGMn13)和奥氏体不锈钢的淬火目的与一般钢的淬火目的有何不同?耐磨钢的耐磨原理与工具钢有什么差异?

6. 为什么有些合金钢能在室温下获得稳定的单相奥氏体组织(奥氏体钢)或单相铁素体组织(铁素体钢)?

7. 什么是钢的回火稳定性和"二次硬化"? 它们在实际应用中有何意义?

8. 9SiCr 钢和 W18Cr4V 钢在性能方面有何区别? 生产中能否将它们相互代用?

9. 为什么小型热锻模选用 5CrMnMo 钢制造而大型热锻模宜选用 5CrNiMo 钢制造?

10. 某连杆螺栓,要求 $\sigma_b \geqslant 950$ MPa, $\sigma_s \geqslant 700$ MPa, $A_k \geqslant 45$ J,试选一材料,制定最终热处理工艺,指出最终组织。(待选材料:20CrMnTi、GCr15、T10、40Cr、Q235)

11. 给下列零件编制工艺流程,制定热处理方法,并指出其作用,最终热处理后各部位组织和性能。(轴颈要求耐磨)

(1)20Cr 主轴

(2)40Cr 主轴

(3)38CrMoAl 主轴

(4)45Mn2 齿轮

(5)38CrMoAl 精密机床齿轮

12. 下列钢号属于何种钢? 说明其数字含义及主要用途。

16Mn、15MnV、Cr12MoV、5CrMnMo、3Cr2W8V、38CrMoAl、40Cr、20CrMnTi、18Cr2Ni4、CrWMn、65Mn、60Si2Mn、GCr15、GCr15SiMn、9SiCr、9Mn2V、4Cr13、1Cr18Ni9Ti、1Cr17、1Cr11MoV、T10、ZGMn13、W18Cr4V、W6Mo5Cr4V2、3Cr18Mn12Si2N

第8章 铸 铁

8.1 概 论

8.1.1 铸铁的成分、性能和应用特点

在铁碳相图中,含碳量大于 2.11% 的铁碳合金称为铸铁。工业上常用铸铁的成分范围是:2.5%~4.0%C,1.0%~3.0%Si,0.5%~1.4%Mn,0.01%~0.50%P,0.02%~0.20%S。除此之外,尚含有一定量的合金元素,如 Cr、Mo、V、Cu、Al 等。铸铁与钢在成分上的主要不同是:铸铁含碳和含硅量较高,杂质元素硫、磷也较高。

由于铸铁的含碳量、含硅量较高,使得铸铁中的碳大部分不再以化合状态(Fe_3C)存在,而以游离的石墨状态存在。因此,虽然与钢相比,铸铁的强度、塑性和韧性较差,不能进行锻造,但它却具有一系列优良的性能,如良好的铸造性、减摩性和切削加工性等。而且它的生产设备和工艺简单,价格低廉,因此铸铁在机械制造上得到了广泛的应用。特别是近年来由于稀土镁球墨铸铁的发展,更进一步打破了钢与铸铁的使用界限,不少过去使用碳钢和合金钢制造的重要零件,如曲轴、连杆、齿轮等,如今已可采用球墨铸铁来制造,"以铁代钢"、"以铸代锻"。这不仅为国家节约大量的优质钢材,而且还大大减少了机械加工工时,降低了产品的成本。

铸铁之所以具有一系列优良的性能,除了因为它的含碳量较高,接近于共晶合金成分,使得它的熔点低、流动性好以外,而且还因为它的含碳和含硅量较高,使得其中的碳大部分不再以化合状态(Fe_3C)而以游离的石墨状态存在。铸铁组织的一个特点就是其中含有石墨,而石墨本身具有润滑作用,因而使铸铁具有良好的减摩性和切削加工性。

8.1.2 铸铁的石墨化过程

将铸铁在高温下进行长时间加热时,其中的渗碳体便会分解为铁和石墨($Fe_3C \rightarrow 3Fe + C$)。铸铁组织中石墨的形成叫做"石墨化"过程。可见,碳呈化合状态存在的渗碳体并不是一种稳定的相,它只不过是一种亚稳定的状态;而碳呈游离状态存在的石墨则是一种稳定的相。因此,对铁碳合金的结晶过程来说,实际上存在两种相图,如图 8-1 所示,其中实线部分即为在前面所讨论的亚稳定的 $Fe-Fe_3C$ 相图,而虚线部分则是稳定的 $Fe-G$ 相图。视具体合金的结晶条件不同,铁碳合金可以全部或部分按照其中的一种或另一种相图进行结晶。

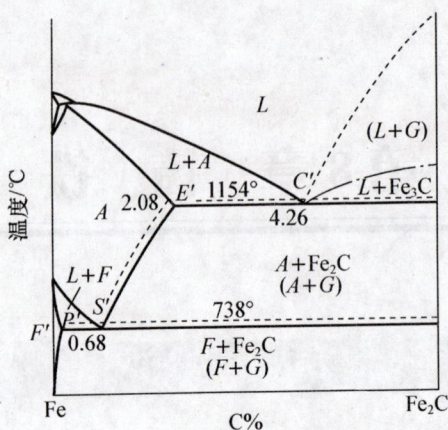

图 8-1 铁碳合金的两种相图

假设铸铁结晶全部按照 Fe-G 相图进行,则铸铁(2.5%~4.0%C)的石墨化过程分为如下三个阶段:

第一阶段,称为高温石墨化阶段,它指从过共晶铸铁液体中结晶出一次石墨(G_I);共晶铸铁在 1 154 ℃时通过共晶反应而形成石墨($L_{C'} \rightarrow A_{E'} + G$ 共晶);

第二阶段,称为中间石墨化阶段,即在 738~1154 ℃范围内冷却过程中,自奥氏体中不断析出二次石墨(G_{II})。

第三阶段,称为低温石墨化阶段,即在 738 ℃时通过共析反应而形成石墨($A_{S'} \rightarrow F_{P'} + G$)。

一般说来,铸铁自高温冷却的过程中,由于具有较高的原子扩散能力,故其第一和第二阶段的石墨化是较易进行的,即通常都能按照 Fe-G 相图进行结晶,凝固后得到(A+G)的组织;而随后在较低温度下的第三阶段的石墨化,则常因铸铁的成分及冷却速度等条件的不同,而被全部或部分地抑制,从而会得到三种不同的组织,即 F+G、F+P+G、P+G。

8.1.3 影响铸铁石墨化的因素

影响铸铁石墨化程度的主要因素是铸铁的成分和铸件的冷却速度。

(1)化学成分的影响

C 和 Si 是有效促进石墨化的元素,其余促进石墨化的元素有 Al、Cu、Ni、Co 等。另一类是阻止石墨化的元素,如 S、Mn、Cr、W、Mo、V。S 增加 Fe 和 C 原子的结合力,并且形成的 FeS 又阻碍 C 原子的扩散,故强烈阻止石墨化。而锰因为可以与硫形成 MnS,减弱硫的有害作用,所以虽然它也是阻止石墨化的元素,但允许其含量在 0.5%~1.4%。

(2)铸件冷却速度的影响

铸铁的冷却速度越慢,越有利于扩散,对石墨化越有利。在高温下长时间保温也有利于石墨化。

8.1.4 铸铁的分类

根据铸铁在结晶过程中的石墨化程度不同,铸铁的种类可分为灰口铸铁、白口铸铁和麻口铸铁等。

①灰口铸铁,即在第一和第二阶段石墨化的过程中都得到了充分石墨化的铸铁,其断口为暗灰色,工业上所用的铸铁几乎全部都属于这类铸铁。

②白口铸铁,即第一、二和三阶段的石墨化全部都被抑制,完全按照$Fe-Fe_3C$相图进行结晶而得到的铸铁。这类铸铁组织中的碳全部呈化合碳的状态,形成渗碳体,并具有莱氏体的组织,其断口白亮,性能硬脆,工业上应用不多,主要用作炼钢原料。

③麻口铸铁,即第一阶段石墨化过程中未得到充分石墨化的铸铁。其组织介于灰口与白口之间,含有不同程度的莱氏体,也具有较大的硬脆性,工业也很少应用。

根据铸铁中石墨结晶形态的不同,又可分为灰口铸铁、可锻铸铁、球墨铸铁和蠕墨铸铁。

8.2 灰口铸铁

灰口铸铁的组织特点是具有片状石墨,其基体组织则分三种类型:铁素体、珠光体及铁素体加珠光体,如图8-2所示。

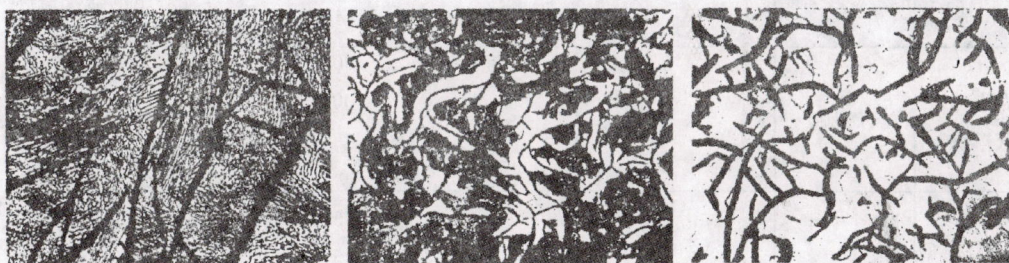

(a)珠光体灰铸铁×200　　(b)铁素体+珠光体灰铸铁×200　　(c)铁素体灰铸铁×200

图8-2 灰口铸铁的三种显微组织

实际铸件是否得到灰口组织和得到何种基体组织,主要视其结晶过程的石墨化程度如何。故为了使铸件在浇铸后得到灰口,且不至含有过多的粗大的片状石墨,通常把铸铁的成分控制在2.5%～4.0%C及1.0%～3.0%Si。

与普通钢材相比,灰口铸铁具有以下性能特征。

1. 力学性能低

抗拉强度和塑性韧性远低于钢铁,这是由灰口铸铁的组织特征决定的。一般可把灰口铸铁的组织看做是"钢的基体"加上片状石墨的夹杂。因为石墨片的强度极低,故又可近似地把它看做是一些"微裂缝",从而可把灰口铸铁看做是"含有许多微裂缝的钢"。由于这些微裂缝(片状石墨)的存在,不仅割断了基体的连续性,而且在其尖端处还会引起应力集中,所以灰口铸铁的抗拉强度、塑性和韧性远不及钢。

2. 工艺性能好

如铸铁的优良的铸造性,不仅表现在它具有较高的流动性,而且还因为铸铁在凝固过程中会析出比容较大的石墨,从而减少其收缩性。由于石墨具有割裂基体连续性的作用,从而使铸铁的切屑易脆断,具有良好的切削加工性。

3. 优异的耐磨性、减震性和低的缺口敏感性

由于石墨本身的润滑作用,以及当它从铸件表面上掉落时所遗留的孔洞具有存油的能力,故铸铁又有优良的耐减摩性。此外,由于石墨的组织松软,能够吸收震动,因而又使铸铁具有良好的减震性。加之片状石墨本身就相当于许多微缺口,故铸铁尚具有低的缺口敏感性。

正由于灰口铸铁具有以上一系列的优点,因而被广泛地用来制作各种承受压力和要求消震性的床身、机架,结构复杂的箱体、壳体和经受摩擦的导轨和缸体等。

表 8-1 为我国国家标准 GB9439-88 所规定的灰口铸铁的牌号、性能及其应用举例。牌号中的符号 HT 表示灰口铸铁,后面的数字表示其抗拉强度的最低值。

需要强调的是,表中所列的各种铸铁牌号的性能均对应有一定的铸件壁厚尺寸,也就是说,在根据零件的性能要求选择铸铁牌号时,必须同时注意到零件的壁厚尺寸。若零件的壁厚过大或过小而表中所列的数据不适合时,则根据具体情况提高或降低铸铁的牌号。

表 8-1 灰口铸铁的牌号、力学性能及用途(摘自 GB 9439-88)

铸铁类别	牌 号	铸件壁厚/mm	铸件最小抗拉强度 σ_b/MPa	适用范围及举例
铁素体灰口铁	HT100	2.5~10	130	低负荷和不重要的零件,如盖、外罩、手轮等
		10~20	100	
		20~30	90	
		30~50	80	
铁素体+珠光体灰口铁	HT150	2.5~10	175	承受中等应力的零件,支柱、底座、齿轮箱等
		10~20	145	
		20~30	130	
		30~50	120	
珠光体灰口铁	HT200	2.5~10	220	承受较大应力和较重要的零件,如气缸、齿轮、机座等
		10~20	195	
		20~30	170	
		30~50	160	
	HT250	4.0~10	270	
		10~20	240	
		20~30	220	
		30~50	200	
孕育铸铁	HT300	10~20	290	承受高弯曲应力及抗拉应力的重要零件,如齿轮、凸轮、床身、高压液压筒等
		20~30	250	
		30~50	230	
	HT350	10~20	340	
		20~30	290	
		30~50	260	

普通灰口铸铁的主要缺点是因片状石墨的存在而机械性能较低。所以要改善灰口铸铁

的机械性能,首先应从改变其石墨片的含量和尺寸考虑。石墨片愈少、愈细、愈均匀,铸铁的机械性能便愈高。而铸铁中石墨片的含量,主要是与其含碳量和含硅量、尤其是含碳量有关。因此首先应将含碳量尽量降低,并同时适当降低含硅量,以降低石墨化程度,以便得到以珠光体为基的基体组织。但由此所带来的困难是会加大铸铁形成白口的倾向,尤其是在铸件的壁厚尺寸较小时,更难免形成白口或麻口组织。为此可在铸铁浇铸之前向铁水中加入少量的变质剂(或叫孕育剂,硅铁和钙铁合金,加入量一般为铁水总重量的 0.4% 左右)进行变质处理(或叫孕育处理),使在铸铁的凝固过程中产生大量的人工晶核,以促进石墨的形核和结晶;这样不仅可以防止白口,而且还可使石墨片的结晶显著细化。

经过孕育处理后的铸铁称为孕育铸铁,不仅强度有很大提高,而且塑性和韧性也有所改善。因此,孕育铸铁常用于力学性能要求较高、截面尺寸变化较大的大型铸铁件。

由于热处理只能改变灰口铸铁的基体组织,而不能改变其石墨片形状、数量、大小和分布状态,故利用热处理来提高灰口铸铁的机械性能的效果并不大。灰口铸铁的热处理主要用来消除应力和白口组织、改善切削加工性能、稳定尺寸、提高表面硬度和耐磨性等。通常仅应用如下少数几种热处理工艺:

1. 消除应力的退火

铸件在冷却的过程中,因各部位的冷却速度不同,常会产生很大的内应力,导致铸件变形或开裂。所以,凡大型、复杂的铸件或精度要求较高的铸件(如床身、机架等)在铸件开箱之后或切削加工之前,通常都要进行低温退火(也称时效处理)来消除部分应力。一般可在铸件开箱之后立即转入 100~200 ℃ 的炉中,随炉缓慢升温至 500~600 ℃,经长时间的保温(一般 4~8 h)后缓冷。

2. 消除白口组织,改善切削加工性能的高温退火

铸件的表层及一些薄壁处,由于冷速较快(特别是用金属模浇铸时),常不免会出现白口,致使切削加工难以进行。为了降低硬度,改善切削加工性,必须在共析温度以上高温退火,即加热至 850~900 ℃,保温 2~5 h,使渗碳体分解为石墨,而后随炉缓慢冷却至400~500 ℃,再出炉空冷,以消除白口、降低硬度和改善切削加工性能。

3. 表面淬火

有些大型铸件的工作表面需要有较高的硬度和耐磨性,如机床导轨的表面及内燃机车气缸套的内壁等,常需表面淬火。表面淬火的方法有高频表面淬火、火焰表面淬火、激光表面淬火和电加热表面淬火等多种工艺。

4. 淬 火

对珠光体基体灰口铸铁进行的 850~870 ℃ 加热,浸入油中淬火,随后进行 150~250 ℃ 回火,获得回火马氏体基体,以提高其耐磨性。

8.3 可锻铸铁

可锻铸铁俗称玛钢(马铁)。它是白口铸铁在固态下经长时间石墨化退火,使渗碳体分解而获得团絮状石墨的铸铁。在退火过程中,根据共析反应时的冷速不同,可锻铸铁的基体组织可分为铁素体和珠光体两种,如图 8-3 所示。由于石墨呈团絮状,减轻了石墨对金属基体的割裂作用和应力集中,因而可锻铸铁相对灰口铸铁有较高的强度,塑性和韧性也有很大的提高。因其具有一定的塑性变形的能力,故得名可锻铸铁,实际上可锻铸铁并不能锻造。

可锻铸铁的生产必须经过两个步骤,即先要浇铸成为白口铸铁,再经石墨化退火而成。为保证在通常的冷却条件下得到完全的白口,可锻铸铁的必须含较低的碳量和硅量,其成分通常为:2.2%~2.8%C,1.2%~2.0%Si,0.4%~1.2%Mn,≤0.1%P,≤0.2%S。

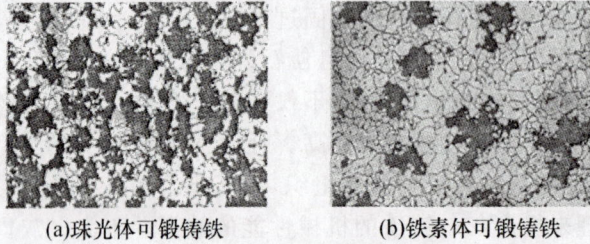

(a)珠光体可锻铸铁　　　(b)铁素体可锻铸铁

图 8-3　可锻铸铁的显微组织

我国各种可锻铸铁的牌号性能和用途如表 8-2 所列。其中牌号 KTH 为黑心可锻铸铁,也称为铁素体可锻铸铁,组织为铁素体和团絮状石墨;KTZ 为珠光体可锻铸铁,组织为珠光体和团絮状石墨。牌号中的两项数字分别表示其最低抗拉强度和延伸率。

表 8-2　可锻铸铁的牌号、力学性能及用途(摘自 GB 9439-88)

种　类	牌号及分级	试样直径 d/mm	σ_b/MPa	$\sigma_{0.2}$/MPa	$\delta \times 100$ ($l_0 = 3d$)	HBS	用　途
			不小于				
铁素体可锻铸铁	KTH300-06	12 或 15	300	—	6	≤150	弯头、三通管件,中低压阀门等
	KTH330-08		330	—	8		扳手,犁刀,犁柱,车轮壳
	KTH350-10		350	200	10		汽车、拖拉机前后轮壳、减速器壳、转向节壳、制动器及铁道零件等
	KTH370-12		370	—	12		
珠光体可锻铸铁	KTZ450-06	12 或 15	450	270	6	150~200	载荷较高和耐磨损零件,如曲轴、凸轮轴、连杆、齿轮、活塞环、轴套、万向接头、棘轮、扳手、传动链条等
	KTZ550-04		550	340	4	180~250	
	KTZ650-02		650	430	2	210~260	
	KTZ700-02		700	530	2	240~290	

注:①试样直径 12 mm 只适用于主要壁厚小于 10 mm 的铸件。

②牌号 KTH300-06 适用于气密性零件。

可锻铸铁主要用来制作一些形状复杂而在工作中又经受震动的薄壁小型铸件；这些铸件如果采用灰口铸铁制造，则韧性不足，而若采用铸钢制造，则又铸造性不良，质量均难以保证。故近年来随着稀土镁球墨铸铁的发展，不少可锻铸铁零件已逐渐被球墨铸铁零件所代替。但可锻铸铁的一个重要特点是先制成白口，然后退火成灰口组织，非常适合生产形状复杂且壁厚小于 25 mm 的零件，这是其他铸铁不能相比的。

8.4　球墨铸铁

灰口铸铁经孕育处理后细化了石墨片，但未能改变石墨的形态。改变石墨形态是大幅度提高铸铁力学性能的根本途径，而球墨形态是最理想的一种石墨形态。

球墨铸铁的成分范围一般为：$3.6\% \sim 3.9\%$C，$2.0\% \sim 2.8\%$Si，$0.6\% \sim 0.8\%$Mn，$\leqslant 0.1\%$P，$\leqslant 0.04\%$S，$0.03\% \sim 0.05\%$Mg，$0.02\% \sim 0.04\%$RE（稀土元素）。球墨铸铁的成分特点是：碳当量较高（一般在 $4.3\% \sim 4.6\%$），含硫量较低。高碳当量是为了使它得到共晶左右的成分，具有良好的流动性；而低硫则是因为硫与球化剂（Mg 与 RE）具有很强的亲和力，会消耗球化剂，从而造成球化不良。

生产球墨铸铁的方法是对铁液进行球化处理和孕育处理。我国工业上常用镁、稀土元素或稀土镁合金作为球化剂。由于镁和稀土元素都是阻止石墨化的元素，故在进行球化处理的同时，还必须加入硅质量分数为 75% 的硅铁和硅钙合金作孕育剂，以防止白口。

球墨铸铁在铸态下的金属基体可分为铁素体、珠光体、铁素体＋珠光体和下贝氏体等四种，球墨铸铁常见的显微组织如图 8-4 所示。球墨铸铁的组织特点是其石墨的形态比可锻铸铁更为圆整，因而对基体的强度、塑性和韧性影响更小。球墨的数量愈少，愈细小，分布愈均匀，球墨铸铁的机械性能愈高。

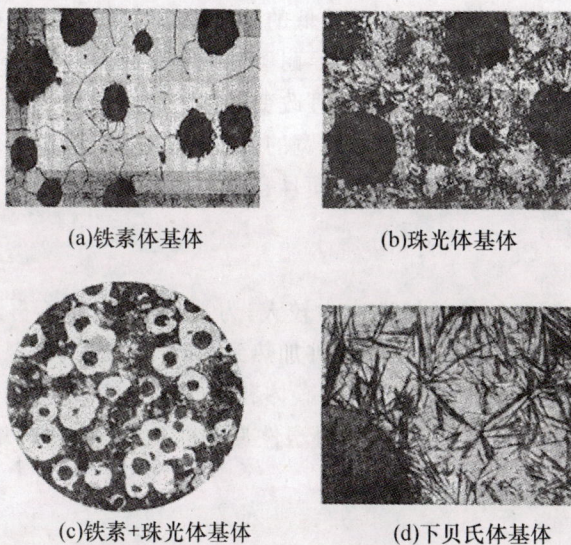

(a)铁素体基体　　　　　　　(b)珠光体基体

(c)铁素+珠光体基体　　　　　(d)下贝氏体基体

图 8-4　球墨铸铁的显微组织

各种球墨铸铁的牌号、基体组织及力学性能见表 8 - 3。牌号中的符号"QT"是"球铁"二字汉语拼音的第一个字母,后面两组数字分别表示其最小抗拉强度值和伸长率值。

表 8 - 3 球墨铸铁的牌号、基体组织、力学性能及用途(摘自 GB1348－88)

牌　号	主要基体组织	σ_b/MPa	$\sigma_{0.2}$/MPa	δ/% ($l_0=3d$)	HBS	用　途
		不小于				
QT400 - 18	铁素体	400	250	18	130～180	承受冲击、振动的零件,如汽车拖拉机轮毂,农机具零件,中低压阀门等
QT400 - 15	铁素体	400	250	15	130～180	
QT450 - 10	铁素体	450	310	10	160～210	
QT500 - 7	铁素体＋珠光体	500	320	7	170～230	机器座架、传动轴、飞轮、电动机架等
QT600 - 3	珠光体＋铁素体	600	370	3	190～270	载荷大、受力复杂的零件,如汽车、拖拉机的曲轴、连杆、凸轮轴、气缸套、部分磨床、铣床、车床的主轴等
QT700 - 2	珠光体	700	420	2	225～305	
QT800 - 2	珠光体或回火组织	800	480	2	245～335	
QT900 - 2	贝氏体或回火马氏体	900	600	2	280～360	高强度齿轮,如汽车后桥螺旋锥齿轮、大减速器齿轮、内燃机曲轴、凸轮轴等

注:表中牌号及力学性能均按单铸试块的规定

球墨铸铁不仅具有远远超过灰口铸铁的机械性能,而且同样具有灰口铸铁的一系列优点,如良好的铸造性、减摩性、切削加工性及低的缺口敏感性等。甚至在某些性能方面,可与锻钢相媲美,如疲劳强度大致与中碳钢相近,耐磨性优于表面淬火钢。

球墨铸铁还可像钢一样通过各种热处理改变基体组织和性能。较高的硅含量使得球墨铸铁的共析转变温度显著升高,并成为一很宽的温度范围。此外,由于球墨铸铁的 C 曲线右移并形成两个鼻尖,不仅有较高的淬透性,而且容易实现等温淬火工艺。通常采用以下方法对球墨铸铁进行热处理:

1. 退　火

(1)去应力退火。球墨铸铁的铸造应力较大,为消除应力,对不再进行其他热处理的球墨铸铁常进行去应力退火。其方法是将铸件加热到 500～600 ℃,保温 2～8 h 后缓冷。

(2)高温退火。若铸件薄壁处有自由渗碳体和珠光体,应采用 900～950 ℃高温退火,保温 2～5 h,随炉冷至 600 ℃,出炉空冷,获得塑性良好的铁素体基体,并改善切削性能,消除铸件内应力。

2. 正　火

可以细化组织,提高强度和耐磨性,有两种正火类型。

①高温正火(完全奥氏体化)。目的是为获得高强度的珠光体球墨铸铁,方法为将铸件加热至共析温度范围以上(一般 880～920 ℃),保温 1～3 h,出炉空冷。

②低温正火(不完全奥氏体化)。目的是为得到有适当韧性的铁素体＋珠光体球墨铸铁,其强度较低。方法为加热至共析相变温度范围上限以下(一般为 840～880 ℃),而后空冷。

3. 调 质

适用于要求良好综合力学性能的球墨铸铁。即工件加热到 860～920 ℃,保温使基体变为奥氏体,油中淬火得到马氏体,经过 550～600 ℃回火、空冷,得到回火索氏体。

4. 等温淬火

适用于外形复杂,热处理易变形、开裂,而综合力学性能要求又高的铸件,如齿轮、滚动轴承套圈、凸轮轴等。将零件加热至 860～900 ℃,保温后放入 250～300 ℃的盐浴中,30～90 min后取出空冷,得到下贝氏体加石墨组织。

5. 表面处理

对于要求表面耐磨或抗氧化性或耐蚀的球墨铸铁,可以采用类似于钢的表面处理,如氮化、渗硼、渗硫和渗铝等化学热处理,以及表面淬火硬化处理,以满足性能要求。其热处理工艺与钢相似。

因此,球墨铸铁在机械制造中得到了广泛的应用,在一定条件下,可成功取代不少铸钢、锻钢、合金钢及可锻铸铁,用来制造各种受力复杂、负荷较大和耐磨的重要铸锻件。如珠光体球墨铸铁常用来制造汽车、拖拉机或柴油机中的曲轴、连杆、凸轮轴、齿轮,机床中的主轴、涡轮、涡杆,轧钢基的轧辊、大齿轮,大型水压机的工作缸、缸套、活塞等;而铁素体球墨铸铁则可用来制造受压阀门、机器底座和汽车的后桥壳等。

当然,球墨铸铁也不是十全十美的,它较明显的缺点是凝固时的收缩率较大,对原铁水的成分要求较严格,因而对熔炼和铸造工艺的要求较高;此外,它的消震能力也比不上灰口铸铁。

8.5　蠕墨铸铁

蠕墨铸铁是近年来发展起来的一种新型铸铁材料。蠕墨铸铁中的石墨呈蠕虫状,介于片状和球状之间,故而得名。

要得到蠕墨铸铁,必须在一定成分的铁液中加入蠕化剂(稀土镁钛合金、稀土镁钙合金等),另外还要加入适量的硅铁孕育剂。蠕墨铸铁的显微组织是蠕虫状石墨加金属基体,如图 8-5 所示。

蠕墨铸铁的化学成分与球墨铸铁相似,即要求高碳(3.5%～3.9%C)、高硅(2.1%～2.8%Si)、低硫(<0.1%S)、低磷(<0.1%P)。蠕墨铸铁的化学成分一般为:3.4%～3.6%C,2.4%～3.0%Si,0.4%～0.6%Mn,≤0.06%S,≤0.07%P。对于珠光体蠕墨铸铁,要加入珠光体稳定元素,使铸态珠光体含量提高。

蠕墨铸铁的牌号、机械性能及用途如表 8-4 所列。牌号中"RuT"表示"蠕铁"二字汉语拼音的大写字头,在

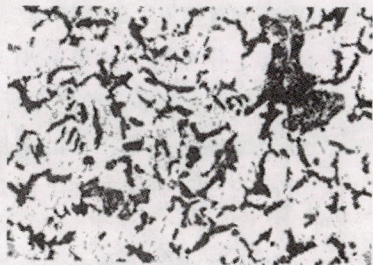

图 8-5　蠕墨铸铁的显微组织

"RuT"后面的数字表示最低抗拉强度。表中的"蠕化率"为在有代表性的显微视野内,蠕虫状石墨数目与全部石墨数目的百分比。

表8-4　蠕墨铸铁的牌号、机械性能及用途

牌　号	机械性能(不小于)			HBS	蠕化率/%	基体组织	用途举例
	σ_b/MPa	$\sigma_{0.2}$/MPa	δ/%				
RuT420	420	335	0.75	200～280	≥50	P	活塞环、制动盘、钢球研磨盘、泵体等
RuT380	380	300	0.75	193～270	≥50	P	
RuT340	340	270	1.0	170～249	≥50	P+F	机床工作台、大型齿轮箱体、飞轮等
RuT300	300	240	1.5	140～217	≥50	F+P	变速箱箱体、气缸盖、排气管等
RuT260	260	195	3.0	121～197	≥50	F	汽车底盘零件、增压器零件等

　　蠕墨铸铁的强度和韧性高于灰口铸铁,但不如球墨铸铁;铸造性与灰铸铁相当。蠕墨铸铁的耐磨性较好,它适用于制造重型机床床身、机座、活塞环、液压件等。蠕墨铸铁的导热性比球墨铸铁要高得多,几乎接近于灰口铸铁,它的高温强度、热疲劳性能大大优于灰口铸铁,适用于制造承受交变热负荷的零件,如钢锭模、结晶器、排气管和汽缸盖等。蠕墨铸铁的减震能力优于球墨铸铁。

8.6　特殊性能铸铁

　　随着工业的发展,对铸铁性能的要求愈来愈高,即不但要求它具有更高的机械性能,有时还要求它具有某些特殊的性能,如耐热、耐蚀及高耐磨性等。由此可向铸铁(灰口铸铁或球墨铸铁等)中加入一定量的合金元素,获得特殊性能铸铁(或称合金铸铁)。这些铸铁与在相似条件下使用的合金钢相比,熔铸简便,成本低廉,具有良好的使用性能。但它们大多具有较大的脆性,机械性能较差。

1. 耐磨铸铁

　　耐磨铸铁一般分为两种:一种为耐磨灰铸铁(代号MT),在铸铁中加入Cr、Mo、Cu等合金元素,一般用于制作机床导轨、汽车发动机缸套、活塞环等耐磨零件。另一种为冷硬铸铁(代号LT):在灰铸铁表面通过激冷处理形成一层白口层,使表面获得高硬度和高耐磨性。主要用于制作轧辊、凸轮轴等。

　　按其工作条件大体可分为两种类型:一种是在润滑条件下工作的,如机床导轨、气缸套、活塞环和轴承等;另一种是在无润滑的干摩擦条件下工作的,如犁铧、轧辊及球磨机零件等。

　　在干摩擦条件下工作的耐磨铸铁,应具有均匀的高硬度组织。如前述的具有高碳共晶或过共晶的白口铸铁实际上就是一种很好的耐磨铸铁。我国早就把它用来制作犁铧等耐磨铸件。

　　在润滑条件下工作的耐磨铸铁,其组织应为软基体上分布有硬的组织组成物,以便在磨合后会使软基体有所磨损,形成沟槽,保持油膜。普通的珠光体灰口铸铁基本上就符合这一

要求,其中的铁素体即为软基体,渗碳体层片为硬组分,而石墨片同时也起储油和润滑作用。

由于普通高磷铸铁的强度和韧性较差,故常在其中加入 Cr、Mo、W、Cu、Ti、V 等合金元素,构成合金高磷铸铁,使其组织细化,进一步提高机械性能和耐磨性。除了高磷铸铁外,近年来我国发展出钒钛耐磨铸铁、铬钼铜耐磨铸铁及廉价的硼耐磨铸铁等,也都具有优良的耐磨性能。

2. 耐热铸铁

耐热铸铁(代号 RT)就是在铸铁中加入 Al、Si、Cr 等合金元素,具有良好的耐热性,可替代耐热钢用作加热炉的炉底板、马弗罐、坩埚、废气管道、换热器及钢锭模等。

耐热铸铁的种类较多,分硅系、铝系、硅铝系及铬系等。其中因铝系耐热铸铁的脆性大,耐温急变性差,且不易熔制,而铬系耐热铸铁的价格比较昂贵,故在我国得到较广泛应用和发展的是硅系和硅铝系耐热铸铁。几种耐热铸铁的成分、性能和应用举例见表 8-5。

表 8-5　几种耐热铸铁的成分、性能和应用

铸铁名称	化学成分 w_E/%						使用温度/℃	用途举例
	C	Si	Mn	P	S	其 他		
中硅耐热铸铁	2.2~3.0	5.0~6.0	<1.0	<0.12	<0.12	Cr 0.5~0.9	≤850	烟道挡板、换热器等
中硅球墨铸铁	2.4~3.0	5.0~6.0	<0.7	<0.1	<0.03	Mg 0.04~0.07 RE 0.015~0.035	900~950	加热炉底板、熔化铝电阻炉坩埚等
高铝球墨铸铁	1.7~2.2	1.0~2.0	0.4~0.8	<0.2	<0.01	Al 21~24	1 000~1 100	加热炉底板、渗碳罐、加热炉传送链构件等
铝硅球墨铸铁	2.4~2.9	4.4~5.4	<0.5	<0.1	<0.02	Al 4.0~5.0	950~1 050	同上
高铬耐热铸铁	1.5~2.2	1.3~1.7	0.5~0.8	≤0.1	≤0.1	Cr 32~36	1 100~1 200	加热炉底板、加热炉传送链构件等

3. 耐蚀铸铁

耐蚀铸铁(代号 ST)也是在铸铁中加入 Al、Si、Cr 等合金元素,形成一层连续致密的保护膜,具有良好的耐蚀性,广泛应用于化工部门,制作管道、阀门、泵类、反应锅及盛储器等。耐蚀铸铁分高硅耐蚀铸铁、高铝耐蚀铸铁及高铬耐蚀铸铁等。其中应用最广的是高硅耐蚀铸铁。这种铸铁的含碳量不应超过 0.8%,因含碳量过高会使石墨量增加,降低耐蚀性;含硅量应使铸铁的碳当量为共晶成分左右,以改善铸造性,同时,含硅量若低于 14.5%,耐蚀性便不足,而高于 18%,则不但不能进一步提高耐蚀性,反而使铸铁的脆性显著增加,故一般含硅量为 14%~18%。这种铸铁的成分为:0.3%~0.5%C,16%~18%Si,0.3%~0.8%Mn,≤0.1%P,≤0.07%S;金相组织为含硅合金铁素体+石墨+Fe_3Si_2(或 FeSi)。

复习思考题

1. 铸铁按石墨形态可分哪几类？各有哪些性能特点？

2. 影响石墨化的因素有哪些？是如何影响的？

3. 在生产中，有些铸件表面棱角和凸缘处常常硬度很高，难以进行机械加工，其原因是什么？

4. 在灰铸铁中，为什么含碳量与含硅量越高时，铸铁的抗拉强度和硬度越低？

5. 在铸铁的石墨化过程中，如果第一、第二阶段完全石墨化，第三阶段完全石墨化、或部分石墨化、或未石墨化时，它们各获得哪种组织的铸铁？

6. 为什么说球墨铸铁是"以铁代钢"的好材料？其生产工艺如何？

7. 可锻铸铁是怎样生产的？可锻铸铁可以锻造吗？

8. HT200、KTH300 – 06、KTZ550 – 04、QT400 – 15、QT700 – 2、QT900 – 2 等铸铁牌号中数字分别表示什么性能？具有什么显微组织？这些性能是铸态性能，还是热处理后性能？若是热处理后性能，请指出其热处理方法。

9. 试指出下列铸件应采用的铸铁种类和热处理方法，并说出原因。

(1)机床床身　(2)柴油机曲轴　(3)液压泵壳体　(4)犁铧　(5)球磨机衬板

第9章 有色金属及合金

金属材料分为黑色金属和有色金属两大类。黑色金属主要是指钢和铸铁,其余金属如铝、镁、铜、钴、锡、铅、锌等及其合金统称为有色金属。

与黑色金属相比,有色金属具有比密度小、比强度高的特点。因此,在许多工业部门,尤其是在空间技术、原子能、计算机等新型工业部门中,有色金属应用非常广泛。有色金属品种繁多,本章重点介绍铝及铝合金、镁及镁合金、钛及钛合金、铜及铜合金、轴承合金及粉末材料。

9.1 铝及铝合金

9.1.1 铝及铝合金的性能特点

1. 密度小,熔点低,导电性、导热性好,磁化率低

纯铝的密度为 2.72 g/cm^3,仅为铁的 1/3,熔点为 660.4 ℃,导电性仅次于 Cu、Au、Ag。铝合金的密度也很小,熔点更低,但导电、导热性不如纯铝,铝及铝合金的磁化率极低,属于非铁磁材料。

2. 抗大气腐蚀性能好

铝和氧的化学亲和力大,在大气中,铝和铝合金表面会很快形成一层致密的氧化膜,防止内部继续氧化。但在碱和盐的水溶液中,氧化膜易破坏,因此不能用铝及铝合金制作的容器盛放盐和碱溶液。

3. 加工性能好,比强度高

纯铝为面心立方晶格,无同素异构转变,具有较高的塑性($\delta = 30\% \sim 50\%$,$\psi = 80\%$),易于压力加工成型,并有良好的低温性能。纯铝的强度低,$\delta_b = 70 \text{ MPa}$,虽经冷变形强化,强度可提高到 $150 \sim 250 \text{ MPa}$,但也不能直接用于制作受力的结构件。而铝合金通过冷成型和热处理,其抗拉强度可达到 $500 \sim 600 \text{ MPa}$,相当于低合金钢的强度,比强度高,成为飞机的主要结构材料。

9.1.2 提高铝及铝合金强度的主要途径

工业铝合金的二元相图一般具有图 9-1 所示的形式。

根据合金的成分和生产工艺不同，可将铝合金分为两类：变形铝合金和铸造铝合金。成分小于 D 点的合金称为变形铝合金。成分大于 D 点的合金，由于凝固时发生共晶反应，熔点低、流动性好，适于铸造，称为铸造铝合金。

在变形铝合金中，成分小于 F 点的不能通过热处理得到强化，称为不能热处理强化的铝合金。而成分位于 F 与 D 之间的合金，其固溶体成分随温度而变化，可进行固溶强化和时效处理强化，称为能热处理强化的铝合金。

固态铝无同素异构转变。因此铝合金不能像钢一样借助于相变强化。

Ⅰ一变形铝合金；Ⅱ一铸造铝合金；
Ⅲ一热处理不可强化铝合金；　Ⅳ一热处理可强化铝合金

图 9-1　铝合金分类示意图

合金元素对铝的强化作用主要表现为固溶强化、时效强化和细晶强化。对不可热处理强化的铝合金进行冷变形是这类合金强化的主要方式。

1. 固溶强化

合金元素加入纯铝中后，形成铝基固溶体，导致晶格发生畸变，增加了位错运动的阻力，由此提高了铝的强度。合金元素的固溶强化能力同其本身的性质及固溶度有关。但由于在一些铝的简单二元合金中，如 Al-Zn、Al-Ag 合金系，组元间常常只有相似的物理化学性质和原子尺寸，固溶体晶格畸变程度低，导致固溶强化效果不高。因此，铝的强化不能单纯依靠合金元素的固溶强化作用。

2. 时效强化

时效强化是铝合金强化的一种重要手段，时效强化又称沉淀强化。所谓时效，是指类似于图 9-1 中 F、D 之间成分的铝合金经固溶处理（铝合金加热到单相区保温后，快速冷却得到过饱和固溶体的热处理操作称为固溶处理，也称淬火）后在室温或较高的环境温度下，随着停留时间的延长其强度、硬度升高，塑性和韧性下降的现象。一般把合金在室温放置过程中发生的时效称为自然时效；而把合金在加热条件下发生的时效称为人工时效。铝合金的时效强化与钢的淬火、回火根本不同。钢淬火后得到含碳过饱和的马氏体组织，强度、硬度显著升高而塑性韧性急剧降低，回火时马氏体发生分解，强度、硬度降低，塑性和韧性提高；而铝合金固溶处理（淬火）后虽然得到的也是过饱和固溶体，但强度、硬度并未得到提高，塑性韧性却较好，它是在随后的过饱和固溶体发生分解的过程中出现时效现象的。

研究认为，铝合金的时效强化与其在时效过程中所产生的组织有关。下面以 Al-4% Cu 合金为例说明组织变化与时效的关系。图 9-2 为 Al-Cu 合金二元相图，由图可见，铜在铝中有较大的固溶度（548 ℃时为 5.65%），且固溶度随温度下降而减小（室温时为 0.64%）。该合金在室温时的平衡组织为 $\alpha+CuAl_2$（$CuAl_2$ 即为平衡相 θ），加热到固相线以上，第二相 $CuAl_2$ 完全溶入 α 固溶体中，淬火后获得铜在铝中的过饱和固溶体。这种过饱和固溶体是不稳定的，有自发分解的倾向，当给予一定的温度与时间条件时便要发生分解。时

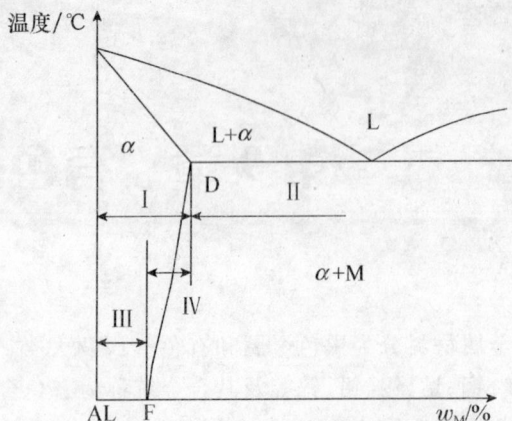

效过程基本上就是过饱和固溶体分解(沉淀)的过程,即组织转变过程。它包括以下四个阶段:

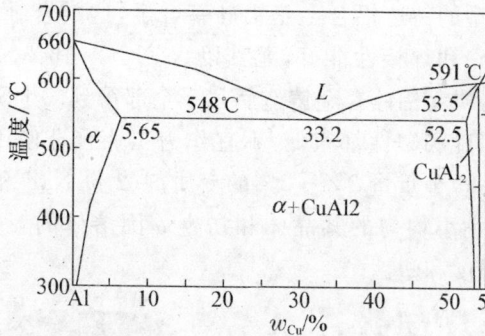

图.9-2　Al-Cu 合金二元相图

①在时效初期,铜原子逐步自发地偏聚于 α 固溶体的{100}晶面上,形成铜原子富集区。称为 GP[Ⅰ]区。由于 GP[Ⅰ]区中铜原子的浓度较高,引起点阵的严重畸变。使位错的运动受阻,因而合金的强度、硬度提高。

②随着时间的延长或温度的提高,在 GP[Ⅰ]区的基础上铜原子进一步偏聚。使 GP 区扩大并有序化,即铝、铜原子按一定方式规则排列,称为 GP[Ⅱ]区。GP[Ⅱ]区可视为中间过渡相,常用"θ"相表示,会使其周围基体产生更大的弹性畸变,使合金得到进一步强化。过渡相的数量越多,弥散度越大,所获得的强化效果就越大。

③随着时效过程的进一步发展,铜原子在 GP[Ⅱ]区继续偏聚,并形成过渡相 θ',此时,晶格畸变减轻,合金的硬度开始下降。

④时效后期,过渡相 θ'完全从母相 α 中脱溶,形成平衡相 θ,使合金的强度、硬度进一步降低,即所谓"过时效"。

综上,Al-4%Cu 合金时效的基本过程可以概括为:合金淬火→过饱和 α 固溶体→形成铜原子富集区(GP[Ⅰ]区)→铜原子富集区有序化(GP[Ⅱ]区)→形成过渡相 θ'→析出平衡相 θ(CuAl₂)+平衡的 α 固溶体。

除时效时间外,时效强化效果还受到时效温度、淬火温度、淬火冷却速度等的影响。一般说来,时效温度越高,原子的活动能力越强,沉淀相脱溶的速度越快,达到峰值时效所需的时间越短,峰值硬度较低温时效的低,如图 9-3 所示。淬火温度越高、淬火冷却速度越快,所得到的固溶体过饱和度越大,时效后的强化效果越明显。

3. 细晶强化

纯铝和铝合金在浇注前进行变质处理,即在浇铸前向合金熔液中加入变质剂可有效地细化晶粒,从而提高合金强度,称为细化晶粒强化(简称细晶强化)。

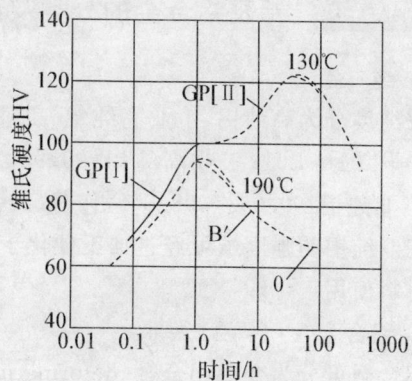

图 9-3　Al-Cu 合金 130 ℃和 190 ℃时效硬化曲线

对于纯铝和变形铝合金,常用的变质剂 Ti、B、Nb、Zr 等元素,它们所起的作用就是形成外来晶核,从而细化铝的晶粒。

对于铸造铝合金,典型的铸造铝合金是铝硅系合金,这类合金具有优良的铸造性能(熔点低,流动性好,收缩性小)和焊接性能好,尤其以含 11%～13%Si 的二元铝硅合金铸造性能最好。如图 9-4 所示,二元铝硅合金铸造后几乎全部得到(α+Si)的共晶体,其中 Si 呈粗大针叶状,使合金变脆,强度和塑性都很低,不宜作为工业合金使用,若对其采用变质处理,在浇注前向合金中加入占合金重量 2%～3% 的变质剂(2 份 NaF 和 1 份 NaCl),可将针状 Si 改变为细小粒状 Si,得到细小均匀的共晶体和初生 α 固溶体的亚共晶组织(α+Si)+α(图 9-5),显著提高合金的强度和塑性。

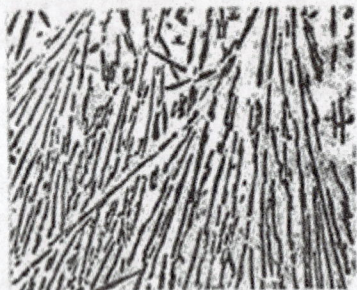

图 9-4　ZL102 合金变质前的显微组织　　　图 9-5　ZL102 合金变质后的显微组织

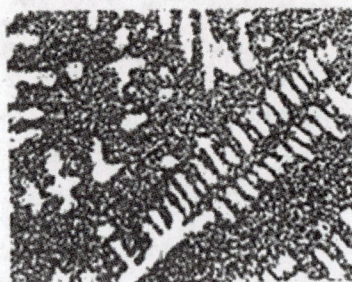

在铸造 Al 合金中,变质处理细化晶粒的原因一般认为是 Na 等元素能促进硅的形核,并吸附在 Si 晶体的表面,阻止 Si 的长大。同时 Na 的存在使液态合金产生 5～10 ℃ 的过冷度,并使共晶点向右移动,这样不仅形核率增加,细化共晶组织而且使合金组织中出现了初生 α 固溶体。

4. 冷变形强化

对合金进行冷变形,能增加其内部的位错密度,阻碍位错运动,提高合金强度。这对不能热处理强化的铝合金提供了强化的途径和方法。

9.1.3　铝及铝合金的分类及用途

1. 纯　铝

按纯度分为高纯铝、工业高纯铝、工业纯铝三类。高纯铝:99.996%～99.93%,用于科研,代号 L04～L01;工业高纯铝:99.9%～99.85%,用于作 Al 合金原料、铝箔,代号 L0、L00;工业纯铝:99.0%～98.0%,作管、线、棒,代号 L1～L6,数字越大,纯度越低。

工业纯铝的强度虽可经过加工硬化予以提高,但终因强度和硬度都很低,难以作为工程结构材料使用。

2. 铝合金

铝合金可分为变形铝合金(deformation aluminium alloy)和铸造铝合金(cast aluminium alloy)两大类。

(1)铸造铝合金

铸造铝合金要求具有良好的铸造性能,因此,合金组织中应有适当数量的共晶体。铸造铝合金的合金元素含量一般高于变形铝合金。常用的铸造铝合金中,合金元素总量约为 8%～25%。铸造铝合金有铝硅系、铝铜系、铝镁系、铝锌系四种,其中以铝硅系合金应用最广。

①铝硅系铸造铝合金。又称为硅铝明,其特点是铸造性能好,线收缩小,流动性好,热裂倾向小,具有较高的抗蚀性和足够的强度,在工业上应用十分广泛。

这类合金最常见的是 ZL102,硅含量 $w_{Si}=10\%～13\%$,相当于共晶成分,铸造后几乎全部为$(\alpha+Si)$共晶体组织。它的最大优点是铸造性能好,但强度低,铸件致密度不高,经过变质处理后可提高合金的力学性能。该合金不能进行热处理强化,主要在退火状态下使用。为了提高铝硅系合金的强度,满足较大负荷零件的要求,可在该合金成分基础上加入铜、锰、镁、镍等元素,组成复杂的硅铝明,这些元素通过固溶实现合金强化,并能使合金通过时效处理进行强化。例如,ZL108 经过淬火和自然时效后,强度极限可提高 200～260 MPa,适用于强度和硬度要求较高的零件,如铸造内燃机活塞,因此也叫活塞材料。

②铝铜系铸造铝合金。这类合金的铜含量不低于 $w_{Cu}=4\%$。由于铜在铝中有较大的溶解度,且随温度的改变而改变,因此这类合金可以通过时效强化提高强度,并且时效强化的效果能够保持到较高温度,使合金具有较高的热强性。由于合金中只含少量共晶体,故铸造性能不好,抗蚀性和比强度也较优质硅铝明低,此类合金主要用于制造在 200～300 ℃ 条件下工作、要求较高强度的零件,如增压器的导风叶轮等。

③铝镁系铸造铝合金。这类合金有 ZL301、ZL303 两种,其中应用最广的是 ZL301。该类合金的特点是密度小,强度高,比其他铸造铝合金耐蚀性好。但铸造性能不如铝硅合金好,流动性差,线收缩率大,铸造工艺复杂。它一般多用于制造承受冲击载荷,耐海水腐蚀,外形不太复杂便于铸造的零件,如舰船零件。

④铝锌系铸造铝合金。与 ZL102 相类似,这类合金铸造性能很好,流动性好,易充满铸型,但密度较大,耐蚀性差。由于在铸造条件下锌原子很难从过饱和固溶体中析出,因而合金铸造冷却时能够自行淬火,经自然时效后就有较高的强度。该合金可以在不经热处理的铸态下直接使用,常用于汽车、拖拉机发动机的零件。

(2)变形铝合金

变形铝合金可按其性能特点分为铝-锰系或铝-镁系、铝-铜-镁系、铝-铜-镁-锌系、铝-铜-镁-硅系等。这些合金常经冶金厂加工成各种规格的板、带、线、管等型材供应。

按 GB/T 16474－1996 规定,变形铝合金牌号用四位字符体系表示,牌号的第一、二、四位为数字,第二位为"A"字母。牌号中第一位数字是依主要合金元素 Cu、Mn、Si、Mg、Mg_2Si、Zn 的顺序来表示变形铝合金的组别。例如 2A 表示以铜为主要合金元素的变形铝合金。最后两位数字用以标识同一组别中的不同铝合金。

①铝-锰或铝-镁系合金。即 LF21 这类合金又叫防锈铝,它们的时效强化效果较弱,一般只能用冷变形来提高强度。

铝-锰系合金中 3A21 的 $w_{Mn}=1\%～1.6\%$。退火组织为 α 固溶体和在晶粒边界上少量的$(\alpha+MnAl_6)$共晶体,所以它的强度高于纯铝。由于 $MnAl_6$ 相的电极电位与基体相近,所以有很高的耐蚀性。

铝-镁系合金镁在铝中溶解度较大(在 451 ℃ 时可溶入 $w_{Mg}=15\%$),但为便于加工,避免形成脆性很大的化合物,所以一般防锈铝中 $w_{Mg}<8\%$。在实际生产条件下,由于它具有

单相固溶体,所以有好的耐蚀性。又由于固溶强化,所以比纯铝与 3A21 有更高的强度。含镁量愈大,合金强度愈高。

防锈铝的工艺特点是塑性及焊接性能好,常用拉延法制造各种高耐蚀性的薄板容器(如油箱等)、防锈蒙皮以及受力小、质轻、耐蚀的制品与结构件(如管道、窗框、灯具等)。

②铝-铜-镁系合金。这类合金又叫硬铝,即 Ly 是一种应用较广的可热处理强化的铝合金。铜与镁能形成强化相 $CuAl_2$(θ 相)及 $CuMgAl_2$(S 相),而 S 相是硬铝中主要的强化相,它在较高温度下不易聚集,可以提高硬铝的耐热性。硬铝中如含铜、镁量多,则强度、硬度高,耐热性好(可在 200 ℃ 以下工作),但塑性、韧性低。

这类合金通过淬火时效可显著提高强度,σ_b 可达 420 MPa,其比强度与高强度钢(一般指 σ_b 为 1 000~1 200 MPa 的钢)相近,故名硬铝。

硬铝的耐蚀性远比纯铝差,更不耐海水腐蚀,尤其是硬铝中的铜会导致其抗蚀性剧烈下降。为此,须加入适量的锰,对硬铝板材还可采用表面包一层纯铝或包覆铝,以增加其耐蚀性,但在热处理后强度稍低。

2A01(铆钉硬铝)有很好的塑性,大量用来制造铆钉。飞机上常用的铆钉材料为 2A10,它比 2A01 含铜量稍高,含镁量更低,塑性好,且孕育期长,还有较高的剪切强度。

2A11(标准硬铝)既有相当高的硬度,又有足够的塑性,退火状态可进行冷弯、卷边、冲压。时效处理后又可大大提高其强度,常用来制形状较复杂、载荷较低的结构零件,在仪器制造中也有广泛应用。

2A12(高强度硬铝)经淬火后,具有中等塑性,成形时变形量不宜过大。由于孕育期较短,一般均采用自然时效。在时效和加工硬化状态下切削加工性能较好。可焊性差,一般只适于点焊。2A12 合金经淬火自然时效后可获得高强度,因而是目前最重要的飞机结构材料,广泛用于制造飞机翼肋、翼架等受力构件。2A12 硬铝还可用来制造 200 ℃ 以下工作的机械零件。

③铝-铜-镁-锌系合金。这类合金又叫超硬铝即 Lc。其时效强化相除了有 θ 及 S 相外,主要强化相还有 $MgZn_2$(η 相)及 $Al_2Mg_3Zn_3$(T 相)。在铝合金中,超硬铝时效强化效果最好,强度最高,σ_b 可达 600 MPa,其比强度已相当于超高强度钢(一般指 $\sigma_b>1\ 400$ MPa 的钢),故名超硬铝。

由于 $MgZn_2$ 相的电极电位低,所以超硬铝的耐蚀性也较差,一般也要包铝(常采用 $w_{Zn}=0.09\%\sim1.0\%$ 的包覆铝作为保铝层),以提高耐蚀性。另外,耐热性也较差,工作温度超过 120 ℃ 就会软化。

目前应用最广的超硬铝合金是 7A04。常用于飞机上受力大的结构零件,如起落架、大梁等。在光学仪器中,用于要求重量轻而受力较大的结构零件。

④铝-铜-镁-硅系合金。这类合金又叫锻铝(即 LD)。其主要强化相有 θ 相、S 相及 Mg_2Si(β 相)。力学性能与硬铝相近,但热塑性及耐蚀性较高,更适于锻造,故名锻铝。

由于其热塑性好,所以锻铝主要用作航空及仪表工业中各种形状复杂、要求比强度较高的锻件或模锻件,如各种叶轮、框架、支杆等。

因锻铝的自然时效速率较慢,强化效果较低,故一般均采用淬火和人工时效。

铝合金的分类及性能特点见表 9-1。

表 9-1　铝合金的分类及性能特点

分　类		合金名称	合金系	性能特点	编号举例
铸造铝合金		简单铝硅合金	Al - Si	铸造性能好,不能热处理强化,机械性能较低	ZL120
		特殊铝硅合金	Al - Si - Mg	铸造性能良好,能热处理强化,机械性能较高	ZL101
			Al - Si - Cu		ZL107
			Al - Si - Mg - Cu		ZL105、ZL110
			Al - Si - Mg - Cu - Ni		ZL109
		铝铜铸造合金	Al - Cu	耐热性好,铸造性能与抗蚀性差	ZL201
		铝镁铸造合金	Al - Mg	机械性能高,抗腐蚀性好	ZL301
		铝锌铸造合金	Al - Zn	能自动淬火,宜于压铸	ZL01
		铝稀土铸造合金	Al - Re	耐热性能好	
变形铝合金	不能热处理强化的铝合金	防锈铝	Al - Mn	抗蚀性、压力加工性能与焊接性能好,但强度较低	LF21(3A21)
			Al - Mg		LF5
	可以热处理强化的铝合金	硬铝	Al - Cu - Mg	机械性能高	LY11,LY12(2A11,2A12)
		超硬铝	Al - Cu - Mg - Zn	室温强度最高	LC4(7A04)
		锻铝	Al - Mg - Si - Cu	铸造性能好	LD5、LD10
			Al - Cu - Mg - Fe - Ni	耐热性能好	LD8、LD7

9.2　镁及镁合金

镁是银白色金属,原子序数为 12,密度为 1.74 g/cm³,熔点为 648.8 ℃,沸点为 1 090 ℃。纯镁的力学性能较低,导热性和导电性都较差。通常在冶炼球墨铸铁时用作球化剂,在冶炼铜镍合金时用作脱氧剂和脱硫剂,也可以作为化工原料使用。纯镁在燃烧时能够产生高热和强光,因此镁常用于制造焰火、照明弹和信号弹等。

镁合金是实际应用中最轻的金属结构材料,但与铝合金相比,镁合金的研究和发展还很不充分,镁合金的应用也还很有限。目前,镁合金的产量只有铝合金的 1%。镁合金作为结构应用的最大用途是铸件,其中 90% 以上是压铸件。

限制镁合金广泛应用的主要问题是:由于镁元素极为活泼,镁合金在熔炼和加工过程中极容易氧化燃烧,因此,镁合金的生产难度很大;镁合金的生产技术还不成熟和完善,特别是镁合金成形技术有待进一步发展;镁合金的耐蚀性较差;现有工业镁合金的高温强度、蠕变性能较低,限制了镁合金在高温(150~350 ℃)场合的应用;镁合金的常温力学性能,特别是强度和塑韧性有待进一步提高;镁合金的合金系列相对很少,变形镁合金的研究开发严重滞后,不能适应不同应用场合的要求。

9.2.1　镁合金分类

镁合金可根据合金化学成分、成型工艺和是否含锆三个原则进行分类。

按化学成分,镁合金主要划分为 Mg - Al、Mg - Mn、Mg - Zn、Mg - RE、Mg - Zr、Mg - Li、Mg - Th 等二元系,以及 Mg - Al - Zn、Mg - Al - Mn、Mg - Zn - Zr、Mg - RE - Zr 等三元系及其他多组元系镁合金。其中,由于 Th 具有放射性,目前已很少使用。

按成型工艺,镁合金分为铸造镁合金和变形镁合金,两者在成分和组织性能上有很大差别。表 9 - 2 和表 9 - 3 列出了一些变形镁合金和铸造镁合金的化学成分。

表 9 - 2　变形镁合金的主要化学成分　　　　　　　　　　　%

牌　号	美国牌号	Al	Zn	Mn	Zr	Th	Nd	Y
MB2	M1	3.0～4.0	0.2～0.8	0.15～0.5				
MB8				1.5～2.5			0.15～0.35	
MB15	ZK61		5.0～6.0	0.1	0.3～0.9			
MB22			1.2～1.6		0.45～0.8			2.9～3.5
MB25			5.5～6.4	0.1	≥0.45			0.7～1.1
	AZ80	8.5	0.5	0.2(≥1.2)				
	HM21			0.8		2		

表 9 - 3　铸造镁合金的主要化学成分　　　　　　　　　　　%

牌　　号	美国牌号	Al	Zn	Mn	Zr	Th	RE	Nd	Ag
ZM1			3.5～5.5		0.5～1.0				
ZM2	ZE41		3.5～5.0		0.5～1.0		0.7～1.7		
ZM3			0.2～0.7		0.3～1.0		2.5～4.0		
ZM4	EZ33		2.03.0		0.5～1.0		2.5～4.0		
ZM5	AZ81	7.5～9.0	0.2～0.8	0.15～0.5					
ZM6			0.2～0.7		0.4～1.0			2.0～2.8	
ZM8			5.5～6.0		0.5～1.0		2.0～3.0		
	HK31				0.7	3.2			
	HK32			2.2	0.7	3.2			
	QH21				0.7	1		1	2.5
	QE22				0.7			2.5	2.5

工业中应用的镁合金分为变形镁合金和铸造镁合金两大类。许多镁合金既可做铸造合金,又可做变形合金。经锻造和挤压后,变形合金比相同成分的铸造合金有更高的强度,可加工成形状更复杂的部件。此外还有新发展的快速凝固粉末冶金镁合金。变形镁合金牌号

冠以 MB,铸造镁合金冠以 ZM,后面标以序号。

按有无铝,镁合金可分为含铝镁合金和无铝镁合金。按有无锆,镁合金可分为含锆镁合金和无锆镁合金。

9.2.2 镁合金热处理

由于镁合金中原子扩散速度慢,淬火加热后通常在静止或流动空气中冷却即可达到固溶处理目的。另外,绝大多数镁合金对自然时效不敏感,淬火后在室温下放置仍然保持淬火状态的原有性能。但镁合金氧化倾向强烈,当氧化反应产生的热量不能及时散发时,容易引起燃烧。因此,热处理加热炉内应保持一定的中性气氛。镁合金常用的热处理类型如下:

①T1,铸造或铸锭变形加工后,不再单独进行固溶处理而是直接人工时效。这种处理工艺简单,也能获得相当的时效强化效果。对 Mg - Zn 系合金,因晶粒容易长大,重新加热淬火会造成粗晶粒组织,时效后的综合性能反而不如 T1 状态。

②T2,为了消除铸件残余应力及变形合金的冷作硬化而进行的退火处理。对某些热处理强化效果不显著的镁合金,如 ZM3,T2 则为最终热处理状态。

③T4,淬火处理。可以提高合金的抗拉强度和延伸率。ZM5 常用此规范。

④T6,淬火+人工时效。目的是提高合金的屈服强度,但塑性相应有所降低。T6 状态主要应用于 Mg - Al - Zn 系及 Mg - RE - Zr 系合金。高锌的 Mg - Zn - Zr 系合金,为充分发挥时效强化效果,也可选用 T6 处理。

⑤T61,热水中淬火+人工时效。一般 T6 为空冷淬火,T61 则采用热水淬火,可提高时效强化效果,特别是对冷却速度敏感性较高的 Mg - RE - Zr 系合金。T6 处理使强度提高 40%～50%,而 T61 处理可提高 60%～70%,而延伸率仍可保持原有水平。

镁合金热处理时,在工艺上应特别注意防止零件在加热过程中发生氧化和燃烧。

热处理常见缺陷为淬火不完全、晶粒长大、表面氧化、过烧及变形等。

9.2.3 镁合金的应用

由于镁及其合金具有密度和熔点低、比强度高、减震性能和抗冲击性能好、电磁屏蔽能力强等优点,在汽车、通信、电子、航空航天、国防和军事装备、交通、医疗器械、化工等领域得到广泛的应用。

采用镁合金制造汽车零件具有一系列的优点,如:可以显著减轻车重,降低油耗,减少尾气排放量,提高汽车设计的灵活性,提高汽车的安全性和可操作性等。

由于镁及其合金的密度低,在航空、航天领域中有非常好的减重效果。早在 20 世纪 20 年代镁合金就用于制造飞机螺旋桨。随着时间的推移,开发出了适用于航空、航天的多种镁合金系列,并广泛用于制造飞机、导弹、飞行器中的许多零部件。

目前,电子器件向轻、薄、小型化方向发展,因此要求其制备材料具有密度小、强度和刚度高、抗冲击性能和减震性好、电磁屏蔽能力强、散热性能好、加工成形容易、美观耐用、利于环保等特点。因此,镁及其合金成为理想的材料。近十年来,世界上电子工业发达的国家,特别是日本和欧美一些国家在镁及其合金产品的开发应用上取得了重要进展,一大批重要电子产品使用了镁及其合金,取得了理想效果。

9.3 钛及钛合金

9.3.1 钛及钛合金性能特点

1. 密度小、熔点高,固态下有同素异构转变

纯钛是纯白色轻金属,密度为 $4.507 g/cm^3$,介于 Al 和 Fe 之间,熔点 $1\,668\ ℃$,高于铁,在 $882.5\ ℃$ 发生同素异构转变,$882.5\ ℃$ 以上为 $β - Ti$(体心立方晶格),$882.5\ ℃$ 以下为 $α - Ti$(密排六方晶格),钛合金的密度也较小,也有同素异构转变。

2. 加工性能好,比强度高,低温韧性好

纯钛强度低,塑性好,易于压力加工成型。钛合金的强度很高,$σ_b$ 最高可达 $1\,400\ MPa$,与某些高强度合金钢相近。还具有良好的低温机械性能。

3. 抗腐蚀性能好

钛及钛合金在大气、海水、含氧酸和湿氯气中其表面极易形成致密的氧化物和氮化物的保护膜,具有优良的抗蚀性。

9.3.2 钛及钛合金的分类及用途

钛在地壳中的含量约为 1%。钛及其合金由于具有比强度高、耐热性好、耐蚀性能优异等突出优点,自 1952 年正式作为结构材料使用以来发展极为迅速,目前在航空工业和化工工业中得到了广泛的应用。但钛的化学性质十分活泼。因此钛及其合金的熔铸、焊接和部分热处理均要在真空或惰性气体中进行,致使生产成本高,价格较其他金属材料贵得多。

1. 纯 钛

钛中常见的杂质有 O、N、C、H、Fe、Si 等元素,少量的杂质可使钛的强度和硬度上升而塑性和韧性下降。按杂质的含量不同,工业纯钛可分为 TA1、TA2、TA3 三个牌号,其中"T"为"钛"字的汉语拼音字头,数字为顺序号,数字越大,杂质含量越多,强度越高,塑性越低。

工业纯钛塑性高,具有优良的焊接性能和耐蚀性能,长期工作温度可达 $300\ ℃$,可制成板材、棒材、线材、带材、管材和锻件等。它的板材、棒材具有较高的强度,可直接用于飞机、船舶、化工等行业,以及制造各种耐蚀并在 $300\ ℃$ 以下工作且强度要求不高的零件,如热交换器、制盐厂的管道,石油工业中的阀门等。

2. 钛合金

在钛中加入合金元素形成钛合金,以使工业纯钛的强度获得明显提高,钛合金与纯钛一样,也具有同素异晶转变,转变的温度随加入的合金元素的性质和含量而定。加入的合金元素通常按其对钛的同素异晶转变温度的影响分成三类:扩大 α 相区,使 $α→β$ 转变的温度升高的元素称为 α 相稳定元素,如 Al、O、N、C 等;扩大 β 相区,使 $β→α$ 转变的温度降低的元素称为 β 相稳定元素,根据该类元素与钛所形成的相图不同,又将其细分为 β 同晶型元素(如 Mo、V、Nb、Ta 及稀土等)和 β 共析型元素(如 Cr、Fe、Mn、Cu、Si 等);对相变温度影响不大的元素称为中性元素,如 Zr、Sn 等。图 9-6 示出了 α 相稳定元素和 β 相稳定元素对钛同素异晶转变温度的影响规律。

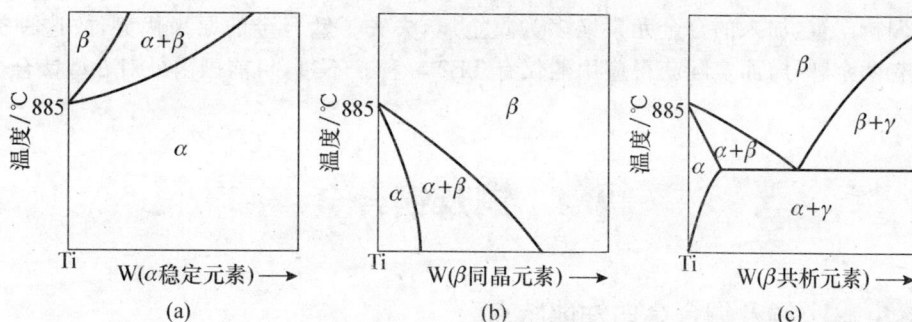

图 9-6　合金元素对钛同素异晶转变温度的影响

上述三类合金化元素中,α 相稳定元素和中性元素主要对 α-Ti 进行固溶强化。β 相稳定元素对 α-Ti 也有固溶强化作用。由图 9-6(b)可以看出,通过调整其成分可改变 α 和 β 相的组成量,从而控制钛合金的性能,该类元素是可热处理强化钛合金中不可缺少的。

钛合金按退火状态下的相组成,可将其分为 α 型钛合金、β 型钛合金和 α+β 型钛合金三大类,分别以 TA、TB 和 TC 后加顺序号表示其牌号。

①α 型钛合金中主要加入的合金元素是 Al。其次是中性元素 Sn 和 Zr。它们主要起固溶强化作用。这类合金在退火状态下的空温组织是单相 α 固溶体。由于工业纯钛的室温组织也可看作是单相 α 固溶体,因此,α 型钛合金的牌号与工业纯钛相同,均划入 TA 系列,它包括 TA4~TA8 五个具体牌号。

α 型钛合金不能进行热处理强化,热处理对于它们只是为了消除应力或消除加上硬化。该类合金由于 Al、Sn 含量较高,因此耐热性高于合金化程度相同的其他钛合金,在 600 ℃ 以下具有良好的热强性和抗氧化能力。另外,α 型钛合金还具有优良的焊接性能。

②α+β 型钛合金的退火组织为 α+β,以 TC 加顺序号表示其合金的牌号。这类合金中同时含有 β 相稳定元素(如 Mn、Cr、Mo、V、Fe、Si 等)和 α 相稳定元素(如 A1)。合金中组织以 α 相为主,β 相的数量通常不超过 30%。该类合金可通过淬火及时效进行强化。热处理强化效果随 β 相稳定元素含量的增加而提高。由于应用在较高温度时淬火加时效后的组织不如退火后的组织稳定,故多在退火状态下使用。α+β 型钛合金的室温强度和塑性高于 α 型钛合金,但焊接性能不如 α 钛合金,组织也不够稳定。α+β 型钛合金的生产工艺比较简单,通过改变成分和选择热处理制度又能在很宽的范围内改变合金的性能,因此,α+β 钛合金应用比较广泛。其中尤以 TC4(Ti-6%Al-4%V)合金的用途最广,用量最多,其年消耗量占钛合金总用量的 50% 以上。

③β 型钛合金以 TB 加顺序号表示其合金的牌号。为保证合金在退火或淬火状态下为 β 单相组织。合金中加入了大量的多组元 β 相稳定元素,如 Mo、V、Mn、Cr、Fe 等,同时还加入一定数量的 α 相稳定元素 Al。目前工业上应用的 β 型钛合金主要为亚稳定的 β 钛合金。即在退火状态为 α+β 两相组织,将其加热到 β 单相区后淬火,因 α 相来不及析出而得到的过饱和的 β 相,称为亚稳 β 相。

由于室温组织是单一的具有体心立方晶格的 β 相,所以该类合金塑性好,易于冷加工成形,成形后可通过时效处理,使强度得到大幅度提高。由于含有大量的 β 相稳定元素,所以该类合金的淬透性高,能使大截面零部件经热处理后得到均匀的高强度的组织。但由于化学成分偏析严重,加入的合金元素又多为重金属,失去了钛合金的原来优势,故这种类型的合金只有两个牌号,而实际获得应用的仅有 TB2 一种。不过,目前国内外对 β 型钛合金的研制极为关注。

9.4 铜及铜合金

9.4.1 铜及铜合金的性能特点

1. 导电性、导热性、抗磁性好

铜属于重有色金属。其熔点为 1 083 ℃,比重为 8.9 g/cm³。它具有玫瑰红色,表面形成氧化膜后呈紫色,故一般称为紫铜。

铜具有抗磁性,其突出优点是具有良好的导电和导热性、极好的塑性,因此纯铜的主要用途是制作电工导体。

2. 抗大气和水的腐蚀能力强

纯铜在含有二氧化碳的湿空气中表面将产生 $CuCO_3 \cdot Cu(OH)_2$ 或 $2CuCO_3 \cdot Cu(OH)_3$ 的绿色铜膜,称为铜绿。

3. 加工性能好,面心立方晶格,无同素异构转变,塑性好

某些铜合金也具有好塑性,故铜的某些铜合金易于冷热压力加工成型。铜合金还有较好的铸造性能。由于铜及合金具有上述特点,故在电气工业,仪表工业、造船业及机械制造业得到广泛的应用。

9.4.2 铜及铜合金的分类及用途

1. 工业纯铜

铜是重有色金属,其全世界产量仅次于铁和铝。工业上使用的纯铜,其含量为 $w_{Cu} = 99.70\% \sim 99.95\%$。

纯铜的强度不高($\sigma_b = 230 \sim 240$ MPa),硬度很低($40 \sim 50$ HBS),塑性却很好($\delta = 45\% \sim 50\%$)。冷塑性变形后,可以使铜的强度 σ_b 提高到 $400 \sim 500$ MPa。但伸长率急剧下降 2% 左右。为了满足制作结构件的要求,必须制成各种铜合金。

因此,纯铜的主要用途是制作各种导电材料、导热材料及配置各种铜合金。工业纯铜分未加工产品(铜锭、电解铜)和加工产品(铜材)两种。未加工产品代号有 Cu-1、Cu-2 两种。加工产品代号有 T1、T2、T3 三种。代号中数字越大,表示杂质含量越多,则其导电性越差。

2. 铜合金的分类及牌号表示方法

(1)铜合金分类

1)按化学成分

铜合金可分为黄铜、青铜及白铜(铜镍合金)三大类。机器制造业中,应用较广的是黄铜和青铜。

黄铜是以锌为主要合金元素的铜—锌合金。其中不含其他合金元素的黄铜称为普通黄铜(或简单黄铜);含有其他合金元素的黄铜称为特殊黄铜(或复杂黄铜)。

青铜是以除锌和镍以外的其他元素作为主要合金元素的铜合金。按其所含主要合金元素的种类可分为锡青铜、铅青铜、铝青铜、硅青铜等。

2)按生产方法

铜合金可分为压力加工产品和铸造产品两类。

(2)铜合金牌号表示方法

1)加工铜合金

其牌号由数字和汉字组成,为便于使用,常以代号替代牌号。

①加工黄铜。普通加工黄铜代号表示方法为"H"+铜元素含量(质量分数×100)。例如,H68 表示 $w_{Cu}=68\%$,余量为锌的黄铜。特殊加工黄铜代号表示方法为"H"+主加元素的化学符号(除锌以外)+铜及各合金元素的含量(质量分数×100)。例如,HPb59-1 表示 $w_{Cu}=59\%$,$w_{Pb}=1\%$,余量为锌的加工黄铜。

②加工青铜。代号表示方法是:"Q"("青"的汉语拼音字首)+第一主加元素的化学符号及含量(质量分数×100)+其他合金元素含量(质量分数×100)。例如,QAl5 表示 $w_{Al}=5\%$,余量为铜的加工铝青铜。

2)铸造铜合金

铸造黄铜与铸造青铜的牌号表示方法相同,它是:"Z"+铜元素化学符号+主加元素的化学符号及含量(质量分数×100)+其他合金元素化学符号及含量(质量分数×100)。例如,ZCuZn38,表示 $w_{Zn}=38\%$,余量为铜的铸造普通黄铜;ZCuSn10P1 表示 $w_{Sn}=10\%$、$w_P=1\%$,余量为铜的铸造锡青铜。

3. 黄铜

(1)普通黄铜

1)普通黄铜的组织

工业中应用的普通黄铜,在室温平衡状态下,有 α 及 β′ 两个基本相,α 相是锌溶于铜中的固溶体,塑性好,适宜冷、热压力加工。β′ 相是以电子化合物 CuZn 为基的固溶体,在室温下较硬脆,但加热到 456 ℃ 以上时,却有良好的塑性,故含有 β′ 相的黄铜适宜热压力加工。

工业中应用的普通黄铜,按其平衡状态的组织可分为以下两种类型:当 $w_{Zn}<39\%$ 时,室温组织为单相 α 固溶体(单相黄铜);当 $w_{Zn}=39\%\sim45\%$ 时,室温下的组织为 α+β′(双相黄铜)。在实际生产条件下,当 $w_{Zn}>32\%$ 时,即出现 α+β′ 组织。黄铜组织如图 9-7 及图 9-8 所示。

图 9-7　α 单相黄铜组织的显微组织(100×)

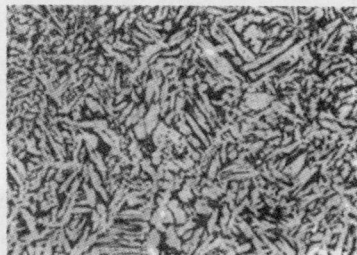

图 9-8　α+β′ 双相黄铜组织的显微组织(100×)

2）普通黄铜的性能

黄铜的强度和塑性与含锌量有密切的关系,如图9-9所示。当含锌量增加时,由于固溶强化,使黄铜强度、硬度提高,同时塑性还有改善。当 $w_{Zn} > 32\%$ 后出现 β' 相,使塑性开始下降。但一定数量的 β' 相起强化作用,而使强度继续升高。$w_{Zn} > 45\%$,组织中已全部为脆性的 β' 相,致使黄铜强度、塑性急剧下降,已无实用价值。

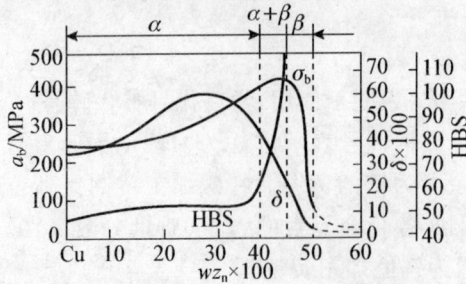

图9-9 锌对铜力学性能的影响(退火)

普通黄铜的耐蚀性良好,并与纯铜相近。但当 $w_{Zn} > 7\%$(尤其是大于20%)并经冷压力加工后的黄铜,在潮湿的大气中,特别是在含氨的气氛中,易产生应力腐蚀破裂现象(自裂)。防止应力破裂的方法是在250~300 ℃进行去应力退火。

铸造黄铜的铸造性能较好,它的熔点比纯铜低,且结晶温度间隔较小,使黄铜有较好的流动性,较小的偏析倾向,且铸件组织致密。

（2）特殊黄铜

在普通黄铜基础上,再加入其他合金元素所组成的多元合金称为特殊黄铜。常加入的元素有锡、铅、铝、硅、锰、铁等。特殊黄铜也可依据加入的第二合金元素命名,如锡黄铜、铅黄铜、铝黄铜等。

合金元素加入黄铜后,一般会或多或少地提高其强度。加入锡、铝、锰、硅还可提高耐蚀性与减少黄铜应力腐蚀破裂的倾向。某些元素的加入还可改善黄铜的工艺性能,如加硅改善铸造性能,加铅改善切削加工性能等。

4. 青 铜

（1）锡青铜

1）锡青铜的组织

在一般铸造条件下,只有 $w_{Sn} < 5\% \sim 6\%$ 的锡青铜室温组织才是单相 α 固溶体。α 固溶体是锡在铜中的固溶体,具有良好的冷、热变形性能。$w_{Sn} > 5\% \sim 6\%$ 的锡青铜,室温组织为 $\alpha +$ 共析体($\alpha + \delta$)。δ 相是以电子化合物 $Cu_{31}Sn_8$ 为基的固溶体,是一个硬脆相。图9-10是锡青铜的铸态组织($\alpha +$ 共析体),由于锡青铜结晶温度间隔较大,因此 α 相易产生枝晶偏析,先结晶的 α 干枝含锡量较低,后结晶的 α 含锡量较高,致使 α 相的不同部位呈现出明暗不同的颜色。

2）锡青铜的性能

锡对锡青铜的力学性能影响如图9-11所示。当 $w_{Sn} < 5\% \sim 6\%$ 时,由于加入锡产生固溶强化,使合金强度显著提高。当 w_{Sn} 超过 $5\% \sim 6\%$,则出现 δ 相后,塑性就开始下降。$w_{Sn} = 10\%$ 时,塑性已显著降低,少量的 δ 相可使强度提高。当 $w_{Sn} > 20\%$ 时,由于 δ 相过多,使合金变得很脆,强度也迅速下降。因此,工业用锡青铜一般的含锡量为 $w_{Sn}=3\%\sim14\%$。

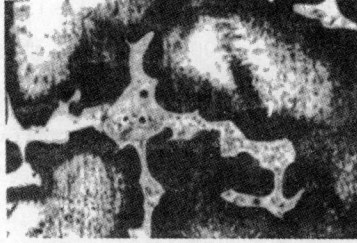

图 9-10　锡青铜($w_{Sn}>5\%\sim6\%$)的铸造组织(100×)

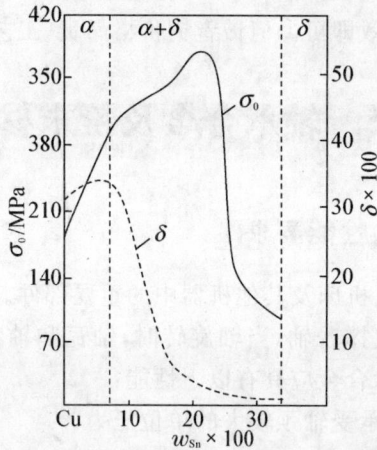

图 9-11　铸造锡青铜的力学性能与含锡量的关系

锡青铜结晶温度范围很宽,凝固时体积收缩很小,能获得符合型腔形状的铸件,适用铸造对外型尺寸要求较严格的铸件。但流动性较差,偏析倾向较大,易形成分散的缩孔。使铸件致密度较差,锡青铜制成的容器在高压下易渗漏。此外,锡青铜还有良好的减摩性、抗磁性及低温韧性。

为了提高锡青铜的某些性能,常加入磷、锌、铅等元素。磷可增加锡青铜的耐磨性;锌改善流动性并可以部分代替贵重的锡;铅主要为改善切削加工性。

(2)铝青铜和铍青铜

1)铝青铜

铝青铜是以铝为主加元素的铜合金,一般含铝量为 $w_{Al}=5\%\sim11\%$。

铝青铜的结晶温度范围很窄,收缩率较大,但能获得致密的、偏析小的铸件,故其力学性能比锡青铜高,且铝青铜还可进行热处理强化。铝青铜的耐蚀性高于锡青铜与黄铜,并有较高的耐热性。在铝青铜中加入铁、锰、镍等元素,能进一步提高其性能(铸态 σ_b 可达 $400\sim500$ MPa,δ 为 $10\%\sim20\%$,并有较好的韧性、硬度与耐磨性)。

铝青铜常用来制造强度及耐磨性要求较高的摩擦零件,如齿轮、蜗轮、轴套等。常用的铸造铝青铜有 ZCuAl10Fe3、ZCuAl10Fe3Mn2 等。加工铝青铜(低铝青铜)用于制造仪器中要求耐蚀的零件和弹性元件。常用的加工铝青铜有 QAl5、QAl7、QAl9-4 等。

2)铍青铜

铍青铜是以铍为主加元素的铜合金,铍含量为 $w_{Be}=1.6\%\sim2.5\%$,是时效强化效果极大的铜合金。经淬火(780℃水冷后,σ_b 为 500～550 MPa,硬度为 120HB,δ 为 25%～35%),再经冷压成型、时效(300～350 ℃,2 h)之后,铍青铜具有很高的强度、硬度与弹性极限($\sigma_b=1\,250\sim1\,400$ MPa,硬度为 330～400HBS)。可贵的是,铍青铜的导热性、导电性、耐寒性也非常好,同时还有抗磁、受冲击时不产生火花等特殊性能。铍青铜的导热性、导电性、耐寒性也非常好,同时还有抗磁、受冲击时不产生火花等特殊性能。

铍青铜主要用来制作精密仪器、仪表中各种重要用途的弹性元件、耐蚀、耐磨零件(如仪表中齿轮)、航海罗盘仪中零件及防爆工具。一般铍青铜是以压力加工后淬火为供应状态,工厂制成零件后,只须进行时效即可。但铍青铜价格昂贵,工艺复杂,因而限制了它的使用。

9.5　轴承合金及粉末材料

9.5.1　轴承合金的性能要求

滑动轴承是汽车、拖拉机、机床及其他机器中的重要部件。轴承合金是制造滑动轴承中的轴瓦及内衬的材料。轴承支撑着轴,当轴旋转时,轴瓦和轴发生强烈的摩擦,并承受轴颈传给的周期性载荷。因此轴承合金应具有以下性能:

①足够的强度和硬度,以承受轴颈较大的单位压力。

②足够的塑性和韧性,高的疲劳强度,以承受轴颈的周期性载荷,并抵抗冲击和振动。

③良好的磨合能力,使其与轴能较快地紧密配合。

④高的耐磨性,与轴的摩擦系数小,并能保留润滑油,减轻磨损。

⑤良好的耐蚀性、导热性,较小的膨胀系数,防止因摩擦升温而发生咬合。

为了满足上述提出的性能要求,轴承合金的组织最好是在软基体上分布着硬质点。这样,当轴在轴瓦中转动时,软基体(或软质点)被磨损而凹陷,硬的质点(或硬基体)耐磨相对凸起。凹陷部分可保持润滑油,凸起部分可支持轴的压力,并使轴与轴瓦的接触面积减小,从而保证了近乎理想的摩擦条件和极低的摩擦系数。另外,软基体(或软质点)还能起嵌藏外来硬质点的作用,以免划伤轴颈。

9.5.2　轴承合金的分类及用途

按照化学成分,常用的轴承合金可分为锡基、铅基、铝基、铜基和铁基等数种。使用最多的是锡基与铅基轴承合金,它们又称巴氏合金。巴氏合金的牌号编号方法为:Z+基本元素符号+主加元素符号+主加元素含量+辅加元素含量。其中"Z"是"铸造"的意思。例如 ZSnSb11Cu6,表示主加元素锑的成分为 $w_{Sb}=11\%$,辅加元素铜的成分为 $w_{Cu}=6\%$,余量为锡。以下对巴氏合金作扼要介绍。

锡基轴承合金具有软基体上分布着硬质点的组织特征。其软基体由锑在锡中的 α 固溶体组成,硬质点有以锡、锑化合物 SnSb 为基的固溶体及锡与铜形成的化合物 Cu_6Sn_5,如图 9-12所示。此类合金的导热性、耐腐蚀性、工艺性良好,尤其是摩擦因数与膨胀系数较小,抗咬合能力强,所以广泛用于制作航空发动机、气轮机、内燃机等大型机器中的高速轴承。

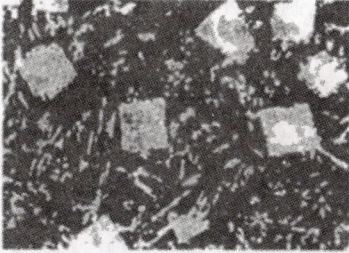

图 9-12　ZSnSB11Cu6 的显微组织(200×)　　　图 9-13　ZPbSb16Sn16Cu2 的显微组织(200×)

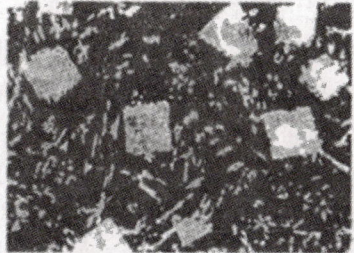

铅基轴承合金同样也具有软基体上分布着硬质点的组织特征,其软基体由(α+β)共晶体组成,α 为锑溶于铅的固溶体。β 为铅溶于锑的固溶体,硬质点的组成与锡基合金相同,如图 9-13 所示。此类合金含锡量低,制造成本低廉,但力学性能、导热、抗蚀、减摩等性能均比锡基合金差。因此,它们主要用于制作汽车、轮船、柴油机、减速器等中低速运转的轴承。

除上述巴氏合金外,还有 ZCuPb30 及 ZCuSn10P1 两类青铜常用做轴承材料。它们又称铜基轴承合金。具有硬基体软质点的组织特征,有着比巴氏合金高的承载能力、疲劳强度及耐磨性,可直接用做高速、高载荷下的发动机轴承。

9.5.3　粉末材料

粉末冶金材料是由几种金属粉末或金属与非金属粉末混匀压制成型,并经过烧结而获得的材料。

1. 粉末冶金法及其应用

粉末冶金法和金属的熔炼法与铸造方法有根本的不同。它不用熔炼和浇注,而用金属粉末(包括纯金属、合金和金属化合物粉末)作原料,经混匀压制成型和烧结制成合金材料或制品。这种生产过程叫粉末冶金。

粉末冶金法既是制取具有特殊性能金属材料的方法,也是一种精密的无切屑或少切屑的加工方法。它可使压制品达到或极接近于零件要求的形状、尺寸精度与表面粗糙度,使生产率和材料利用率大为提高,并可节省切削加工用的机床和生产占地面积。

近年来,粉末冶金材料应用很广。在普通机器制造业中,常用的有减摩材料、结构材料、摩擦材料及硬质合金等。在其他工业部门中,用以制造难熔金属材料(高温合金、钨丝等)、特殊电磁性能材料(如电器触头、硬磁材料、软磁材料等)、过滤材料(如空气的过滤、水的净化、液体燃料和润滑油的过滤以及细菌的过滤等)。特别是当合金的组元在液态下互不溶解,或各组元的密度相差悬殊的情况下,只能用粉末冶金法制取合金(这种制品称为假合金),如钨—铜电接触材料等。

由于压制设备吨位及模具制造的限制,粉末冶金法还只能生产尺寸有限与形状不很复杂的工件。此外,粉末冶金制品的力学性能仍低于铸件与锻件。

粉末冶金材料牌号是采用汉语拼音字母(F)和阿拉伯数字组成的六位符号体系来表示。"F"表示粉末冶金材料,后面数字与字母分别表示材料的类别和材料的状态或特性。

2. 机械制造中常用的粉末冶金材料

(1)烧结减摩材料

在烧结减摩材料中最常用的是多孔轴承,它是将粉末压制成轴承后,再浸在润滑油中,由于粉末冶金材料的多孔性,在毛细现象作用下,可吸附大量润滑油(一般含油率为12%~30%),故又称为含油轴承。工作时由于轴承发热,使金属粉末膨胀,孔隙容积缩小;再加上轴旋转时带动轴承间隙中的空气层,降低摩擦表面的静压强,在粉末孔隙内外形成压力差,迫使润滑油被抽到工作表面。停止工作时,润滑油又渗入孔隙中。故含油轴承有自动润滑的作用。它一般用做中速、轻载荷的轴承,特别适宜不能经常加油的轴承,如纺织机械、食品机械、家用电器(电扇、电唱机)等轴承,在汽车、拖拉机、机床中也有广泛的应用。

常用的多孔轴承有两类:

1)铁基多孔轴承

常用的有铁—石墨($w_{石墨}$为 0.5%~3%)烧结合金和铁—硫(w_S为 0.5%~1%)—石墨($w_{石墨}$为 1%~2%)烧结合金。前者硬度为 30~110HBS,组织是珠光体(>40%)+铁素体+渗碳体(<5%)+石墨+孔隙。如图 9-14 所示。后者硬度为 35~70HBS,除有与前者相同的几种组织外,还有硫化物。组织中石墨或硫化物起固体润滑剂作用,能改善减摩性能,石墨还能吸附很多润滑油,形成胶体状高效能的润滑剂,进一步改善摩擦条件。

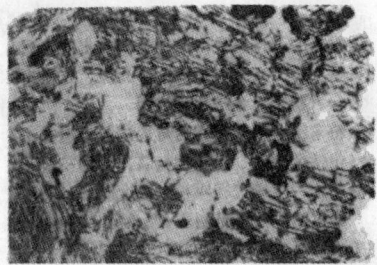

图 9-14 铁基多孔轴承的显微组织(250×)

2)铜基多孔轴承

常用的是 ZCuSn5Pb5Zn5 青铜粉末与石墨粉末制成。硬度为 20~40HBS,它的成分与 ZCuSn5Pb5Zn5 锡青铜相近,但其中有 0.3%~2%的石墨(质量分数),组织是 α 固溶体+石墨+铅+孔隙。它有较好的导热性、耐蚀性、抗咬合性,但承压能力较铁基多孔轴承小,常用于纺织机械、精密机械、仪表等。

近年来,出现了铝基多孔轴承。铝的摩擦系数比青铜小,故工作时温升也低,且铝粉价格比青铜粉低,因此可能在某些场合,铝基多孔轴承会逐渐代替铜基多孔轴承而得以广泛使用。

(2)烧结铁基结构材料(烧结钢)

它是以碳钢粉末或合金钢粉末为主要原料,并采用粉末冶金方法制造成的金属材料或直接制成烧结结构零件。

这类材料制造结构零件的优点是:制品的精度较高、表面光洁(径向精度 2~4 级、表面粗糙度 Ra1.6~0.20),不需或只需少量切削加工;制品还可以通过热处理强化和提高耐磨性(主要用淬火+低温回火以及渗碳淬火+低温回火);制品多孔,可浸渍润滑油,改善摩擦条件,减少磨损,并有减振、消音的作用。

用碳钢粉末制的合金,含碳量低者,可制造受力小的零件或渗碳件、焊接件;含碳量较高者,淬火后可制造要求一定强度或耐磨性的零件。用合金钢粉末制的合金,其中常有铜、钼、硼、锰、镍、铬、硅、磷等合金元素。它们可强化基体,提高淬透性,加入铜还可提高耐蚀性。

合金钢粉末合金淬火后 σ_b 可达 $500\sim800$ MPa，硬度 $40\sim50$HRC，可制造受力较大的烧结结构件，如液压泵齿轮、电钻齿轮等。

对于长轴类、薄壳类及形状过于复杂的结构零件，则不适宜采用粉末合金材料。

（3）烧结摩擦材料

摩擦材料广泛应用于机器上制动器与离合器，如图9-15及图9-16所示。它们都是利用材料间的摩擦力传递能量的，尤其是在制动时，制动器要吸收大量的动能，使摩擦表面温度急剧上升（可达 $1\,000$ ℃左右），故摩擦材料极易磨损。因此，对摩擦材料性能的要求是：①较大的摩擦系数；②较好的耐磨性；③足够的强度，以承受较高的工作压力及速度；④良好的磨合性、抗咬合性。

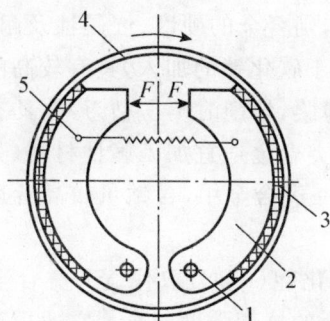

1—销轴；2—制动片；3—摩擦材料；
4—被制动的旋转体；5—弹簧
图9-15　制动器示意图

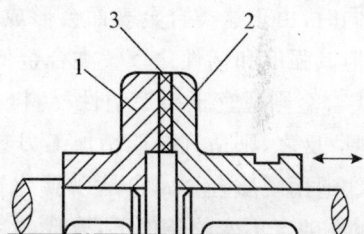

1—主动片；2—从动片；3—摩擦材料
图9-16　摩擦离合器简图

摩擦材料通常由强度高、导热性好、熔点高的金属（如用铁、铜）作为基体，并加入能提高摩擦系数的摩擦组分（如 Al_2O_3、SiO_2 及石棉等），以及能抗咬合、提高减摩性的润滑组分（如 Pb、Sn、C、MoS_2 等）的粉末冶金材料。因此，它能较好地满足摩擦材料性能的要求。其中铜基烧结摩擦材料常用于汽车、拖拉机、锻压机床的离合器与制动器；而铁基的多用于各种高速重载机器的制动器。与烧结摩擦材料相互摩擦的对偶件，一般用淬火钢或铸铁。

（4）硬质合金

硬质合金是以碳化钨（WC）或碳化钨与碳化钛（TiC）等高熔点、高硬度的碳化物为基体，并加入钴（或镍）作为粘结剂的一种粉末冶金材料。

1）硬质合金的性能特点

主要有以下两个方面：

①硬度高、红硬性高、耐磨性好。由于硬质合金是以高硬度、高耐磨、极为稳定的碳化物为基体，在常温下，硬度可达 $86\sim93$HRA（相当于 $69\sim81$HRC），红硬性可达 $900\sim1\,000$ ℃。故硬质合金刀具在使用时，其切削速度、耐磨性与寿命都比高速钢有显著提高。这是硬质合金最突出的优点。

②抗压强度高（可达 $6\,000$ MPa，高于高速钢），但抗弯强度较低（只有高速钢的 $1/3\sim1/2$）。硬质合金弹性模量很高（约为高速钢的 $2\sim3$ 倍）。但它的韧性很差（$A_k=2\sim4.8$ J，为淬火钢的 $30\%\sim50\%$）。

此外，硬质合金还有良好的耐蚀性（抗大气、酸、碱等）与抗氧化性。

硬质合金主要用来制造高速切削刃具和切削硬而韧的材料的刃具。此外,它也用来制造某些冷作模具、量具及不受冲击、振动的高耐磨零件(如磨床顶尖等)。

2)常用的硬质合金

①钨钴类硬质合金。它的主要化学成分为碳化钨及钴。其代号用"硬"、"钴"两字的汉语拼音的字首"YG"加数字表示。数字表示钴的含量(质量分数×100%)。例如 YG6,表示钨钴类硬质合金,$w_{Co}=6\%$,余量为碳化钨。

②钨钴钛类硬质合金。它的主要化学成分为碳化钨、碳化钛及钴。其代号用"硬"、"钛"两字的汉语拼音的字首"YT"加数字表示。数字表示碳化钛含量(质量分数×100%)。例如 YT15,表示钨钴钛类硬质合金,$w_{TiC}=15\%$,余量为碳化钨及钴。

硬质合金中,碳化物的含量越多,钴含量越少,则合金的硬度、红硬性及耐磨性越高,但强度及韧性越低。当含钴量相同时,YT 类合金由于碳化钛的加入,具有较高的硬度与耐磨性。同时,由于这类合金表面会形成一层氧化钛薄膜,切削时不易粘刀,故具有较高的红硬性。但其强度和韧性比 YG 类合金低。因此,YG 类合金适宜加工脆性材料(如铸铁等),而 YT 类合金则适宜于加工塑性材料(如钢等)。同一类合金中,含钴量较高者适宜制造粗加工刃具;反之,则适宜制造精加工刃具。

③通用硬质合金。它是以碳化钽(TaC)或碳化铌(NbC)取代 YT 类合金中的一部分 TiC。在硬度不变的条件下,取代的数量越多,合金的抗弯强度越高。它适用于切削各种钢材,特别对于不锈钢、耐热钢、高锰钢等难于加工的钢材,切削效果更好。它也可代替 YG 类合金加工铸铁等脆性材料,但韧性较差,效果并不比 YG 类合金好。通用硬质合金又称"万能硬质合金",其代号用"硬"、"万"两字的汉语拼音的字首"YW"加顺序号表示。

上述硬质合金的硬度很高,脆性大,除磨削外,不能进行一般的切削加工,故冶金厂将其制成一定规格的刀片供应。使用前再将其固紧(用焊接、粘接或机械固紧)在刀体或模具体上。

近年来,用粉末冶金法还生产了另一种新型工模具材料-钢结硬质合金。其主要化学成分是碳化钛或碳化钨以及合金钢粉末(需用 w 为 50%~65%铬钼钢或高速钢,作为粘结剂)。因而它与钢一样可进行锻造、热处理、焊接与切削加工。它在淬火低温回火后,硬度达 70HRC,具有高耐磨性、抗氧化及耐腐蚀等优点。用作刃具时,钢结硬质合金的寿命与 YG 类合金差不多,大大超过合金工具钢,如用做高负荷冷冲模时,由于具有一定韧性,寿命比 YG 类提高很多倍。由于它可切削加工,故适宜制造各种形状复杂的刃具、模具与要求刚度大、耐磨性好的机械零件,如镗杆、导轨等。钢结硬质合金的代号、成分与性能如表 9-4 所列。

表 9-4 钢结硬质合金的代号、成分与性能

代　号	各化学成分的质量分数/%						性　能					
	w_{TiC}	w_{WC}	w_{Cr}	w_{Mo}	w_C	w_{Fe}	密度/ g·cm^{-3}	硬度/HRC		抗弯强度/ MPa	冲击吸收功 A_k/J
								退火	淬火		
YE65	35	—	2	2	0.6	余量	6.4~6.6	39~46	69~73	1300~2300	—
YE50	Ni0.3	50	1.1	0.3	0.8	余量	10.3~10.6	35~42	68~72	2700~2900	9.6

复习思考题

1. 变形铝合金与铸造铝合金在成分选择上及其组织上有何差别？

2. 何谓硅铝明？它属于哪一类铝合金？为什么硅铝明具有良好的铸造性能？

3. 为什么通过合金化就能提高铝的强度？为什么选用锌、镁、铜、硅等作为铝合金的主加元素？

4. 为什么 H62 黄铜的强度高而塑性较低？而 H68 黄铜的塑性却比 H62 黄铜好？

5. 钛合金分为哪三类？性能上各有什么特点？

6. 滑动轴承合金必须具有什么特性？其组织有什么要求？举例说明常用巴氏合金的化学成分、性能和用途。

7. 指出下列合金的代号意义及主要用途。

(1) ZL102、ZL201、ZL302、ZL401

(2) LF21、LY12、LC4、Ld7

(3) H70、ZH59、ZHSi80－3

(4) ZQSn6－6－3、ZQA19－4、ZQPb30、QBe2

(5) ZChSnSb11－6、ZChPbSb16－16－2

第 10 章　非金属材料及成形

在工程领域,整个 20 世纪,都是金属材料占据统治地位,如机床、农业机械、交通设备、电工设备、化工和纺织机械等,所使用的钢铁材料占 90％左右,有色金属约占 5％。但近些年来,随着许多新型非金属材料和新型复合材料的不断开发和应用,金属材料的统治地位已受到挑战,21 世纪开始出现了金属材料、陶瓷材料和有机高分子材料"三足鼎立"的新局面。

在可以预见的未来,随着科学技术的不断发展,特别是高科技领域如载人航天、电子信息、环境保护、智能仿生、纳米技术的飞速发展,将会有大量的新型非金属材料应用于机械工程领域。正确选择与合理使用新型非金属材料及掌握其成型技术是所有工程技术领域及其设计部门的职责,这也正是本章内容的目的和意义。

10.1　概　述

10.1.1　非金属材料的发展

早在一百万年以前,人类开始用石头做工具,标志着人类进入旧石器时代。大约一万年以前,人类知道对石头进行加工,使之成为精致的器皿或工具,从而标志着人类进入新石器时代。在新石器时代,人类开始用皮毛遮身。8000 年前,中国就开始用蚕丝做衣服,4500 年前,印度人开始种植棉花,这些都标志着人类使用材料促进文明进步。在新石器时代,人类发明了用粘土成型,经火烧固化而成的陶器。陶器不但成为器皿,而且成为装饰品,历史上虽无陶器时代的名称,但其对人类文明的贡献却不可估量。这是人类有史以来第一次使用自然界存在的物质(粘土和水),发明制造了自然界没有的物品(陶器),史学家认为陶器是人类最伟大的发明。时至今日,满足人类居住的建筑用材料,仍以非金属材料为主。随着5000 年前的青铜、3000 年前的铁以及后来的钢等金属材料的出现,人类在 18 世纪发明了蒸汽机,在 19 世纪发明了电动机、平炉和转炉炼钢。金属材料使人类农业繁荣并逐步走向工业时代,把人类带进了现代物质文明。随着有机化学的发展,人造合成纤维的发明是人类改造自然材料的又一里程碑。目前,各种有机合成材料几乎渗透到人类日常生活的各个领域。高性能的陶瓷材料以及各种复合材料支撑了航空航天事业的不断发展,使人类走向宇宙。以单晶硅、激光材料、光导纤维为代表的新材料的出现,为人类仅用半个世纪就进入的信息时代提供了基础材料。所以,非金属材料对人类社会文明的进步发挥着重大的作用。在现代科学技术的推动下,材料科学发展迅速,材料的种类日益增多,不同功能的新材料不断涌现,原有材料的性能不断改善与提高,以满足人类未来的各种使用需求。因此,材料特别是品种繁多的新型非金属材料是未来高科技的基石,先进工业生产的支柱和人类文明发展的基础。

10.1.2　非金属材料的分类

目前,非金属材料通常以其主要成分分为无机非金属材料、有机高分子材料及复合材料三大类。

典型无机非金属材料包括水泥、玻璃、陶瓷。

典型有机高分子材料包括塑料、橡胶、纤维。

典型复合材料包括无机非金属材料基复合材料、有机高分子材料基复合材料、金属基复合材料。

10.1.3　非金属材料的选择及应用

1. 非金属材料的选择

由于非金属材料的种类繁多,不同类型、成分、性能及不同成型方法的非金属材料在工程实际中的使用和选择是个很复杂的过程。设计师和工程师在选择非金属材料时,主要应考虑以下的因素:

①满足使用性能和工艺性能。

②防止出现失效事故。

③经济性。

④从整个人类社会的可持续发展角度考虑选材。

此外,材料的选择是一个系统工程。在一个部件或者装置中,所选用的各种材料要适合在一起使用,而不能因相互作用而降低对方的性能。

因此,在大多数情况下,材料的选择是一个反复权衡的复杂过程。在某种意义上,其重要性不亚于材料本身的研究开发。

2. 非金属材料的应用领域

过去,非金属结构材料传统的应用领域主要是建筑、轻工、纺织、家电、仪器仪表、农业等,在工业上主要是装饰件、密封件、刀具、轮胎等。但是现在,非金属结构材料在工业领域的广泛应用正以前所未有的速度发展。随着各种非金属材料合成和制备技术不断提高和完善,非金属材料的产量和性能均不断提高。有关专家预测,很多传统上由金属制造的零件、部件、结构件,将会被工程塑料、工程陶瓷及复合材料等非金属材料所取代。例如,汽车的车身可采用工程塑料或复合材料,1 kg 工程塑料可代替 4～5 kg 钢铁,而且可整体成型,因而成本和油耗将进一步降低。由于原料充足,可以设计、制造出无穷的新产品,非金属结构材料在工业领域的应用前景十分广阔。

另外,各种新型非金属材料,其应用领域远比非金属结构材料的应用领域广阔得多,特别是现代高科技密集的领域。在微电子、信息通信、航空航天、生物工程、环境保护、新能源等领域中应用了大量的新型非金属材料,其中最具代表性的有单晶硅、超导材料、固体激光材料、飞船高温防护材料、仿生材料、环保材料、隐形纳米材料等。由于篇幅所限,本章内容主要介绍非金属材料及其成型。

10.2　高分子材料

材料、能源、信息是当代科学技术的三大支柱。其中,材料是一切技术发展的物质基础,而高分子材料是材料领域的重要组成部分,由于其原料来源丰富,制造方便,品种众多,因此在材料领域中的地位日益突出。高分子材料为发展高新技术提供了更多、更有效的高性能结构材料、高功能材料以及满足各种特殊用途的专用材料。如在机械和纺织工业,由于采用塑料轴承和塑料齿轮来代替相应的金属零件,车床和织布机运转时的噪声大大降低,从而改善了工人的劳动条件;塑料同玻璃纤维制成的复合材料——玻璃钢,由于它比钢铁更加坚固,被用来代替钢铁制造船舶的螺旋桨和汽车的车架、车身等。高分子材料的发展也促进了医学的进步,如用高分子材料制成的人工脏器、人工肾和人工角膜等,使一些器官性疾病不再是不治之症。总之,目前高分子材料在尖端技术、国防、国民经济以及社会生活的各个方面都得到了广泛的应用。

10.2.1　工程塑料

塑料是一类以天然或合成树脂为主要成分,在一定温度、压力条件下经塑制成型,并在常温下能保持形状不变的高分子工程材料。在当前机械工业中,塑料是应用最广泛的高聚物材料,在工农业、交通运输业、国防工业及日常生活中均得到广泛应用。

1. 工程塑料的组成

大多数塑料都是以各种合成树脂为基础,再加入一些用来改善使用性能和工艺性能的添加剂而制成的。

(1)合成树脂

树脂是塑料的主要组分。它胶粘着塑料中的其他一切组成都分,并使其具有成型性能。树脂的种类、性质以及它在塑料中占有的比例大小,对塑料的性能起着决定性的作用。因此,绝大多数塑料就是以所用树脂命名的。

(2)添加剂

为改善塑料某些性能而必须加入的物质称为添加剂。按加入目的及作用不同,可以有以下几类:

①填充剂。填充剂的作用是调整塑料的物理化学性能,提高材料强度,扩大使用范围以及减少合成树脂的用量,降低塑料成本。加入不同的填充剂,可以制成不同性能的塑料。如加入银、铜等金属粉末,可制成导电塑料;加入磁铁粉,可以制成磁性塑料;加入石棉,可改善塑料的耐热性。这是塑料制品品种繁多,性能各异的主要原因之一。

②增塑剂。用来提高树脂的可塑性与柔顺性的物质称增塑剂。常用熔点低的低分子化合物(甲酸酯类、磷酸酯类)来增加大分子链间距离,降低分子间作用力,从而达到增加大分子链的柔顺性之目的。

③稳定剂。稳定剂又称防老化添加剂,其主要作用是提高某些塑料的受热或光照稳定性。常用稳定剂有硬脂酸盐、铅化物、酚类和胺类物质等。

④润滑剂。润滑剂是为了防止在成型过程中产生粘膜,并增加成型时的流动性,保证制品表面光洁。常用的润滑剂为硬脂酸及其盐类。

⑤固化剂。固化剂是热固性塑料所必需的添加剂,目的在于促使线型结构转变为体型结构,成形后获得坚硬的塑料制品。固化剂种类很多,如顺丁烯二酸。

⑥着色剂。为使塑料制品具有美观的颜色及适合使用的要求而加入的染料称着色剂。

⑦其他。发泡剂、催化剂、阻燃剂、抗静电剂等。

2. 工程塑料的性能

(1)物理性能

1)密度小

塑料的密度均较小,一般为 0.9～2.0 g·cm^{-3},相当于钢密度的 1/4～1/7。可以大大降低零部件的重量。

2)热学性能

塑料的热导率较小,一般为金属的 1/500～1/600,所以具有良好的绝热性。但易摩擦发热,这对运转零件是不利的。

塑料的热膨胀系数比较大,是钢的 3～10 倍,所以塑料零件的尺寸精度不够稳定,受环境温度影响较大。

3)耐热性

耐热性是指保持高聚物工作状态下的形状、尺寸和性能稳定的温度范围,由于塑料遇热易老化、分解,故其耐热性较差,大多数塑料只能在 100 ℃左右使用,仅有少数品种可在于 200 ℃左右长期使用。

4)绝缘性

由于塑料分子的化学键为共价键,不能电离,没有自由电子,因此是很好的电绝缘体。当塑料的组分变化时,电绝缘性也随之变化。如塑料由于填充剂、增塑剂的加入都使电绝缘性降低。

(2)化学性能

主要指耐腐蚀性能好。一般塑料对酸、碱、盐等介质具有良好的抗腐蚀能力,并广泛用作防腐蚀工程材料。

(3)力学性能

力学性能是决定工程塑料使用范围的重要指标之一,工程塑料具有较高的强度、良好的塑性、韧性和耐磨性,可代替金属制造机器零件或构件,尤其是某些工程塑料的比强度很高,大大超过金属的比强度(如玻璃纤维增强塑料),可制造用于减轻自重的各种结构件。

1)拉伸强度、弹性模量和伸长率

常用工程塑料的应力-应变曲线可归结为以下四种基本类型:

①硬而韧的工程塑料(图 10-1 曲线 1)。如 ABS、尼龙、聚甲醛、聚碳酸酯等,具有很高的弹性模量、屈服强度、抗拉强度和较大的伸长率。

②硬而脆的工程塑料(图 10-1 曲线 2)。如聚苯乙烯和酚醛树脂等塑料,具有很高的弹性模量和抗拉强度,但在较小的伸长率(<2%)下就会断裂,无明显屈服。

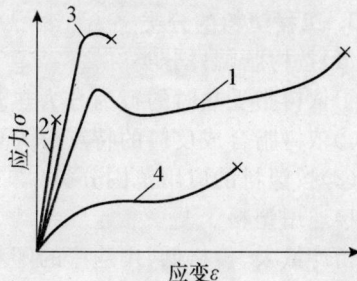

图 10-1　塑料拉伸时的应力-应变曲线

③硬而强的工程塑料(图 10-1 曲线 3)。如有机玻璃、长玻璃纤维增强热固性塑料及某些配方的硬聚氯乙烯等塑料,具有高的弹性模量和抗拉强度,其伸长率为 2%～5%。

④软而韧的工程塑料(图 10-1 曲线 4)。如高增塑的聚氯乙烯等塑料的弹性模量和屈服点低,而伸长率很大,为 25%～1 000%,抗拉强度较高。

从图 10-1 可以看出各种塑料的力学性能差异很大。工程塑料与金属材料相比,其抗拉强度和弹性模量均较低,这是目前工程塑料作为工程结构材料使用的最大障碍之一。因此在一些负荷大的地方,还需采用钢结构。

2)蠕变与应力松弛

塑料在外力作用下表现出的是一种粘弹性的力学特征,即形变与外力不同步。粘弹性可在应力保持恒定条件下,导致应变随时间的发展而增加,这种现象称蠕变。如架空的聚氯乙烯电线管会缓慢变弯,就是材料的蠕变。金属材料一般在高温下才产生蠕变,而高聚物材料在常温下就缓慢地沿受力方向伸长。不同的塑料在相同温度下抗蠕变的性能差别很大。几种塑料的蠕变曲线如图 10-2所示。机械零件应选用蠕变较小的塑料。

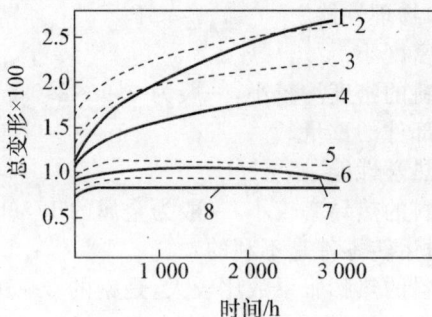

1—聚砜;2—聚苯醚;3—聚碳酸酯;4—改性聚苯醚;
5—耐热 ABS;6—聚甲醛;7—尼龙;8—ABS

图 10-2　几种塑料的蠕变曲线

粘弹性也可在应变保持恒定的条件下导致应力的不断降低,这种现象称为应力松弛。例如连接管道的法兰盘中间的硬橡胶密封垫片,经一定时间后,由于应力松弛导致泄漏而失效。

蠕变和应力松弛只是表现形式不同,其本质都是由于高聚物材料受力后大分子链构象的变化所引起的,而大分子链构象调整需要一定时间才能实现,故呈现出粘弹性。

3)剪切强度、冲击韧度和弯曲强度

①剪切强度。对于塑料薄膜或板材特别重要,玻璃布增强的热固性层压板的剪切强度在 80～170 MPa 之间。

②冲击韧度。一般塑料的冲击韧度值比金属低,并且有缺口比没有缺口的塑料件冲击韧度值明显下降。

③弯曲强度。热塑性塑料中聚甲醛弯曲强度为 90～98 MPa,尼龙可达 210 MPa,热固性塑料为 50～150 MPa,玻璃纤维(布)层压塑料可达 350 MPa。

3. 工程塑料的分类

(1)按树脂特性分类

①依树脂受热时的行为分为热塑性塑料和热固性塑料。

②依树脂合成反应的特点分为聚合塑料和缩合塑料。

(2)按塑料的应用范围分类

1)通用塑料

指产量大、价格低、用途广的塑料,主要指聚烯烃类塑料、酚醛塑料和氨基塑料。它们占塑料总产量的 3/4 以上,大多数用于生活制品。

2)工程塑料

作为结构材料在机械设备和工程结构中使用的塑料。它们的力学性能较高,耐热、耐蚀性也较好,是当前大力发展的塑料(如聚酰胺等)。

3）特种塑料

具有某些特殊性能的塑料，如医用塑料、耐高温塑料等。这类塑料产量少、价格贵，只用于特殊需要的场合。

4. 常用的塑料及应用

常用的热塑性工程塑料有聚乙烯、聚氯乙烯、聚苯乙烯、聚丙烯、ABS 塑料、聚碳酸酯、有机玻璃、聚甲醛和聚酚胺（尼龙）等。

与热塑性工程塑料相比，热固性工程塑料的主要优点是硬度和强度高，刚度大，耐热性优良，使用温度范围远高于热塑性工程塑料；其主要缺点是成型工艺较复杂，常常需要较长时间加热固化，而且不能再成型，不利于环保。常用的热固性工程塑料有酚醛塑料、环氧塑料和有机硅塑料。

常用的塑料及其性能、应用见表 10-1。

表 10-1　常用的塑料及其性能、用途

塑料分类	塑料名称	代　号	性能特点	用　途
热塑性塑料	聚乙烯	PE	分高压、低压聚乙烯。低压聚乙烯质地柔软；高压聚乙烯质地坚硬，有良好的耐磨性、耐蚀性及绝缘性，要少作为受力结构材料来使用	低压：适宜做薄膜和软管 高压：适用于化工设备的管道、槽及电缆、手柄、仪表罩壳、叶轮等
	聚丙烯	PP	强度和刚度都优于聚乙烯，并有良好的耐热性、良好的耐腐蚀性、绝缘性和无毒、无味等特点	常用来制造各种机械零件，如法兰、接头、汽车上主要用来制造取暖及通风系统的各种结构件及医疗器械
	聚氯乙烯	PVC	分硬质和软质两种。硬质聚氯乙烯塑料强度高，耐蚀性好；软质聚乙烯伸长率较高，但强度低，耐蚀性和绝缘性低，易老化	硬质：可做离心泵、通风机、水管接头、建筑材料等；软质：可制薄膜、承受高压的织物增强塑料软管及电线的绝缘层等
	聚苯乙烯	PS	良好的耐腐蚀性和绝缘性，透明度好，但硬而脆，耐冲击性差，耐热性差	常用来制造绝缘件、仪表外壳及日用装饰品、食品盒等
	丙烯腈-丁二烯-苯乙烯	ABS	具有耐热、表面硬度高、尺寸稳定、良好的耐化学腐蚀性及电性能，易成型和机械加工等特点，综合性能良好	常用来制造齿轮、泵叶轮、轴承、管道、电机外壳、仪表盘、加热器、盖板、水箱外壳及冰箱衬里等各类制品等
	聚碳酸酯	PC	化学稳定性很好，透明度高，电绝缘性优良，耐热耐寒，优良的力学性能，成型收缩率小，制件尺寸精度高。缺点是易应力开裂	在机械制造中，可制作轴承、齿轮及螺栓等；在电子工业中，可制作高度绝缘零件如垫圈、垫片及高温工作的电气设备零件；光学照明器材方面，可制作大型灯罩、防爆灯、防护玻璃等
	聚甲基丙烯酸甲酯（有机玻璃）	PMMA	透明性极好，强度较高，有一定的耐热耐寒性，耐腐蚀，绝缘性良好，综合性能超过聚苯乙烯，但质较脆，表面硬度稍低，易擦毛和划伤	主要用来制造具有一定透明度和强度的零件，如油标、油杯、化学镜片、窥镜、设备标牌、透明管道，飞机、船舶、汽车的库窗和仪器仪表部件等
	聚甲醛	POM	综合性能较好，强度、刚度高，减磨耐磨性好，耐疲劳性能好，吸水性小，尺寸稳定性好，但热稳定性差，易燃烧，在大气中暴晒易老化	适于制作减磨耐磨零件、传动零件以及化工、仪表等零件，如轴承、齿轮、凸轮、化工容器等
	聚酰胺（尼龙或锦纶）	PA	坚韧，耐磨，耐油，耐水，抗酶菌，但吸水性大	适于制作一般机械零件、减磨耐磨零件、传动零件以及化工、电器、仪表等零件
	聚四氟乙烯（氟塑料、塑料王、特氟隆）	F-4（PTFE）	长期使用温度-200～260 ℃，有卓越的耐化学腐蚀性，对所有化学品都耐腐蚀，摩擦系数在塑料中最低，还有很好的电性能，其电绝缘性不受温度影响，呈透明或半透明状态。加工成型性差	适于制作耐腐蚀件、减磨耐磨件、密封件、绝缘件和医疗器械零件，如阀门、泵、垫圈、阀座、轴承、活塞环等

塑料分类	塑料名称	代 号	性能特点	用 途
热固性塑料	酚醛塑料	PF	强度高,坚韧耐磨,尺寸稳定性好,耐腐蚀,电绝缘性能优异,成型性能较好	可用来制作机械结构件、电器、仪表的绝缘机构件
	环氧塑料	EP	优良的力学性能,良好的电绝缘性能,优良的耐碱性,良好的耐酸性和耐溶剂性,突出的尺寸稳定性和耐久性	适于制作塑料模具、精密量具、电子仪器的抗震护封的整体结构和电工、电子元件及线圈的灌封与固定等
	有机硅塑料	IS	热稳定性高,耐高温和耐热性很好,电绝缘性优良,特别是高温下电绝缘性好,耐稀酸、稀碱,耐有机溶剂	适于制作电工、电子元件及线圈的灌封与固定

10.2.2　合成纤维

合成纤维是化学纤维的一种,它是以石油、天然气、煤及农副产品等为原料,经一系列的化学反应,制成合成高分子化合物,再经加工而制得的纤维。合成纤维工业是 20 世纪 40 年代才发展起来的,由于其具有优良的物理、机械性能和化学性能,如强度高、密度小、弹性高、电绝缘性能好等,在生活用品、工农业生产和国防工业、医疗等方面得到了广泛应用,是一种发展迅速的工程材料。

合成纤维的主要品种如下:①按主链结构可分为碳链合成纤维,如聚丙烯纤维(丙纶)、聚对苯二甲酸乙二酯(涤纶)等。②按性能功用可分耐高温纤维,如聚苯咪唑纤维;耐高温腐蚀纤维,如聚四氟乙烯;高强度纤维,如聚对苯二甲配对苯二胺;耐辐射纤维,如聚酰亚胺纤维,还有阻燃纤维、高分子光导纤维等。

合成纤维的发展非常迅速,目前品种众多,但常用合成纤维主要是聚酰胺、聚酯和聚丙烯腈三大类。三者的产量占合成纤维的 90% 以上。

1. 聚酰胺纤维

聚酰胺纤维是指大分子主链中含有酰胺键的一类合成纤维。它是最早投入工业化生产的合成纤维,商品名称为锦纶或尼龙。主要品种有聚酰胺 6、聚酰胺 66、聚酰胺 612 和聚酰胺 1010 等。

由于该纤维长分子链上含有酰胺基,可以通过氢键的作用,加强酰胺基之间的联结,从而使纤维有较高的强度。另外,聚酰胺纤维分子链上含有许多亚甲基的存在,使该纤维柔软,富有弹性,同时也具有良好的耐磨性,它的耐磨性是棉花的 10 倍,羊毛的 20 倍。

聚酰胺是制作运动服和休闲服的好材料,在工业上主要用于制作轮胎帘子线、降落伞、绳索、渔网和工业滤布。

2. 聚酯纤维

聚酯纤维是指大分子主链中含有酯结构的一类聚合物,由二元酰及其衍生物(酰卤、酸酐、酯等)和二元醇经缩聚而得,故称聚酯纤维。

聚酯纤维的品种众多,主要包括聚对苯二甲酸乙二醇酯(PET)、聚对苯二甲酸丙二醇酯(PTT)、对苯二甲酸丁二醇酯(PBT)等纤维。其中,最主要的是聚对苯二甲酸乙二醇酯。聚对苯二甲酸乙二醇酯商品名称为涤纶,俗称的确良,由 PET 经熔融纺丝制成的,相对分子量为 15 000~22 000。PET 的纺丝温度控制在 275~295 ℃(熔点为 262 ℃,玻璃化转变温度为 80 ℃)。

聚酯纤维的弹性好,弹性接近羊毛,由涤纶纤维制成的纺织品抗皱性和环保性特别好,外形挺括,即使变形也易恢复。强度高,它的强度比棉花高 1 倍,比羊毛高 3 倍。耐冲击强度高,比聚酰胺纤维高 4 倍,比粘胶纤维高 20 倍。耐腐蚀性能好,不发霉,不腐烂,不怕虫蛀。缺点是染色性能差,吸水性低。

聚酯纤维主要做成各种混纺或交织产品,是理想的纺织材料。在工业上,广泛用于制作电绝缘材料、运输带、绳索、渔网、轮胎帘子线等。

3. 聚丙烯腈纤维

聚丙烯腈纤维是以丙烯腈为原料聚合成的合成纤维,商品名叫腈纶。聚丙烯腈纤维蓬松柔软,有较好的弹性,被誉为人造羊毛;强度比较高,为羊毛的 1～2.5 倍。它的耐光性和耐候性能,除聚四氟乙烯纤维外,是其他所有天然纤维和化学纤维中最好的,具有较好的耐热性,其软化温度为 190～230 ℃,仅次于聚酯纤维。在化学稳定方面,能耐酸、氧化剂和有机溶剂。

由于聚丙烯腈大分子链上的腈基极性很大,使大分子间作用力很强;分子排列强密,所以聚丙烯腈纤维具有吸湿和保水性差的特点,为了改善腈纶的吸湿、吸水性,目前采用的主要改进方法有:①用碱减量法对其表面处理,使纤维表面粗糙化,产生沟槽、凹窝,以增强其吸水效果;②通过氨基酸在不同的反应条件下对其进行改性,使腈基部分转化为羧酸基团。

聚丙烯腈纤维主要用于代替羊毛,制成帐篷、窗帘、毛毯等。目前又发展了抗静电聚丙烯腈纤维、阻燃聚丙烯腈纤维、高收缩丙烯腈纤维、细纤度丙烯腈纤维等不同类型的纤维,该类纤维将得到广泛的应用。

10. 2. 3　合成橡胶

1. 合成橡胶的组成

橡胶是以生胶为原料,加入适量配合剂,经硫化后所组成的高分子弹性体。

(1)生　胶

按其原料来源可分为天然橡胶和合成橡胶。

(2)配合剂

配合剂是指为改善生胶的性能而添加的各种物质。包括硫化剂、促进剂、软化剂、填充剂、防老化剂和着色剂等。

①硫化剂。硫化剂相当于热固性塑料中的固化剂,硫化剂能使分子链相互交联成网状结构,橡胶的交联过程叫"硫化"。橡胶品种不同,所用硫化剂也不同。

②促进剂。促进剂能缩短硫化时间。降低硫化温度,提高制品的经济性。常用的促进剂多为化学结构复杂的有机化合物,有时往往还加入氧化锌等活化剂。

③软化剂。软化剂能增加橡胶的塑性,改善粘附力,并降低橡胶的硬度和提高其耐寒性,常用的软化剂有硬脂酸、精制蜡、凡士林及一些油脂类。

④填充剂。填充剂能增加橡胶的强度、降低成本及改善工艺性能。常用炭黑、氧化硅、白陶土、氧化锌、滑石粉等填料。

⑤防老化剂。橡胶在长期存放或使用过程中因环境因素逐渐被氧化而发生变粘变脆,这种现象称为橡胶的老化。防老化剂可防止橡胶的氧化,延长老化过程,增加使用寿命。常

用的防老化剂有苯胺等。

⑥着色剂。着色剂能使橡胶制品具有各种不同的颜色,有锑红、铬绿、络青等颜料。

2. 合成橡胶的性能特点

橡胶最显著的性能特点是具有高弹性,其主要表现为在较小的外力作用下就能产生很大的变形,且当外力去除后又能很快恢复到近似原来的状态;高弹性的另一个表现为其宏观弹性变形量可高达 100%~1 000%。同时,橡胶具有优良的伸缩性和可贵的积储能量的能力,良好的耐磨性、绝缘性、隔音性和阻尼性,一定的强度和硬度。橡胶成为常用的弹性材料、密封材料、减振防振材料、传动材料、绝缘材料。

3. 合成橡胶的分类

橡胶按原料来源可分为天然橡胶和合成橡胶两大类;按应用范围又可分为通用橡胶与特种橡胶两类。天然橡胶是橡树上流出的乳胶经加工而制成的;合成橡胶是通过人工合成制得的,具有与天然橡胶相近性能的一类高分子材料。通用橡胶是指用于制造轮胎、工业用品、日常用品的量大面广的橡胶,特种橡胶是指用于制造在特殊条件(高温、低温、酸、碱、油、辐射等)下使用的零部件的橡胶。

4. 常用橡胶材料

(1)天然橡胶

天然橡胶是从天然植物中采集出来的一种以聚异戊二烯为主要成分的天然高分子化合物。它具有较高的弹性、较好的力学性能、良好的电绝缘性及耐碱性,是一类综合性能较好的橡胶。缺点是耐油、耐溶胶较差,耐臭氧老化性差,不耐高温及浓强酸。主要用于制造轮胎、胶带、胶管等。

(2)通用合成橡胶

1)丁苯橡胶

它由丁二烯和苯乙烯共聚而成。其耐磨性、耐热性、耐油、抗老化性均比天然橡胶好。并能以任意比例与天然橡胶混用,价格低廉。缺点是生胶强度低、粘接性差、成型困难、硫化速度慢。制成的轮胎弹性不如天然橡胶。主要用于制造汽车轮胎、胶带、胶管等。

2)顺丁橡胶

它由丁二烯聚合而成。其弹性、耐磨性、耐热性、耐寒性均优于天然橡胶,是制造轮胎的优良材料。缺点是强度较低,加工性能差、抗撕性差。主要用于制造轮胎、胶带、弹簧、减振器、电绝缘制品等。

3)氯丁橡胶

它由氯丁二烯聚合而成。氯丁橡胶不仅具有可与天然橡胶比拟的高弹性、高绝缘性、较高强度和高耐碱性,而且具有天然橡胶和一般通用橡胶所没有的优良性能,例如耐油、耐溶剂、耐氧化、耐老化、耐酸、耐热、耐燃烧、耐挠曲等性能,故有"万能橡胶"之称。缺点是耐寒性差、密度大,生胶稳定性差。氯丁橡胶应用广泛,它既可作通用橡胶,又可作特种橡胶。由于其耐燃烧,故可用于制作矿井的运输带、胶管、电缆;也可作高速三角带及各种垫圈等。

4)乙丙橡胶

它由乙烯与丙烯共聚而成。具有结构稳定、抗老化能力强,绝缘性、耐热性、耐寒性好。在酸、碱中耐蚀性好等优点。缺点是耐油性差、粘着性差、硫化速度慢。主要用于制作轮胎、蒸汽胶管、耐热输送带、高压电线管套等。

（3）特种合成橡胶

1）丁腈橡胶

它由丁二烯与丙烯腈聚合而成。其耐油性好、耐热、耐燃烧、耐磨、耐碱、耐有机溶剂，抗老化。缺点是耐寒性差，其脆化温度为$-10\sim-20\ \text{℃}$，耐酸性和绝缘性差。主要用于制作耐油制品，如油箱、贮油槽、输油管等。

2）硅橡胶

它由二甲基硅氧烷与其他有机硅单体共聚而成。硅橡胶具有高耐热性和耐寒性，在$-100\sim350\ \text{℃}$范围内保持良好弹性，抗老化能力强、绝缘性好。缺点是强度低，耐磨性、耐酸性差，价格较贵。主要用于飞机和宇航中的密封件、薄膜、胶管和耐高温的电线、电缆等。

3）氟橡胶

它是以碳原子为主链，含有氟原子的聚合物。其化学稳定性高、耐蚀性能居各类橡胶之首，耐热性好，最高使用温度为 $300\ \text{℃}$。缺点是价格昂贵，耐寒性差，加工性能不好。主要用于国防和高技术中的密封件，如火箭、导弹的密封垫圈及化工设备中的衬里等。

10.3　陶瓷材料

10.3.1　概　述

陶瓷是由天然或人工合成的粉状矿物原料和化工原料组成，经过成型和高温烧结制成的，由金属和非金属元素构成化合物反应生成的多晶体相固体材料。陶瓷是陶器与瓷器的总称。它是一种既古老又现代的工程材料，同时也是人类最早利用自然界所提供的原料制造而成的材料。陶瓷材料由于具有耐高温、耐腐蚀、硬度高、绝缘等优点，在现代宇航、国防等高科技领域得到越来越广泛的应用。

1. 陶瓷的分类

陶瓷种类繁多，性能各异。按其原料来源不同可分为普通陶瓷（传统陶瓷）和特种陶瓷（先进陶瓷）。普通陶瓷是以天然硅酸盐矿物为原料（粘土、长石、石英），经过原料加工、成型、烧结而成，因此这种陶瓷又叫硅酸盐陶瓷。特种陶瓷是采用纯度较高的人工合成化合物（如 Al_2O_3、ZrO_2、SiC、Si_3N_4、BN），经配料、成型、烧结而制得。陶瓷按用途可分为日用陶瓷和工业陶瓷，工业陶瓷又可分为工程陶瓷和功能陶瓷。按化学组成可分为氮化物陶瓷、氧化物陶瓷、碳化物陶瓷等。陶瓷按性能可分为高强度陶瓷、高温陶瓷、耐酸陶瓷等。

2. 陶瓷的组成相及其结构

和金属、高聚物一样，陶瓷材料的力学性能和物理、化学性能也是由它的化学组成和结构状况决定的。

在陶瓷结构中，以离子键和共价键为主要结合键。实际上单一键结合的陶瓷不多，通常多为两种或两种以上的混合键。键的形式与材料性能有密切关系。离子键和共价键晶体具有高的熔点及硬度。

陶瓷的组织结构非常复杂，一般由晶体相、玻璃相和气相组成。各种相的组成、结构、数量、几何形状及分布状况等都会影响陶瓷的性能。

（1）晶体相

晶体相是陶瓷材料中最主要的组成相，它往往决定了陶瓷的力学、物理、化学性能。陶瓷晶体相结构中，最重要的有氧化物结构与硅酸盐结构两类。

1）氧化物结构

大多数氧化物结构是氧离子排列成简单立方、面心立方和密排六方的三种晶体结构，正离子位于其间隙中。它们主要是以离子键结合的晶体。图 10-3 所示为 MgO 与 Al_2O_3 的晶体结构。

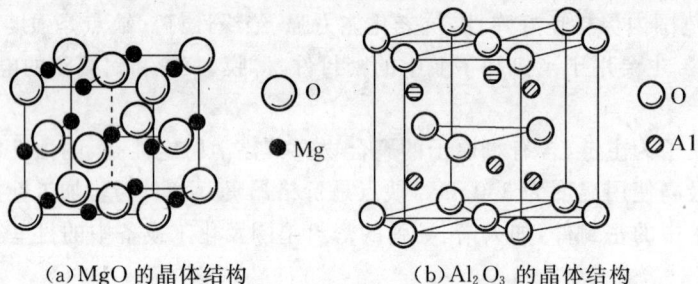

(a)MgO 的晶体结构   (b)Al_2O_3 的晶体结构

图 10-3　氧化物的晶体结构

2）硅酸盐结构

硅酸盐是传统陶瓷的主要原料，同时又是陶瓷组织中的重要晶体相，它是由硅氧四面体 $[SiO_4]$ 为基本结构单元所组成的。硅酸盐结构有以下一些基本特点。

①组成各种硅酸盐结构的基本结构单元是硅氧四面体 $[SiO_4]$，四个氧离子紧密排列成四面体，硅离子居于四面体中心的间隙中，如图 10-4 所示。

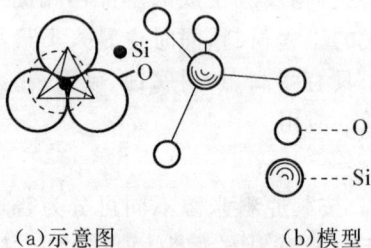

(a)示意图   (b)模型

图 10-4　$[SiO_4]$ 四面体

②每个氧最多只能被两个硅氧四面体所共有。

③$[SiO_4]$ 四面体中 $Si—O—Si$ 的结合键角一般是 145 ℃。

④$[SiO_4]$ 四面体既可以孤立地在结构中存在，又可互成单链、双链或层状连接，$[SiO_4]$ 四面体像高聚物大分子链中的基本结构单元—链节一样，所以硅酸盐有无机高聚物之称。

（2）玻璃相

玻璃相是陶瓷烧结时，各组成物和杂质经一系列物理化学反应后形成的一种非晶态的固体物质。陶瓷中这种低熔点的玻璃相作用是将分散的晶体相粘接在一起，降低烧成温度，加快烧结过程，控制晶体长大以及填充气孔空隙的作用。但是玻璃相的强度比晶体相低，热稳定性也差。此外，玻璃相结构疏松，空隙中常填充一些金属离子而使其电绝缘性能降低，因此作为工业陶瓷必须控制玻璃相的含量。现在，许多高性能陶瓷，几乎都是不含有玻璃相的结晶态陶瓷。

（3）气体相

气体相是指陶瓷组织内部残留下来的气孔。气体相以孤立状态分布于玻璃相中，或以细小气孔存在于晶界或晶内（图 10-5），约占普通陶瓷体积的 5%～10% 或更多一些。气孔使应力集中，导致力学性能降低，并使介电损耗增大，抗电击穿强度下降。因此工业陶瓷力求气孔小、数量少，并分布均匀。

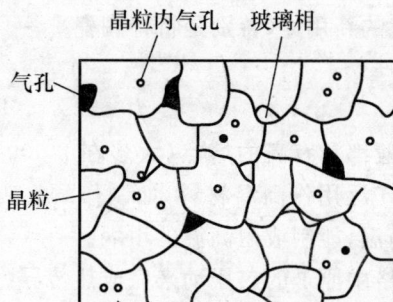

图 10-5　陶瓷显微组织

3. 陶瓷的制造工艺

陶瓷的生产制作过程虽然各不相同，但一般都要经过坯料制备、成型与烧结三个阶段。

（1）坯料制备

当采用天然的岩石、矿物、粘土等物质作原料时，一般要经过原料粉碎→精选（去掉杂质）→磨细（达到一定粒度）→配料（保证制品性能）→脱水（控制坯料水分）→炼坯、陈腐（去除空气）等过程。

当采用高纯度可控的人工合成的粉状化合物作原料时，如何获得成分、纯度、粒度均达到要求的粉状化合物是坯料制备的关键。制取微粉的方法有机械粉碎法、溶液的沉淀法、气相沉积法等。原料经过坯料制备后，依成型工艺的要求，可以是粉料、浆料或可塑泥团。

（2）成　型

陶瓷制品的成型方法很多，主要有以下三类：

①可塑法。又叫塑性料团成型法。它是在坯料中加入一定量水或塑化剂，使其成为具有良好塑性的料团，然后利用料团的可塑性通过手工或机械成型。常用的工艺有挤压和车坯成型。

②注浆法。又叫浆料成型法。它是先把原料配制成浆料，然后注入模具中成型，分为一般注浆成型和热压注浆成型。

③压制法。又叫粉料成型法。它是将含有一定水分和添加剂的粉料在金属模中用较高的压力压制成型（和粉末冶金成型方法相同）。

（3）烧　结

未经烧结的陶瓷制品称为生坯。生坯是由许多固相粒子堆积起来的聚积体，颗粒之间除了点接触外，尚存在许多空隙，因此没有多大强度，必须经过高温烧结后才能使用。生坯经初步干燥后即可送去烧结。烧结是指生坯在高温加热时发生一系列物理化学变化（水的蒸发，硅酸盐分解，有机物及碳化物的气化，晶体转型及熔化），并使生坯体积收缩，强度、密度增加,最终形成致密、坚硬的具有某种显微结构烧结体的过程。烧结后颗粒由点接触变为面接触,粒子间也将产生物质的转移。这些变化均需一定的温度和时间才能完成,所以烧结的温度较高,所需的时间也较长。常见的烧结方法有热压或热等静压法、液相烧结法、反应烧结法。

4. 陶瓷的性能及应用

陶瓷材料具有耐高温、抗氧化、耐腐蚀以及其他优良的物理、化学性能。陶瓷材料除了传统用途外,还有着许多近代的新用途(特别是特种陶瓷)。

(1)物理性能

1)热学性能

①高熔点。陶瓷材料一般都具有高的熔点(大多在 2 000 ℃以上),极好的化学稳定性和特别优良的抗氧化性。已广泛用作高温材料,如制作耐火砖、耐火泥、炉衬、耐热涂层等。刚玉(Al_2O_3)可耐 1 700 ℃高温,能制成耐高温的坩埚。

②热导率。陶瓷依靠晶格中原子的热振动来完成热传导。由于没有自由电子的传热作用,导热能力远低于金属材料,它常作为高温绝热材料。多孔和泡沫陶瓷也可用做 $-120\sim-240$ ℃的低温隔热材料。

③热膨胀。凡陶瓷在应用中涉及高温、循环湿度或温度梯度工况时,都要考虑热膨胀。它是温度升高时原子振动振幅增大和原子间距增大而导致体积长大的现象。热膨胀系数的大小和材料的晶体结构密切相关,结构较紧密的材料热膨胀系数较大。陶瓷的线膨胀系数比金属低,比高聚物更低,一般为 10^{-6}/K 左右。

2)电学性能

大多数陶瓷是良好的绝缘体,在低温下具有高电阻率。因而大量用来制作低电压(1 kV以下)直到超高压(110 kV 以上)的隔电瓷质绝缘器件。

铁电陶瓷(钛酸钡 $BaTiO_3$ 和其他类似的钙铁矿结构)具有较高的介电常数,可用来制作较小的电容器,这种电容器的电容量比由一般电容器材料制成的要大,利用这一优点,可以更有效地改进电路。铁电陶瓷在外加电场作用下,还具有改变其外形(尺寸)的能力,这种由电能转换成机械能的性能是压电材料的特性,可用做扩音机、电唱机中的换能器,无损检验用的超声波仪器以及声纳与医疗用的声谱仪等。

少数陶瓷材料还具有半导体性质,如经高温烧结的氧化锡就是半导体,可作整流器。

3)光学性能

具有特殊光学性能的陶瓷是重要的功能材料,如固体激光器材料、激光调制材料、光导纤维材料、光储存材料等。这些材料的研究和应用对通信、摄影、计算机技术等的发展有非常大的理论和实用意义。

近代透明陶瓷的出现是光学材料的重大突破,它们大都是以单一晶体相组成的多晶体材料,可用于高压钠灯管、耐高温及高温辐射工作的窗口和整流罩等。

4)磁学性能

通常被称为铁氧体的磁性陶瓷材料(例如 $MgFe_2O_4$、$CuFe_2O_4$、Fe_3O_4、$COFe_2O_4$)在录音磁带与唱片、电子束偏转线圈、变压器铁心和大型计算机的记忆元件等方面有着广泛的前途。

（2）力学性能

陶瓷的弹性模量 E 一般都较高,极不容易变形。有的先进陶瓷有很好的弹性,可以制作成陶瓷弹簧。

陶瓷的硬度很高,绝大多数陶瓷的硬度远高于金属。陶瓷的耐磨性好,是制造各种特殊要求的易损零部件的好材料。例如用碳化硅陶瓷制造的各种泵类的机械密封环,寿命很长,可以用到整台机器报废为止。

陶瓷的抗拉强度低,但抗弯强度较高,抗压强度更高,一般比抗拉强度高一个数量级。

陶瓷材料一般具有优于金属的高温强度,在 1 000 ℃ 以上的高温下陶瓷仍能保持其室温下的强度,而且高温抗蠕变能力强,是工程上常用的耐高温材料。

传统陶瓷在室温几乎没有塑性。近年来还发现一些陶瓷具有超塑性,断裂前的应变可达到 300% 左右。

传统陶瓷的韧性低、脆性大。而许多先进陶瓷材料则是既坚又韧,如增韧氧化锆瓷就非常坚韧。

10.3.2　普通陶瓷(传统陶瓷)

利用天然硅酸盐矿物为原料制成的陶瓷为普通陶瓷。普通陶瓷也叫传统陶瓷,即粘土类陶瓷,是以粘土($Al_2O_3 \cdot 2SiO_2 \cdot H_2O$)、长石($K_2O \cdot Al_2O_3 \cdot 6SiO_2$)和钠长石($Na_2O \cdot Al_2O_3 \cdot 6SiO_2$)、石英($SiO_2$)原料配制成的,产量大,应用广。这类陶瓷的主晶相为莫来石,占 25%～30%,玻璃相占 35%～60%,气相占 1%～3%。通过改变组成物的配比、熔剂、辅料以及原料的细度和致密度,可获得不同特性的陶瓷。

普通陶瓷的组分构成。组分的配比不同,陶瓷的性能会有所差别。例如:粘土或石英含量高时,烧结温度高,陶瓷的抗电性能差,但有较高的热性能和机械性能;长石含量高时,陶瓷致密,熔化温度低,抗电性能高,但耐热性能及机械性能差。一般的,普通陶瓷坚硬,但脆性较大,绝缘性和耐蚀性极好。由于其制造工艺简单、成本低廉,因而在各种陶瓷中用量最大。

普通陶瓷质地坚硬,有良好的抗氧化性、耐蚀性和绝缘性,能耐一定高温,成本低、生产工艺简单。但由于含有较多的玻璃相,故结构疏松,强度较低;在一定温度下会软化,耐高温性能不如近代陶瓷,通常最高使用温度为 1 200 ℃ 左右。除日用陶瓷、瓷器外,大量用于建筑工业,电器绝缘材料,耐蚀要求不很高的化工容器、管道以及力学性能要求不高的耐磨件,如纺织工业中的导纺零件等。

普通陶瓷通常分为日用陶瓷和工业陶瓷两大类。

1. 日用陶瓷

日用陶瓷主要用作日用器皿和瓷器,一般具有良好的光泽度、透明度、热稳定性和较高的机械强度。根据瓷质,日用陶瓷通常分为长石质瓷、绢云母质瓷、骨质瓷和日用滑石质瓷等四大类。长石质瓷是国内外常用的日用瓷,也可作一般工业瓷制品;绢云母质瓷是我国的传统日用瓷;骨质瓷近些年来得到广泛应用,主要作高级日用瓷制品;滑石质瓷是我国发展的综合性能较好的新型高质日用瓷。特别指出,最近几年我国成功研制了高石英质日用瓷,石英质量分数在 40% 以上,具有瓷质细腻、色调柔和、透光度好、机械强度和热稳定性好等优点。

2. 工业陶瓷

工业陶瓷按用途可分为建筑卫生瓷、电工瓷、化学化工瓷等。建筑卫生瓷用于装饰板、卫生间装置及器具等，通常尺寸较大，要求强度和热稳定性好；化学化工瓷用于化工、制药、食品等工业及实验室中的管道设备、耐蚀容器及实验器皿等，通常要求耐各种化学介质腐蚀的能力要强；电工瓷主要指电器绝缘用瓷，也叫高压陶瓷，要求机械性能高、介电性能和热稳定性好。

为改善各种工业陶瓷的特殊性能，生产中通常通过加入 MgO、ZnO、BaO、Cr_2O_3 等氧化物，或者增加莫来石晶体相（$3Al_2O_3 \cdot 2SiO_2$）提高陶瓷的机械强度和耐碱抗力；加入 Al_2O_3、ZrO_2 等提高强度和热稳定性；加入滑石或镁砂降低热膨胀系数；加入 SiC 提高导热性和强度。

10.3.3　特种陶瓷（现代陶瓷）

1. 氧化物陶瓷

（1）氧化铝陶瓷

它是以 Al_2O_3 为主要成分，含有少量 SiO_2 的陶瓷，$\alpha - Al_2O_3$ 为主晶相。根据 Al_2O_3 含量的不同分为：75 瓷（75% Al_2O_3），又称刚玉-莫来石瓷；95 瓷（95% Al_2O_3）和 99 瓷（99% Al_2O_3）。后两者又称刚玉瓷。氧化铝陶瓷中 Al_2O_3 含量越高，玻璃相越少，气孔也越少，其性能越好，但工艺复杂，成本高。

氧化铝瓷强度比普通瓷高 2~3 倍，有的甚至高 5~6 倍；硬度高，仅次于金刚石、碳化硼、立方氮化硼和碳化硅；有很好的耐磨性；耐高温性能好，含 Al_2O_3 高的刚玉瓷有高的蠕变抗力，能在 1 600 ℃高温下长期工作；耐蚀性及绝缘性好。缺点是脆性大，抗热振性差，不能承受环境温度的突然变化。主要用于制作内燃机的火花塞、火箭和导弹流罩、轴承、切削刀具，以及石油及化工用泵的密封环、纺织机上的导线器、熔化金属的坩埚及高温热电偶套管等。

（2）氧化锆陶瓷

氧化锆陶瓷的熔点在 2 700 ℃以上，能耐 2 300 ℃的高温，其推荐使用温度为 2 000~2 200 ℃。由于它还能抗熔融金属的侵蚀，所以多用做铂、锗等金属的冶炼坩埚和 1 800 ℃以上的发热体及炉子、反应堆绝热材料等。特别指出，氧化锆作添加剂可大大提高陶瓷材料的强度和韧性。有关各种氧化锆增韧陶瓷在工程结构陶瓷的研究和应用不断取得突破。氧化锆增韧氧化铝陶瓷材料的强度达 1 200 MPa、断裂韧度为 15 MPa·$m^{1/2}$，分别比原氧化铝提高了 3 倍和近 3 倍。氧化锆增韧陶瓷可替代金属制造模具、拉丝模、泵叶轮等，还可制造汽车零件，如凸轮、拉杆、连杆等。增韧氧化锆制成的剪刀既不生锈，也不导电。

（3）氧化镁/钙陶瓷

氧化镁/钙陶瓷通常是由热白云石（镁/钙的碳酸盐）矿石除去 CO_2 而制成的。其特点是能抗各种金属碱性渣的作用，因而常作炉衬的耐火砖。但这种陶瓷的缺点是热稳定性差，MgO 在高温下易挥发，CaO 甚至在空气中就易水化。

（4）氧化铍陶瓷

除了具备一般陶瓷的特性外，氧化铍陶瓷最大的特点是导热性好，因而具有很高的热稳定性。虽然其强度性能不高，但抗热冲击性较高。由于氧化铍陶瓷消散高辐射的能力强、热中子阻尼系数大等，所以经常用于制造坩埚，还可作真空陶瓷和原子反应堆陶瓷等。另外，气体激光管、晶体管热片和集成电路的基片和外壳等也多用该种陶瓷制造。

（5）氧化钍/铀陶瓷

这是具有放射性的一类陶瓷，具有极高的熔点和密度，多用于制造熔化铑、铂、铱和其他金属的坩埚及动力反应堆中的放热元件等。ThO_2 陶瓷还可用于制造电炉构件。

2. 氮化物陶瓷

（1）氮化硅陶瓷

它是以氮为主要成分的陶瓷、Si_3N_4 为主晶相。按其制造工艺不同可分为热压烧结氮化硅（$\beta - Si_3N_4$）陶瓷和反应烧结氮化硅（$\alpha - Si_3N_4$）陶瓷。热压烧结氮化硅陶瓷组织致密，气孔率接近于零，强度高。反应烧结氮化硅陶瓷是以 Si 粉或 $Si - SiN_4$ 粉为原料，压制成型后经氮化处理而得到的。因其有 20％～30％气孔，故强度不及热压烧结氮化硅陶瓷，但与 95 陶瓷相近。氮化硅陶瓷硬度高，摩擦因数小，只有 0.1～0.2；具有自润滑性，可以在没有润滑剂的条件下使用；蠕变抗力高，热膨胀系数小，抗热振性能在陶瓷中最佳，比 Al_2O_3 瓷高 2～3 倍；化学稳定性好，抗氢氟酸以外的各种无机酸和碱溶液的侵蚀，也能抵抗熔融非铁金属的侵蚀。此外，由于氮化硅为共价晶体，因此具有优异的电绝缘性能。

反应烧结氮化硅陶瓷因在氮化过程中可进行机加工，主要用于制作形状复杂、尺寸精度高、耐热、抗蚀、耐磨、绝缘制品，如石油、化工泵的密封环、高温轴承、热电偶导管。热压烧结氮化硅陶瓷只用于制作形状简单的耐磨、耐高温零件，如切削刀具等。

近年来在氮化硅中添加一定数量的 Al_2O_3 制各新型陶瓷材料，即赛纶（Sialon）陶瓷。它可用常压烧结方法就能达到接近热压烧结氮化硅陶瓷的性能，是目前强度最高并有优异的化学稳定性、耐磨性和热稳定性的陶瓷。

（2）氮化硼陶瓷

氮化硼陶瓷的主晶相是 BN，属于共价晶体。其晶体结构与石墨相仿为六方晶格，故有白石墨之称。此类陶瓷具有良好的耐热性和导热性，其热导率与不锈钢相当；热膨胀系数小（比其他陶瓷及金属均低得多），故其抗热振性和热稳定性均好；绝缘性好，在 2000℃的高温下仍是绝缘体；化学稳定性高，能抵抗铁、铝、镍等熔融金属的侵蚀；硬度较其他陶瓷低，可进行切削加工；有自润滑性。它常用于制作热电偶套管、熔炼半导体及金属的坩埚、冶金用高温容器和管道、玻璃制品成型模、高温绝缘材料等。此外，由于 BN 有很大的吸收中子截面，可作核反应堆中吸收热中子的控制捧。立方氮化硼由于其硬度高，在 1925℃高温下不会氧化，已成为金刚石的代用品。

3. 碳化物陶瓷

碳化物陶瓷包括碳化硅、碳化铈、碳化钼、碳化铌、碳化钛、碳化钨、碳化钽、碳化钒、碳化锆、碳化铪等。该类陶瓷的突出特点是具有很高的熔点、硬度（近于金刚石）和耐磨性（特别是在侵蚀性介质中）；缺点是耐高温氧化能力差（900～1 000 ℃）、脆性极大。

（1）碳化硅陶瓷

碳化硅陶瓷在碳化物陶瓷中应用最广泛。其密度为 3.2×10^3 kg·m^{-3}，弯曲强度和抗压强度分别为 $200 \sim 250$ MPa 和 $1\,000 \sim 1\,500$ MPa，硬度为莫氏 9.2（高于氧化物陶瓷中最高的刚玉和氧化铍的硬度）。该种材料热导率很高，而热膨胀系数很小，但在 $900 \sim 1\,300$ ℃时会慢慢氧化。

碳化硅陶瓷通常用于制作加热元件、石墨表面保护层及砂轮和磨料等。将由有机粘接剂粘接的碳化硅陶瓷，加热至 $1\,700$ ℃后加压成型，有机粘接剂被烧掉，碳化物颗粒间呈晶态粘接，从而形成高强度、高致密度、高耐磨性和高抗化学侵蚀的耐火材料。

（2）碳化硼陶瓷

碳化硼陶瓷的硬度极高，抗磨粒磨损能力很强，熔点高达 $2\,450$ ℃左右。但在高温下会快速氧化，并与热或熔融黑色金属发生反应，因此其使用温度限定在 980 ℃以下。其主要用途是制作磨料，有时用于超硬质工具材料。

（3）其他碳化物陶瓷

碳化铈、碳化钼、碳化铌、碳化钨、碳化钽、碳化钒和碳化锆陶瓷的熔点和硬度都很高，通常在 $2\,000$ ℃以上的中性或还原气氛中作高温材料，碳化铌、碳化钛等甚至可用于 $2\,500$ ℃以上的氮气气氛；在各类碳化物陶瓷中，碳化铪的熔点最高，达 $2\,900$ ℃。

4. 硼化物陶瓷

最常见的硼化物陶瓷包括硼化铬、硼化钼、硼化钛、硼化钨和硼化锆等。其特点是高硬度，同时具有较好的耐化学侵蚀能力。其熔点范围为 $1\,800 \sim 2\,500$ ℃。比起碳化物陶瓷，硼化物陶瓷具有较高的抗高温氧化性能，使用温度达 $1\,400$ ℃。硼化物陶瓷主要用于高温轴承、内燃机喷嘴、各种高温器件、处理熔融非铁金属的器件等。此外，还用做电触点材料。

10.4 复合材料

10.4.1 概　述

1. 复合材料的概念

由两种或两种以上化学成分不同或组织结构不同的物质，经人工合成获得的多相材料称复合材料。自然界中，许多物质都可称为复合材料，如树木、竹子是由纤维素和木质素复合而成；动物的骨骼是由硬而脆的无机磷酸盐和软而韧的蛋白质骨胶组成的复合材料。

人工合成的复合材料一般是由高韧性、低强度、低模量的基体和高强度、高模量的增强组分组成。这种材料既保持了各组分材料自身的特点，又使各组分之间取长补短，互相协同，形成优于原有材料的特性。通过对复合材料的研究和使用表明，人们不仅可复合出具有质轻、力学性能良好的结构材料，也能复合出具有耐磨、耐蚀、导热或绝热、导电、隔音、减振、吸波、抗高能粒子辐射等一系列特殊的功能材料。

继 20 世纪 40 年代的玻璃钢（玻璃纤维增强塑料）问世以来，近十几年出现了性能更好的高强度纤维，如碳纤维、硼纤维、碳化硅纤维、氧化铝纤维、氮化硼纤维及有机纤维等。这些纤维不仅可与高聚物基体复合，还可与金属、陶瓷等基体复合。这些高级复合材料是制造飞机、火箭、卫星、飞船等航空宇航飞行器构件的理想材料。预计复合材料将会很快向各工业领域中扩展,获得越来越广泛的应用。21 世纪将是复合材料的时代。

2. 复合材料命名

根据基体材料和增强材料命名,复合材料的命名一般有以下三种情况:

①强调基体时则以基体材料的名称为主,如树脂基复合材料、金属基复合材料、陶瓷基复合材料等。

②强调增强体时则以增强体材料的名称为主,如碳纤维增强复合材料、玻璃纤维增强复合材料等。

③基体材料名称与增强体材料名称并用,习惯上把增强体材料的名称放在前面,基体材料的名称放在后面,如碳纤维/环氧树脂复合材料,玻璃纤维/环氧树脂复合材料。

国外还常用英文编号来表示,如 MMC(metal matrix composite)表示金属基复合材料,FRP(f1ber reinforced plastics)表示纤维增强塑料。

3. 复合材料的分类

复合材料的分类至今尚不统一,目前主要采用以下几种分类方法:

①按材料的用途,可分为结构复合材料和功能复合材料两大类。结构复合材料是利用其力学性能(如强度、硬度、韧性等),用以制作各种结构和零件。功能复合材料是利用其物理性能(如光、电、声、热、磁等),如雷达用玻璃钢天线罩就是具有良好透过电磁波性能的磁性复合材料;常用的电器元件上的钨银触点就是在钨的晶体中掺入银的导电功能材料;双金属片就是利用不同膨胀系数的金属复合在一起而成的具有热功能性质的材料。

②按增强材料的物理形态,可分为纤维增强复合材料、粒子增强复合材料及层叠复合材料。

③按基体类型,可分为非金属基体及金属基体两大类。目前大量研究和使用的是以高聚物材料为基体的复合材料。

常见复合材料的分类如表 10-2 所列。

表 10-2　复合材料分类表

基体 增强剂	金　属	陶　瓷	高　聚　物	
金属	纤维增强金属	纤维增强陶瓷 夹网玻璃 金属陶瓷 钢筋混凝土	纤维增强塑料 夹网波板 铝聚乙烯复合薄膜 填充塑料	轮胎 橡胶弹簧
陶瓷	纤维增强金属 粒子增强金属 碳纤维增强金属	纤维增强陶瓷 压电陶瓷 陶瓷磨具 玻璃纤维增强水泥 石棉水泥板	纤维增强塑料 砂轮 填充塑料 树脂混凝土 树脂石膏摩擦材料 碳纤维增强塑料	轮胎多层玻璃 乳胶水泥 炭黑补强橡胶 玻璃纤维增强碳 碳碳复合材料
高聚物	铝聚乙烯复合薄膜		复合薄膜 合成皮革	

10. 4. 2　复合材料的增强机制与性能

1. 复合材料的增强机制

（1）纤维增强复合材料的增强机制

纤维增强复合材料是由高强度、高弹性模量的连续（长）纤维或不连续短纤维与基体（树脂或金属、陶瓷等）复合而成。复合材料受力时，高弹性、高模量的增强纤维承受大部分载荷，而基体主要作为媒介，传递和分散载荷。单向纤维增强复合材料的断裂强度 σ_c 和弹性模量 E_c 与各组分材料性能关系如下：

$$\sigma_c = k_1[\sigma_f V_f + \sigma_m(1-V_f)] \tag{10-1}$$

$$E_c = k_2[E_f V_f + E_m(1-V_f)] \tag{10-2}$$

式中　σ_f、E_f——纤维断裂强度和弹性模量；

σ_m、E_m——基体材料的强度和弹性模量；

V_f——纤维体积分数；

k_1、k_2——常数，主要与界面强度有关。

纤维与基体界面的结合强度，还与纤维的排列、分布方式、断裂形式有关。为达到强化目的，必须满足下列条件：

①增强纤维的强度、弹性模量应远远高于基体，以保证复合材料受力时主要由纤维承受外加载荷。

②纤维和基体之间应有一定结合强度，这样才能保证基体所承受的载荷能通过界面传递给纤维，并防止脆性断裂。

③纤维的排列方向要和构件的受力方向一致，才能发挥增强作用。

④纤维和基体之间不能发生使结合强度降低的化学反应。

⑤纤维和基体的热膨胀系数应匹配，不能相差过大，否则在热胀冷缩过程中会引起纤维与基体结合强度降低。

⑥纤维所占的体积分数，纤维长度 L 和直径 d 及长径比 L/d 等必须满足要求。一般是纤维所占的体积分数越高、纤维越长、越细，增强效果越好。

（2）粒子增强型复合材料的增强机制

粒子增强复合材料按照颗粒尺寸大小和数量多少可分为：弥散强化的复合材料，其粒子直径 d 一般为 $0.01\sim0.1~\mu m$，粒子体积分数 φ_v 为 $1\%\sim15\%$；颗粒增强的复合材料，粒子直径 d 为 $1\sim50~\mu m$，体积分数 φ_v 为 $>20\%$。

①弥散强化的复合材料的增强机制。这类复合材料就是将一种或几种材料的颗粒（$d<0.1~\mu m$）弥散、均匀分布在基体材料内所形成的材料。其增强机制是：在外力的作用下，复合材料的基体将主要承受载荷，而弥散均匀分布的增强粒子将阻碍导致基体塑性变形的位错运动（例如金属基体的绕过机制）或分子链运动（高聚物基体时）。特别是增强粒子大都是氧化物等化合物，其熔点、硬度较高，化学稳定性好，所以粒子加入后，不但使常温下材料的强度、硬度有较大提高，而且使高温下材料的强度下降幅度减小，即弥散强化复合材料的高温强度高于单一材料。强化效果与粒子直径及体积分数有关，质点尺寸越小，体积分数越高，强化效果越好。

②颗粒增强的复合材料的增强机制。这类复合材料是用金属或高分子聚合物为粘接剂。把具有耐热性好、硬度高但不耐冲击的金属氧化物、碳化物、氮化物粘结在一起形成的材料。这类材料的性能既具有陶瓷的高硬度及耐热性，又具有脆性小、耐冲击等优点，显示了突出的复合效果。但是，由于强化相的颗粒比较大（$d>1\ \mu m$），它对位错的滑移（金属基）和分子链运动（聚合物基）已没有多大的阻碍作用，因此强化效果并不显著。颗粒增强复合主要不是为了提高材料强度，而是为了改善材料的耐磨性或综合的力学性能。

2. 复合材料的性能特点

复合材料虽然种类繁多，性能各异，但不同类型的复合材料却有一些相同的性能特点。

（1）比强度和比模量高

强度和弹性模量与密度的比值，分别称为比强度和比模量。它们是衡量材料承载能力的一个重要指标，比强度越高，在同样强度下，同一零件的自重越小；比模量越大，在质量相同的条件下零件的刚度越大。这对高速运动的机械及要求减轻自重的构件是非常重要的。表 10-3 列出了一些金属与纤维增强复合材料性能的比较。由表可见，复合材料都具有较高的比强度和比模量，尤其是碳纤维-环氧树脂复合材料。其比强度比钢高 7 倍，比模量比钢大 3 倍。

表 10-3　金属与纤维增强复合材料性能比较

性能 材料	密度/ （$g \cdot cm^{-3}$）	抗拉强度/ $10^3 MPa$	弹性模量/ $10^5 MPa$	比强度/ $10^6 (m \cdot kg^{-1})$	比模量/ $10^8 (N \cdot m \cdot kg^{-1})$
钢	7.8	1.03	2.1	0.13	27
铝	2.8	0.47	0.75	0.17	27
钛	4.5	0.96	1.14	0.21	25
玻璃钢	2.0	1.06	0.4	0.53	20
高强碳纤维-环氧树脂	1.45	1.5	1.4	1.03	97
高模碳纤维-环氧树脂	1.6	1.07	2.4	0.67	150
硼纤维-环氧树脂	2.1	1.38	2.1	0.66	100
有机纤维 PRO-环氧树脂	1.4	1.4	0.8	1.0	57
SiC 纤维-环氧树脂	2.2	1.09	1.02	0.5	46
硼纤维-铝	2.65	1.0	2.0	0.38	75

（2）良好的抗疲劳性能

由于纤维增强复合材料特别是纤维—树脂复合材料对缺口应力集中敏感性小、而且纤维和基体界面能够阻止疲劳裂纹扩展和改变裂纹扩展方向，因此复合材料有较高的疲劳极限。实验表明，碳纤维增强复合材料的疲劳极限可达抗拉强度的 70%～80%，而金属材料的只有其抗拉强度的 40%～50%。

（3）破断安全性好

纤维复合材料中有大量独立的纤维，平均每平方厘米面积上有几千到几万根。当纤维复合材料构件由于超载或其他原因使少数纤维断裂时，载荷就会重新分配到其他未破断的纤维上,因而构件不致在短期内突然断裂,故破断安全性好。

(4)优良的高温性能

大多数增强纤维在高温下仍能保持高的强度,用其增强金属和树脂基体时能显著提高它们的耐高温性能。例如铝合金的弹性模量在 400 ℃时大幅度下降并接近于零,强度也明显降低;而经碳纤维、硼纤维增强后,在同样温度下强度和弹性模量仍能保持室温下的水平,明显起到了增强高温性能的作用。几种增强纤维的强度随温度的变化关系如图 10-6 所示。

(5)减振性好

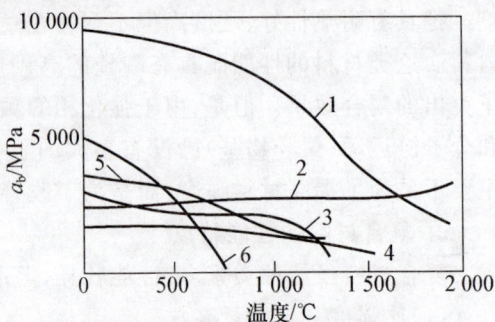

1—氧化铝晶须;2—碳纤维;3—钨纤维;
4—碳化硅纤维;5—硼纤维;6—钠玻璃纤维

图 10-6 几种增强纤维的强度随温度的变化

因为结构的自振频率与材料的比模量平方根成正比,而复合材料的比模量高,其自振频率也高。这样可以避免构件在工作状态下产生共振,而且纤维与基体界面能吸收振动能量,即使产生了振动也会很快地衰减下来,所以纤维增强复合材料具有很好的减振性能。例如用尺寸和形状相同而材料不同的梁进行振动试验时,金属材料制作的梁停止振动的时间为 9 s,而碳纤维增强复合材料制作的梁只需 2.5 s。

10.4.3 常用复合材料

复合材料因具有强度高、刚度大、密度小、隔音、隔热、减振、阻燃等优良的物理、力学性能,在航空、航天、交通运输、机械工业、建筑工业、化工及国防工业等部门起着重要的作用。

1. 纤维增强复合材料

纤维增强复合材料是以纤维增强材料均匀分布在基体材料内所组成的材料。纤维增强复合材料是复合材料中最重要的一类,应用最为广泛。它的性能主要取决于纤维的特性、含量和排布方式,其在纤维方向上的强度可超过垂直纤维方向的几十倍。

纤维增强材料按化学成分可分为有机纤维和无机纤维。有机纤维如聚酯纤维、尼龙纤维、芳纶纤维等,无机纤维如玻璃纤维、碳纤维、碳化硅纤维、硼纤维及金属纤维等。表 10-4 所列为纤维增强复合材料的种类、特性和应用。

表 10-4 纤维增强复合材料的种类、特性和应用

纤维种类	基 体	特 性	用 途
聚芳酰胺纤维(芳纶纤维)	合成树脂	韧性好、弹性模量高、密度低。但耐压强度及弯曲疲劳强度较差	可制造雷达天线罩,高强度绳索(如降落伞),高压防腐蚀容器,游艇的船体等
玻璃纤维	合成树脂	有优良的抗拉、抗弯、抗压及抗蠕变性能,耐冲击性、电绝缘性好	可制作减摩、耐磨的机械零件,密封件、仪器仪表零件、管道、泵阀等
碳纤维	合成树脂陶瓷金属	密度小,强度和弹性模量高,耐磨,自润滑性好。热膨胀系数小,可经受剧烈的加热或冷却,且可耐 2 000 ℃以上的高温	在航天、航空、原子能工业中用于燃汽轮机叶片,发动机体,轴瓦、齿轮、卫星结构。还可作人工关节

纤维种类	基　体	特　性	用　途
硼纤维	合成树脂 金属	弹性模量高 耐热性能好	可用于制作航天、航空、飞行器结构件,涡轮机、推进器零件
碳化硅纤维	合成树脂	有极高的强度和高温下的化学稳定性好	可制作涡轮叶片
石棉纤维	合成树脂	耐热、耐酸、耐磨、吸湿性小,绝缘性好	可制作密封件、制动件及作为绝热材料

在高温领域中,近十年来,发现陶瓷晶须在高温下化学稳定性和力学性能好(弹性模量高、强度高、密度小),故备受重视。但由于这类晶须产量低、价格高,所以仍处于试验研究阶段。表 10 - 5 所列为某些晶须的性能。

表 10 - 5　某些晶须的性能

性能\品种	密度/ $(g \cdot cm^{-3})$	熔点/ ℃	抗拉强度/ MPa	比强度/ 10^5 m	拉伸弹性模量/ MPa	比模量/ 10^7 m
碳化硅	3.21	2 700	21 000	6.5	490 000	1.52
蓝宝石	3.96	2 040	19 000~22 000	4.8~5.6	430 000	1.08

2. 粒子增强复合材料

(1)颗粒增强复合材料($d>1\ \mu m$,体积分数 $\varphi_v>20\%$)

金属陶瓷是常见的颗粒增强复合材料。金属陶瓷是以 Ti、Cr、Ni、Co、Mo、Fe 等金属(或合金)为粘合剂与以氧化物(Al_2O_3、MgO、BeO)粒子或碳化物粒子(TiC、SiC、WC)为基体组成的一种复合材料。硬质合金就是以 TiC、WC(或 TaC)等碳化物为基体,以金属 Ni、Co 为粘合剂,将它们用粉末冶金方法经烧结所形成的金属陶瓷。无论氧化物金属陶瓷还是碳化物金属陶瓷,它们均具有高硬度、高强度、耐磨损、耐腐蚀、耐高温和热膨胀系数小的优点,常被用来制作工具(例如刀具、模具)。砂轮就由 Al_2O_3 或 SiC 粒子与玻璃(或聚合物)等非金属材料为粘合剂所形成的一种复合材料。

(2)弥散强化复合材料($d=0.01\sim0.1\ \mu m$, $\varphi_v=1\%\sim15\%$)

弥散强化复合材料的典型代表是 SAP 及 TD - Ni 复合材料,SAP 是在铝的基体上用 Al_2O_3 质点进行弥散强化的复合材料。TD—Ni 材料就是在镍中加入 $w_{Th}1\%\sim2\%$,在压实烧结时使氧扩散到金属镍内部氧化产生了 ThO_2。细小 ThO_2 质点弥散分布在镍的基体上,使其高温强度显著提高。Si/Al 材料是另外一种弥散强化复合材料。

随着科学技术的进步,一大批新型复合材料将得到应用。例如,C/C 复合材料、金属化合物复合材料、纳米复合材料、功能梯度复合材料、智能复合材料及体现复合材料"精髓"的"混杂"复合材料将得到发展及应用。21 世纪将是复合材料大力发展的时代。

粒子增强复合材料是由一种或多种颗粒均匀分布在基体材料内所组成的材料。粒子增强复合材料的颗粒在复合材料中的作用,随粒子的尺寸大小不同而有明显的差别,颗粒直径小于 $0.01\sim0.1\ \mu m$ 的称为弥散强化材料,直径在 $1\sim50\ \mu m$ 的称为颗粒增强材料。一般说,颗粒越小,增强效果越好。

按化学组分的不同,颗粒主要分金属颗粒和陶瓷颗粒,不同金属颗粒有不同的功能,如需要导电、导热性能时,可以加银粉、铜粉;需要导磁性能时可加入 Fe_2O_3 磁粉;加入 $MoSi_2$ 可提高材料的减摩性。

陶瓷颗粒增强金属基复合材料具有高强度、耐热、耐磨、耐腐蚀和热膨胀系数等特性,用来制作高速切削刀具、重载轴承及火焰喷管的喷嘴等高温工作零件。

3. 层叠复合材料

层叠复合材料是由两层或两层以上材料叠合而成的材料。其中,各个层片既可由各层片纤维位向不同的相同材料组成(如层叠纤维增强塑性薄板),也可由完全不同的材料组成(如金属与塑料的多层复合),从而使层叠材料的性能与各组成物性能相比有较大的改善。层叠复合材料广泛应用于要求高强度、耐蚀、耐磨、装饰及安全防护等场合。

层叠复合材料有夹层结构复合材料、双层金属复合材料和塑料－金属多层复合材料三种。

夹层结构复合材料是由两层具有较高强度、硬度、耐蚀性及耐热性的面板和具有低密度、低导热性、低传音性或绝缘性好等特性的心部材料复合而成。其中心部材料有实心或蜂窝格子两类。这类材料常用于制作飞机机翼、船舶外壳、火车车厢、运输容器、面板、滑雪板等。

双层金属复合材料是将性能不同的两种金属,用胶合或熔合等方法复合在一起,以满足某种性能要求的材料。如将两种具有不同热膨胀系数的金属板胶合在一起的双层金属复合材料,常用作为测量和控制温度的简易恒温器。

以钢为基体,烧结铜网为中间层,塑料为表面层的塑料－金属多层复合材料,它具有金属基体的力学、物理性能和塑料的耐摩擦、磨损性能。这种材料可用于制造各种机械、车辆等的无润滑或少润滑条件下的各种轴承,并在汽车、矿山机械、化工机械等部门得到广泛应用。

复习思考题

1. 什么是高分子材料,高分子材料有哪些特性?

2. 什么叫高聚物的粘弹性,其产生的原因是什么?

3. 塑料成型工艺有哪些?

4. 陶瓷的各组成物对其性能有何影响?

5. 试述陶瓷材料的性能特点及生产应用?

6. 什么是复合材料? 它有哪些突出的性能特点? 试列举一些复合材料的例子。

7. 复合材料是如何组成的? 为什么说复合材料的出现,开辟了一条创造新材料的有效途径?

第 11 章　工程材料的选用

掌握各种工程材料的特性,正确地选择和使用材料,并能初步分析机器及零件使用过程中出现的各种材料问题,是对从事机械设计与制造的工程技术人员的基本要求,因为机器零件的设计不单是结构设计,还应该包括材料与工艺的设计。

许多机械工程师把选材看成一种简单而不太重要的任务。当碰到零件的选材问题时,他们一般都是参考相同零件或类似零件的用材方案,选择一种传统上使用的材料(这种方法称为经验选材法);当无先例可循,同时对材料的性能(如耐腐蚀性能等)又无特殊要求时,他们仅仅根据简单的计算和手册提供的数据,信手选定一种较万能的材料,例如 45 钢。这种简单化的处理方法已日益暴露出种种缺点,并被证明是许多重大质量事故的根源。所以,选材正在逐渐变成一种严格地建立在试验与分析基础上的科学方法。掌握这种选材方法的要领,了解正确选材的过程,显然具有很大的实际价值。

在机械制造业中,新设计的机械产品中的每一个机械零件或工程构件、工艺装备和非标准设备,机械产品的改型,机械产品中某些零件需要更换材料,进口设备中某些零配件需用国产零配件代用等,都会遇到材料的选用。一般机械零件,在设计和选材时,大多以使用性能指标作为主要依据。而对机械零件起主导作用的机械性能指标,则是根据零件的工作条件和失效形式提出的。

11.1　零件的失效形式与提高材料性能的途径

11.1.1　零件的失效与失效分析

零件在工作过程中最终都要发生失效。所谓失效是指:①零件完全破坏,不能继续工作;②严重损伤,继续工作很不安全;③虽能安全工作,但已不能满意地起到预定的作用。只要发生上述三种情况中的任何一种,都认为零件已经失效。失效分析的目的就是要找出零件损伤的原因,并提出相应的改进措施。现代工业中零件的工作条件日益苛刻,零件的损坏往往会带来严重的后果,因此对零件的可靠性提出了越来越高的要求。另外,从经济性考虑,也要求不断提高零件的寿命。这些都使得失效分析变得越来越重要。失效分析的结果对于零件的设计、选材、加工以至使用,都有很大的指导意义。

1. 零件失效的原因

零件的失效可以由多种原因引起,大体上可分为设计、材料、加工和安装使用四个方面,图 11-1 是导致零件失效的主要原因的示意图。

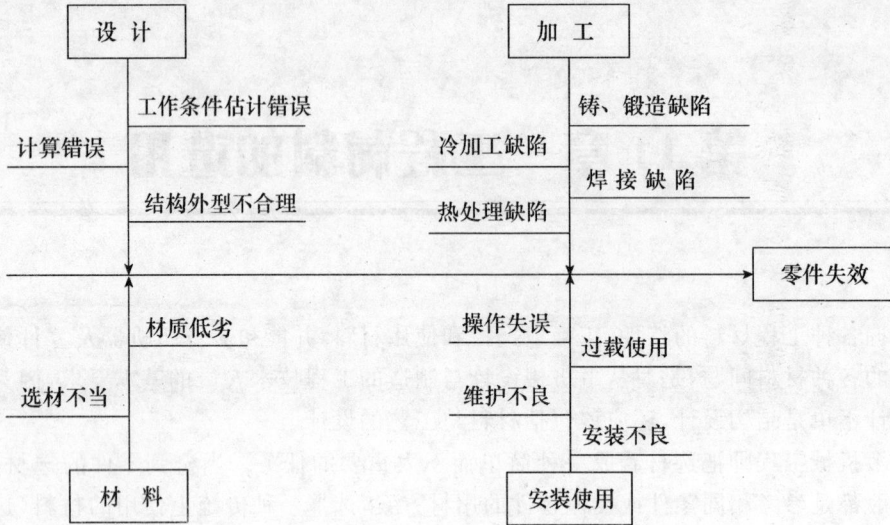

图 11-1 导致零件失效的主要原因的示意图

（1）设计与失效

设计上导致零件失效的最常见原因是结构或形状不合理，即在零件的高应力处存在明显的应力集中源，如各种尖角、缺口和过小的过渡圆角等等。另一种原因是对零件的工作条件估计错误，如对工作中可能的过载估计不足，因而设计的零件的承载能力不够。发生这类失效的原因在于设计，但可通过选材来避免，特别是当零件的结构与几何尺寸基本固定而难以作较大的改动时，就是如此来处理问题的。现在很少发生由于计算错误造成的设计事故。

（2）材料与失效

选材不当是材料方面导致失效的主要原因。问题出在材料上，但责任在设计者身上。最常见的情况是，设计者仅根据材料的常规性能指标作出决定，而这些指标根本不能反映材料对所发生的那种类型失效的抗力。另一种情况是，尽管预先对零件的失效形式有较准确的估计，并提出了相应的性能指标作为选材的依据，但由于考虑到其他因素（如经济性、加工性能等），使得所选材料的性能数据不合要求，因而导致了失效。材料本身的缺陷也是导致零件失效的一个重要原因，常见的缺陷是夹杂物过多、过大，杂质元素太多，或者有夹层、折叠等宏观缺陷。因此，对原材料加强检验是非常重要的步骤。

（3）加工与失效

零件加工成型过程中，由于加工工艺不良，也会造成各种缺陷。例如锻造不良可造成带状组织、过热或过烧现象等；冷加工不良时光洁度太低，产生过深的刀痕、磨削裂纹等；热处理不良能造成过热、脱碳、淬火裂纹和回火不足等，这些都可导致零件的失效。

加工不良造成的缺陷，尤其是热处理时产生的缺陷，与零件的设计有很大的关系。零件的外形和结构设计不合理，会大大增加热处理缺陷发生的可能性。

若零件热处理后残留有较大的内应力，甚至有难以检查出来的裂纹时，使用中必定会造成严重的损坏。

（4）安装使用与失效

零件安装时配合过紧、过松、对中不准、固定不紧等均可造成失效或事故。在制造厂里管理不太严格的情况下,使用不当常可成为零件损坏的主要原因。对机器的维护保养不好,没有遵守操作规程及工作时有较大幅度的过载等也会造成零件的失效。

2. 零件失效的形式

零件在工作时的受力情况一般比较复杂,往往承受多种应力的复合作用,因而造成零件的不同失效形式。零件的失效形式有超量变形、断裂和表面损伤三大类型,如图 11 - 2 所示。

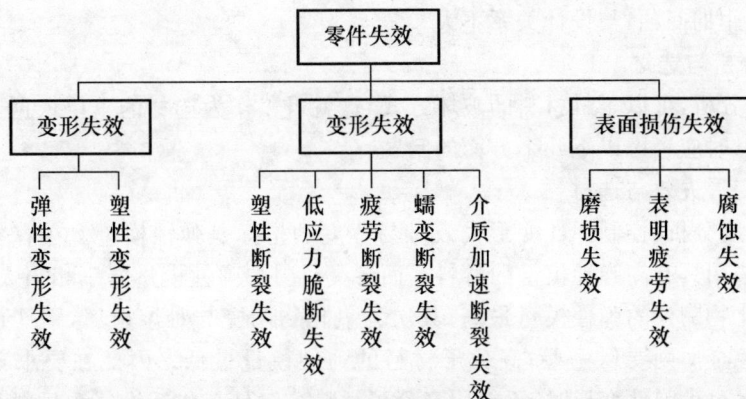

图 11 - 2　零件失效形式的分类

必须指出,实际零件在工作中往往不只是一种失效方式起作用。例如,一个齿轮,齿面之间的摩擦导致表面磨损失效,而齿根可能产生疲劳断裂失效,两种方式同时起作用。但一般来说,造成一个零件失效时总是一种方式起主导作用,很少有两种方式同时都使零件失效。失效分析的目的实际上就是要找出主要的失效形式。另外,各类基本失效方式可以互相组合,形成更复杂的复合失效方式,如腐蚀疲劳、蠕变疲劳和腐蚀磨损等。但它们在特点上都各自接近于其中某一种方式,而另一种方式是辅助的,因此在分析时往往被归入主导方式一类中,例如腐蚀疲劳,疲劳特征是主导因素,腐蚀是起辅助作用的,因此被归入疲劳一类进行分析。

3. 失效分析的一般方法

正确的失效分析,是找出零件失效原因,解决零件失效问题的基础环节。机械零件的失效分析是一项综合性的技术工作,大致有如下程序:

①尽量仔细地收集失效零件的残骸,并拍照记录实况,确定重点分析的对象,样品应取自失效的发源部位,或能反映失效的性质或特点的地方。

②详细记录并整理失效零件的有关资料,如设计情况(图纸)、实际加工情况及尺寸、使用情况等。根据这些资料全面地从设计、加工和使用各方面进行具体的分析。

③对所选试样进行宏观(用肉眼或立体显微镜)及微观(用高倍的光学或电子显微镜)断口分析,以及必要的金相剖面分析,确定失效的发源点及失效的方式。

④对失效样品进行性能测试、组织分析、化学分析和无损探伤,检验材料的性能指标是否合格,组织是否正常,成分是否符合要求,有无内部或表面缺陷等,全面收集各种必要的数据。

⑤断裂力学分析。在某些情况下需要进行断裂力学计算,以便于确定失效的原因及提

出改进措施。

⑥综合各方面分析资料作出判断,确定失效的具体原因,提出改进措施,写出报告。

在失效分析中,有两项最重要的工作:一是收集失效零件的有关资料,这是判断失效原因的重要依据,必要时作断裂力学分析。二是根据宏观及微观的断口分析,确定失效发源地的性质及失效方式。这项工作最重要,因为它除了说明失效的精确地点和应该在该处测定哪些数据外,同时还对可能的失效原因能作出重要指示。例如,沿晶断裂应该是材料本身、加工或介质作用的问题,与设计关系不大。

4. 失效分析与选材

通过失效分析,可以了解材料的破坏方式,这就可以作为选材的重要依据。从零件失效的角度看,选材时应考虑以下几个方面的问题。

(1)弹性变形失效与选材

从材料角度分析,控制弹性变形失效难易程度的指标是弹性模量。在容易发生弹性变形失效时,应选用具有高弹性模量的材料。而各类材料的弹性模量差别相当大,金刚石与各种碳化物、硼化物陶瓷的弹性模量最高;其次为氧化物陶瓷与难熔金属,钢铁也具有较高的弹性模量,有色金属则要低一些;高分子材料的弹性模量最低。因此在要求零件有较高刚度,而不能发生过大弹性变形时,不能用高分子材料。但是有些纤维复合材料具有相当大的弹性模量值,由于其密度低,在许多特殊的场合(如飞行器结构)有很大用途。

(2)塑性变形失效与选材

决定塑性变形失效难易程度的指标是材料的屈服强度。在经典设计中,屈服强度是衡量材料承载能力的最重要指标,在很长一段时间内,获得高强度材料是材料学家和工程师的主要努力目标。从屈服强度的角度看,金刚石和各种碳化物、氧化物和氮化物陶瓷材料的屈服强度最高,但因为它们极脆,作拉伸试验时,在远未达到屈服应力下即已脆断,因此根本不能通过拉伸试验来测定其屈服强度。由于这种材料太脆,强度高的特点发挥不出来,因此不能作为高强结构材料。一般来讲,塑料的强度很低,目前最高强度的塑料也超不过铝合金,因此在要求零件有高强度时,不能用塑料。

(3)脆性断裂失效与选材

描述材料脆性断裂难易程度的指标是冲击韧性、韧脆转变温度和断裂韧性。从韧性的角度考虑,韧性最高的是各种奥氏体钢,其次是合金低碳钢,铝合金韧性通常并不好,而铸铁的韧性通常很低,高碳工具钢和轴承钢韧性也不好,不能用来制造要求韧性较高的结构零件。

(4)疲劳断裂失效与选材

疲劳寿命分为低周疲劳与高周疲劳寿命两种。一般对于具有高频率交变载荷的构件,应选用高周疲劳寿命比较高的材料,如弹簧等。对于具有低频率交变载荷的构件,应选用低周疲劳寿命比较高的材料,如抗地震建筑材料。

(5)蠕变失效与选材

蠕变失效通常发生在高温下,所以抗蠕变失效的材料应是耐高温材料。选材时主要考虑材料的工作温度和工作应力,在较高应力和较低温度下,可选用各种耐热钢及高温合金。在较低应力和较高温度下,应选用高熔点材料,如难熔金属和陶瓷材料;对金属材料还应使其晶粒尽可能大,甚至采用单晶材料,晶界也应平行于受力方向排列。

(6)表面损伤失效与选材

对于在有摩擦应力存在的场合,应考虑表面损伤的影响。对于粘着磨损,所选材料应与和它配合工作的材料不属同类,而且摩擦系数尽可能小,同时,材料的硬度要高,材料最好有自润滑能力,或有利于保存润滑剂(如有孔隙等)。对于磨粒磨损,选用材料的硬度要高,材料组织中应含有较多的耐磨硬相,如白口铸铁耐磨粒磨损性能就较好。

11.1.2　工程材料的强度与强韧化

1. 工程材料的强度

一般来说,工程材料的强度是材料失效抗力的综合表征,它与所有的机械性能指标,包括弹性、延伸率、硬度、冲击韧性等有关,也与材料在静、动载荷下对应力集中、尺寸效应、表面状态、温度、接触介质的敏感性有关。

在进行机械产品设计,选取工程材料强度指标时,应注意以下几个方面的问题。

(1)材料强度与零件强度的关系

机械零件的强度,一般表现为它的短时承载能力以及长期使用寿命,它是由许多因素确定的,其中结构因素、加工工艺因素和材料因素三方面起主要作用。使用因素对寿命也往往起很大作用。结构因素是指零件在整机中的作用,零件的形状和尺寸,以及与其他连接件的配合关系等。加工工艺因素是指全部加工工艺过程中对零件强度所产生的影响。材料因素是指材料的成分、组织与性能。这三个因素各自有独立的作用,又相互影响,在解决零件强度有关问题时必须综合考虑上述三方面因素。

(2)材料强度指标数据的条件性

在手册中给出的材料强度指标都是在一定的条件下所测得的数据。在实际选用时,应注意其尺寸效应和条件性。例如,对于 45 钢调质状态标准拉伸试样,所测得的屈服强度为 450 MPa,但对于同一材料,尺寸为 $\phi80$ 的试件来说,其调质状态下的屈服强度远远低于 450 MPa。

(3)材料强度与零件失效方式的关系

材料强度问题就是研究抵抗零件失效的规律。零件失效的主要方式不同,所要求的失效抗力的正确判据(强度指标类别)也就不同。因而必须从零件的具体工作条件出发,通过典型失效分析,找出造成零件失效的主导因素,正确确定应当选择的强度判据指标。在设计机械产品时,主要是根据正确选择的强度判据指标进行定量计算,以确定产品的结构和零件的尺寸。但是也应考虑和兼顾到其他非主导或不能直接应用于设计计算的强度指标(如 δ、Ψ、α_k),否则不能实现最经济合理的设计。

2. 工程材料的强化方式

作为机械产品的设计者,对工程材料的强化方式和强化手段也应当有所了解,以便最经济最合理地选择材料和确定强化方式。对于晶体材料而言,由于其塑性变形的实质是位错运动,所以晶体强化的本质就是阻碍晶体中的位错运动。

常见的工程材料的强化方式主要有以下 6 种。

(1)固溶强化

当两种或两种以上的元素形成合金时,溶质原子溶入基体的晶格中,由于溶质原子与溶剂原子的大小差异,造成晶格畸变,阻碍了位错的运动,从而使强度升高。这种现象称为固溶强化。固溶强化是工程材料这应用得最广泛的强化方式之一,普通低合金钢、铝锌合金、单相黄铜等都是主要依靠固溶强化来提高其强度的。

(2)加工硬化

材料在变形时,随着变形量的增加,其强度和硬度提高,而塑性和韧性下降的现象称为加工硬化。这种强化方式实际上是一种位错强化,强化的主要原因是由于位错密度的增加导致位错运动困难,从而提高了材料的强度。冷拔弹簧钢丝是典型的加工硬化的例子,经过加工硬化的钢丝强度可达到 2 800 MPa 以上。

(3)细化组织强化

这种强化方式也叫晶界强化。晶界的作用主要有两点:一方面它是位错运动的障碍;另一方面它又是位错聚集的地点。所以晶粒越细小,则晶界面积越增加,位错密度也增大,从而强度提高。细化组织强化的特点是,在提高强度的同时,其塑性和韧性也随之提高,这是其他强化方式所不能比拟的。因此,细化组织强化是提高材料性能最好的手段之一。在孕育铸铁、铝硅基铸造铝合金都是通过孕育处理细化组织来提高强度的。

(4)第二相强化

第二相强化包括沉淀强化、弥散强化和双相合金中的第二相强化。当合金中存在两相时,第二相粒子在基体中会阻碍位错运动,这导致强度提高。铝铜合金、铝铜镁合金、铝镁硅合金、铍青铜是典型的沉淀强化。烧结铝、经淬火和时效处理的 TC 类钛合金则是弥散强化的代表。而两相黄铜中的 α 相和 β 相、共析钢中的珠光体组织等则是第二相强化的典型例子。

(5)相变强化

在钢铁材料中,常常采用相变强化方式来强化合金。例如,通过贝氏体相变、马氏体相变来进行强化。这种相变强化实际上是多种强化效果的综合,所以其强化效果十分显著。

(6)复合强化

在复合材料中,由于其中的增强相对基体变形有约束作用,所以提高了变形抗力,导致强度提高。例如,用水泥和骨料(沙子或石子)组成的混凝土,用炭黑作填料的橡胶,由玻璃纤维制造的玻璃钢等,都是典型的复合材料。复合材料中的硬质相对强度性能的提高起主要作用。

3. 工程材料的韧化途径

在选材时,不能片面地追求强度指标。由于材料的强度和韧性往往是相互矛盾的,一般情况下,增加强度往往要牺牲韧性,而韧性的降低又意味着材料发生脆化。因此,在选材时,要寻求高强度同时兼有高韧性的材料,才能保证使用的可靠性。

下面,从材料的角度介绍工程材料的主要韧化途径。

(1)细化晶粒

晶粒细小均匀,不仅强度高,而且韧性好,同时还可以降低韧脆转变温度。所以晶粒细化是钢材、铝合金重要的强韧化途径之一。

（2）调整化学成分

降低合金材料中的杂质元素含量，或者加入某些抑制有害元素作用的合金元素，都可以使合金的韧性提高。如降低钢材中碳含量和有害杂质元素的含量，加入镍、锰进行合金化可以大大提高钢材的韧性。

（3）形变热处理

形变热处理是将形变强化（锻、轧等）与热处理强化结合起来，使金属材料同时经受形变和相变，从而使晶粒细化、位错密度升高、晶界发生畸变，达到提高综合机械性能的目的。

（4）低碳马氏体强韧化

低碳马氏体是一种既有高强度又具有韧性的相。选用低碳或中碳合金结构钢，通过高温加热淬火和低温回火，以获得位错型板条马氏体组织，是钢材强韧化的重要途径。

11.2 零件选材的一般原则和方法

机械零件的选材是一项十分重要的工作。选材是否恰当，特别是一台机器中关键零件的选材是否恰当，将直接影响到产品的使用性能、使用寿命及制造成本。选材不当，严重的可能导致零件的完全失效。

11.2.1 选材的一般原则

判断零件选材是否合理的基本标志是：能否满足必需的使用性能；能否具有良好的工艺性能；能否实现最低成本。选材的任务就是求得三者之间的统一。

1. 零件选材应满足零件工作条件对材料使用性能的要求

材料在使用过程中的表现，即使用性能，是选材时考虑的最主要根据。不同零件所要求的使用性能是很不一样的，有的零件主要要求高强度，有的则要求高的耐磨性，而另外一些甚至无严格的性能要求，仅仅要求有美丽的外观。因此，在选材时，首要的任务就是准确地判断零件所要求的主要使用性能。

对所选材料使用性能的要求，是在对零件的工作条件及零件的失效分析的基础上提出的。零件的工作条件是复杂的，要从受力状态、载荷性质、工作温度、环境介质等几个方面全面分析。受力状态有拉、压、弯、扭等；载荷性质有静载、冲击载荷、交变载荷等；工作温度可分为低温、室温、高温、交变温度；环境介质为与零件接触的介质，如润滑剂、海水、酸、碱、盐等。为了更准确地了解零件的使用性能，还必须分析零件的失效方式，从而找出对零件失效起主要作用的性能指标。表 11-1 列举了一些常用零件的工作条件、主要失效方式及所要求的主要机械性能指标。

表 11-1　一些常用零件的工作条件、主要失效方式及所要求的主要机械性能指标

零件名称	工作条件	主要失效方式	主要机械性能指标
重要螺栓	交变拉应力	过量塑性变形或由疲劳而造成破断	屈服强度,疲劳强度,硬度
重要传动齿轮	交变弯曲应力,交变接触压应力,齿表面受带滑动的滚动摩擦和冲击载荷	齿的折断,过度磨损或出现疲劳麻点	抗弯强度,疲劳强度,接触疲劳强度,硬度
曲轴、轴类	交变弯曲应力,扭转应力,冲击负荷,磨损疲劳破断,过度磨损	屈服强度,疲劳强度,硬度弹簧交变应力,振动	弹力丧失或疲劳破断弹性极限,屈强比,疲劳强度
滚动轴承	点或线接触下的交变压应力,滚动摩擦	过度磨损破坏,疲劳破断	抗压强度,疲劳强度,硬度

有时,通过改进强化方式或方法,可以将廉价材料制成性能更好的零件。所以选材时,要把材料成分和强化手段紧密结合起来综合考虑。另外,当材料进行预选后,还应当进行实验室试验、台架试验、装机试验、小批生产等,进一步验证材料机械性能选择的可靠性。

2. 零件选材应满足生产工艺对材料工艺性能的要求

任何零件都是由不同的工程材料通过一定的加工工艺制造出来的,因此材料的工艺性能,即加工成零件的难易程度,自然应是选材时必须考虑的重要问题。所以,熟悉材料的加工工艺过程及材料的工艺性能,对于正确选材是相当重要的。材料的工艺性能包括以下内容:

①铸造性能。包含流动性、收缩性、疏松及偏析倾向、吸气性、熔点高低等。

②压力加工性能。指材料的塑性和变形抗力等。

③焊接性能。包括焊接应力、变形及晶粒粗化倾向,焊缝脆性、裂纹、气孔及其他缺陷倾向等。

④切削加工性能。指切削抗力、零件表面光洁度、排除切屑难易程度及刀具磨损量等。

⑤热处理性能。指材料的热敏感性、氧化、脱碳倾向、淬透性、回火脆性、淬火变形和开裂倾向等。

与使用性能的要求相比,工艺性能处于次要地位;但在某些情况下,工艺性能也可成为主要考虑的因素。当工艺性能和机械性能相矛盾时,有时正是工艺性能的考虑使得某些机械性能显然合格的材料不得不加舍弃,此点对于大批量生产的零件特别重要。因为在大量生产时,工艺周期的长短和加工费用的高低,常常是生产的关键。例如,为了提高生产效率,而采用自动机床实行大量生产时,零件的切削性能可成为选材时考虑的主要问题。此时,应选用易切削钢之类的材料,尽管它的某些性能并不是最好的。

3. 零件的选材应力求使零件生产的总成本最低

除了使用性能与工艺性能外,经济性也是选材必须考虑的重要问题。选材的经济性不单是指选用的材料本身价格应便宜,更重要的是采用所选材料来制造零件时,可使产品的总成本降至最低,同时所选材料应符合国家的资源情况和供应情况等。

①材料的价格。不同材料的价格差异很大,而且在不断变动,因此设计人员应对材料的市场价格有所了解,以便于核算产品的制造成本。

②国家的资源状况。随着工业的发展,资源和能源的问题日益突出,选用材料时必须对

此有所考虑,特别是对于大批量生产的零件,所用的材料应该是来源丰富并符合我国的资源状况的。例如,我国缺钼但钨却十分丰富,所以我们选用高速钢时就要尽量多用钨高速钢,而少用钼高速钢。另外,还要注意生产所用材料的能源消耗,尽量选用耗能低的材料。

③零件的总成本。由于生产经济性的要求,选用材料时零件的总成本应降至最低。选材从几个方面影响零件的总成本 T,这就是材料的价格 m,零件的自重 w,零件的寿命 l、零件的加工费用 p、试验研究费(为采用新材料所必须进行的研究与试验费)r 及维修费 a 等。其经济性分析方程如下:

$$\frac{dT}{dm} = \frac{\partial T}{\partial l} \cdot \frac{dl}{dm} + \frac{\partial T}{\partial w} \cdot \frac{dw}{dm} + \frac{\partial T}{\partial r} \cdot \frac{dr}{dm} + \frac{\partial T}{\partial p} \cdot \frac{dp}{dm} + \frac{\partial T}{\partial a} \cdot \frac{da}{dm} + \frac{\partial T}{\partial m} \tag{11-1}$$

等式的左端代表选材对零件总成本的影响,等式的右端代表由于选材带来的零件寿命、自重等因素变化对零件总成本的影响。例如,$\frac{dT}{dm}$ 代表选材对零件总成本的影响;$\frac{dl}{dm}$ 代表选材对零件寿命的影响;$\frac{\partial T}{\partial l}$ 代表寿命变化引起的总成本的变化;$\frac{\partial T}{\partial m}$ 代表单纯材料的价格引起的零件总成本的变化。

如果准确地知道了零件总成本与上述个因素($l,w,r\cdots$)的关系,则可以精确地分析选材对零件总成本的影响,并选取使左端为极小值的材料。但是,只有在大规模工业生产中预先进行详尽的试验分析,才能找出这种关系。对于一般情况,显然不可能进行这种详细的分析、试验,但这时也应该按照上述思路,利用手头一切可能得到的资料,逐项地进行分析,以保证使零件的总成本最低。最有价值的是生产及使用情况的统计资料。由各种统计图表,加上过去的工程经验,便可以作出较为合理的判断,必要时还可以专门进行模型试验。

4. 零件的选材应考虑产品的实用性和市场需求

某项产品或某种机械零件的优劣,不仅仅要求能符合工作条件的使用要求。从商品的销售和用户的愿望考虑,产品还应当具有重量轻、美观、经久耐用等特点。这就要求在选材时,应突破传统观点的束缚,尽量采用先进科学技术成果,做到在结构设计方面有创新,有特色。在材料制造工艺和强化工艺上有改革,有先进性。

5. 零件的选材应考虑实现现代生产组织的可能性

一个产品或一个零件的制造,是采用手工操作还是机器操作,是采用单件生产还是采用机械化自动流水作业,这些因素都对产品的成本和质量起着重要的作用。因此,在选材时,应该考虑到所选材料能满足实现现代化生产的可能性。

11.2.2　选材的一般方法

材料的选择是一个比较复杂的决策问题。目前还没有一种确定选材最佳方案的精确方法。它需要设计者熟悉零件的工作条件和失效形式,掌握有关的工程材料的理论及应用知识、机械加工工艺知识以及较丰富的生产实际经验。通过具体分析,进行必要的试验和选材方案对比,最后确定合理的选材方案。对于成熟产品中相同类型的零件、通用和简单零件,则大多数采用经验类比法来选择材料。另外,零件的选择一般需借助国家标准、部颁标准和有关手册。

选材一般可分为以下几个步骤(图 11-3):

```
                    ┌─────────────────┐
                    │  工作条件分析    │
                    └─────────────────┘
       ┌──────────────┬──────────────┬──────────────┐
       │载荷条件及周  │ 几何形状     │使用要求(可靠  │
       │围介质特性    │ 及结构要求   │性,耐用性等)   │
       └──────────────┴──────────────┴──────────────┘
       ┌──────────┐  ┌──────────┐  ┌──────────┐
       │材料工艺性│  │材料主要  │  │材料经济性│
       │          │  │抗力指标  │  │          │
       └──────────┘  └──────────┘  └──────────┘
                    ┌─────────────────┐
                    │  技术条件制定    │
                    └─────────────────┘
                    ┌─────────────────┐
                    │  材料的预选择    │
                    └─────────────────┘
                    ┌─────────────────┐
                    │用设计计算方法评估│
                    │预选择材料的能力  │
                    └─────────────────┘
       ┌──────────┐  ┌──────────┐  ┌──────────┐
       │结构尺寸  │  │在应力状态下变│ │材料耐用性│
       │合理性    │  │形和抗断裂能力│ │          │
       └──────────┘  └──────────┘  └──────────┘
                    ┌─────────────────┐
                    │  材料最终选择    │
                    └─────────────────┘
       ┌──────────┐  ┌──────────┐  ┌──────────┐
       │实验室试验│  │ 台架试验 │  │工艺性能试验│
       └──────────┘  └──────────┘  └──────────┘
```

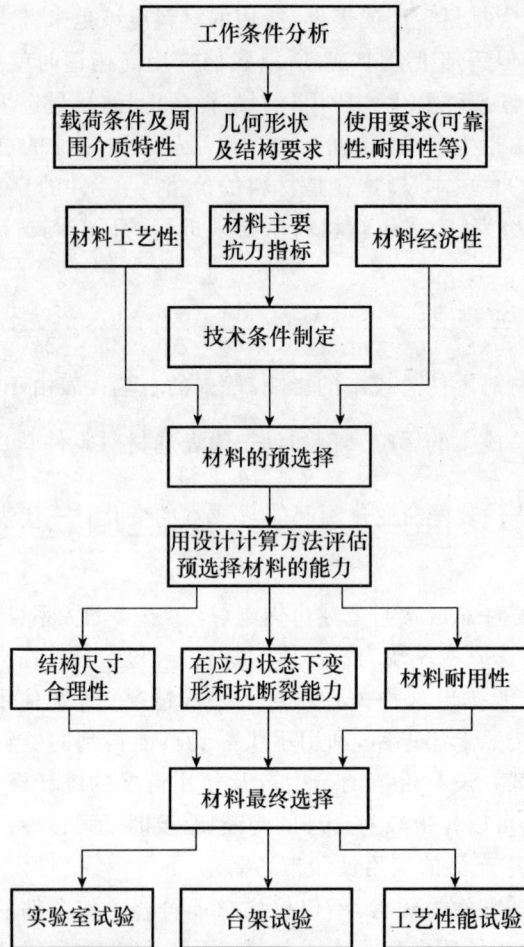

图 11-3 机械零件选材的一般步骤

①对零件的工作特性和使用条件进行周密的分析,找出主要的失效方式,从而恰当地提出主要抗力指标。

②根据工作条件需要和分析,对该零件的设计制造提出必要的技术条件。

③根据所提出的技术条件要求和工艺性、经济性方面的考虑,对材料进行预选择。材料的预选择通常是凭积累的经验,通过与类似的机器零件的比较和已有实践经验的判断,或者通过各种材料选用手册来进行选择。

④对预选方案材料进行计算,以确定是否能满足上述工作条件要求。

⑤材料的二次(或最终)选择。二次选择方案也不一定只是一种方案,也可以是若干种方案。

⑥通过实验室试验、台架试验和工艺性能试验,最终确定合理的选材方案。

⑦最后,在中、小型生产的基础上,接受生产考验,以检验选材方案的合理性。

11.3 典型零件的选材及工艺分析

11.3.1 机床零件的用材分析

机床零件的品种繁多,按结构特点、功用和受载特点可分为:轴类零件、齿轮类零件、机床导轨等。

1. 机床轴类零件的选材

机床主轴是机床中最主要的轴类零件。机床类型不同,主轴的工作条件也不一样。根据主轴工作时所受载荷的大小和类型,大体上可以分为以下四类:

①轻载主轴。工作载荷小,冲击载荷不大,轴颈部位磨损不严重,例如普通车床的主轴。这类轴一般用 45 钢制造,经调质或正火处理,在要求耐磨的部位采用高频表面淬火强化。

②中载主轴。中等载荷,磨损较严重,有一定的冲击载荷,例如铣床主轴。一般用合金调质钢制造,如 40Cr 钢,经调质处理,要求耐磨部位进行表面淬火强化。

③重载主轴。工作载荷大,磨损及冲击都较严重,例如工作载荷大的组合机床主轴。一般用 20CrMnTi 钢制造,经渗碳、淬火处理。

④高精度主轴。有些机床主轴工作载荷并不大,但精度要求非常高,热处理后变形应极小。工作过程中磨损应极轻微,例如精密镗床的主轴。一般用 38CrMoAlA 专用氮化钢制造,经调质处理后,进行氮化及尺寸稳定化处理。

过去,主轴几乎全部都是用钢制造的,现在轻载和中载主轴已经可用球墨铸铁制造。

2. 机床齿轮类零件的选材

机床齿轮按工作条件可分为三类:

①轻载齿轮。转动速度一般都不高,大多用 45 钢制造,经正火或调质处理。

②中载齿轮。一般用 45 钢制造,正火或调质后,再进行高频表面淬火强化,以提高齿轮的承载能力及耐磨性。对大尺寸齿轮,则需用 40Cr 等合金调质钢制造。一般机床主传动系统及进给系统中的齿轮,大部分属于这一类。

③重载齿轮。对于某些工作载荷较大,特别是运转速度高又承受较大冲击载荷的齿轮大多用 20Cr、20CrMnTi 等渗碳钢制造。经渗碳、淬火处理后使用。例如变速箱中一些重要传动齿轮等的选材。

3. 机床导轨

机床导轨精度对整个机床的精度有很大的影响。必须防止其变形和磨损,所以机床导轨通常都是选用灰口铸铁制造,如 HT200 和 HT350。灰口铸铁在润滑条件下耐磨性较好,但抗磨粒磨损能力较差。为了提高耐磨性,可以对导轨表面进行淬火处理。

11.3.2 汽车零件的用材分析

1. 发动机和传动系统零件的选材

这两部分包括的零件相当多,其中有大量的齿轮和各种轴,同时还有在高温下工作的零件(进、排气阀、活塞等),它们的用材都比较重要,目前一般都是根据使用经验来选材。对于不同类型的汽车和不同的生产厂,发动机和传动系统的选材是不相同的。应该根据零件的具体工作条件及实际的失效方式,通过大量的计算和试验选出合适的材料。

2. 减轻汽车自重的选材

随着能源和原材料供应的日趋短缺,人们对汽车节能降耗的要求越来越高。而减轻自重可提高汽车的重量利用系数,减少材料消耗和燃油消耗,这在资源、能源的节约和经济价值方面具有非常重要的意义。

减轻自重所选用的材料,比传统的用材应该更轻且能保证使用性能。比如,用铝合金或镁合金代替铸铁,重量可减轻至原来的 1/3～1/4,但并不影响其使用性能;采用新型的双相钢板材代替普通的低碳钢板材生产汽车的冲压件,可以使用比较薄的板材,减轻自重,但一点不降低构件的强度;在车身和某些不太重要的结构件中,采用塑料或纤维增强复合材料代替钢材,也可以降低自重,减少能耗。

11.3.3　热能装置的用材分析

热能装置主要指动力工程中所用的各种装置,如锅炉、气轮机、燃气轮机等。这类装置中很多零件都在高温下工作,因此必须选用各种高温材料,如耐热钢及高温合金等。

1. 锅炉—汽轮机的选材

锅炉—汽轮机组结构庞大、复杂,包括许多的零部件。按工作温度可把零件分为两大类。一类的工作温度在 350 ℃ 以下,这时蠕变现象在钢铁中微不足道,可不考虑高温性能,选材方法与一般的机械装置类似。另一类的工作温度在 350 ℃ 以上,选材时主要考虑其高温性能,应根据具体零件的工作温度和应力大小等选择合适的耐热材料。

在这类零件的选材过程中,首先应考虑工作温度,其次考虑应力大小。以锅炉管为例,锅炉管的工作温度并不一样,非受热面锅炉管(如水冷壁管,省煤器管)工作温度较低,受热面锅炉管(如蒸汽导热管或过热器管)的工作温度较高,某些高温高压锅炉的温度可达600 ℃ 左右。锅炉管的主要失效方式是爆裂,它是由蠕变断裂引起的。因此锅炉管的材料应具有足够高的持久强度,蠕变断裂塑性及蠕变极限。一般锅炉管都按持久强度设计,根据工作温度、管内压力及尺寸算出工作时管壁所受应力。锅炉管通常的规定寿命为十年,因此按材料的持久强度选材,条件是材料的持久强度应大于 K_{σ_w},K 为安全系数,σ_w 为工作应力。

表 11-2 中列出了几种主要耐热钢的持久强度值。对于一般的高、中压锅炉,材料的持久强度值在 60～80 MPa 以上即可满足工作要求。由表 11-2 还可以看出,低碳钢管(20A)只能用于工作温度低于 450 ℃ 的非受热面管,而 12Cr1MoV 的工作温度可以高于580 ℃。

表 11-2　几种耐热钢的持久强度值

钢　种	20A	15CrMo	12Cr1MoV	12Cr3MoVSiTiB	Cr17Ni13W
温度/℃	450	550	580	600	600
持久强度/MPa	65	～70	80	～100	140

如果蒸汽的工作温度超过 580 ℃ 甚至 600 ℃,则必须选用更高级的材料,例如表中的12Cr3MoVSiTiB 或奥氏体耐热钢 Cr17Ni13W。这当然会使材料的价格大大提高。锅炉管

的消耗是很大的,所以这在经济上很不合算。因此目前在设计大容量锅炉时多趋向于把蒸汽温度降到 540 ℃左右,尽管工作温度高可以提高热效率,但从总的经济性考虑,采用廉价的耐热钢可能更合理些,这是选材的经济性限制机械装置效率的一个很典型的例子。

汽轮机叶片的选材分析与锅炉管类似。叶片承受的工作应力较大,所用的材料自然要比锅炉管的高级。汽轮机前级叶片的工作温度较高,所用材料的性能应更好,多用 Cr11MoV 或 Cr11WMoV 等钢。而后级叶片一般采用 Cr13 型马氏体不锈钢。

汽轮机叶片的最主要失效方式是疲劳断裂(振动疲劳断裂)。主要应从叶片的结构设计上避免共振来防止这种断裂,但选材也有很大的意义。如果叶片材料具有很高的减振能力,并且其疲劳裂纹扩展速率很低,则可大幅度地提高叶片的寿命。

另外,所有在高温下工作的锅炉—汽轮机零件的材料,都应具有一定的耐蚀性,而叶片材料的耐蚀性还要更高些,因此多用不锈钢制造。

2. 燃气轮机的选材

与汽轮机相比,燃气轮机的工作条件具有工作温度高、腐蚀严重和工作寿命短等特点。所以,从工作条件出发,燃气轮机在高温下工作的零件,应主要考虑高温持久强度和腐蚀抗力。其中材料问题比较突出的零件是涡轮叶片、转子和涡轮盘,燃烧室火焰筒和喷嘴。它们失效的主要方式是蠕变变形、蠕变断裂、蠕变疲劳或热疲劳断裂。

叶片材料的选择决定于工作温度。工作温度低于 650 ℃时,用奥氏体耐热钢;工作温度在 700～750 ℃时,用铁基耐热合金;750 ℃以上直到 950 ℃时,用镍基耐热合金。而在更高温度下工作的叶片材料,目前还在研究之中。一种方案是采用复合材料,即用难熔碳化物(TaC,Nb_2C 等)纤维(直径约 1 μm)作为增强剂,加在定向结晶的镍基合金中,这可把工作温度提高到 1 050 ℃左右。另一种方案是采用陶瓷材料,特别是 SiC 或 Si_3N_4 陶瓷,其导热率比镍基合金还高,而热膨胀系数比镍基合金低,因此抗热冲击能力很强,由于是共价键结合,直到 1 300 ℃时蠕变抗力仍然很高。它唯一的不足之处是韧性太低,只有镍基合金的 1/25,因而限制了它的使用。

燃气轮机的转子及涡轮盘的工作温度比叶片低,因此一般采用铁基耐热合金。燃烧室火焰筒及喷嘴的工作温度虽然很高,但工作应力低,一般采用镍基合金板制作。

11.3.4　典型零件的选材实例

1. 机床主轴

图 11-4 是 C620 车床主轴的结构简图。

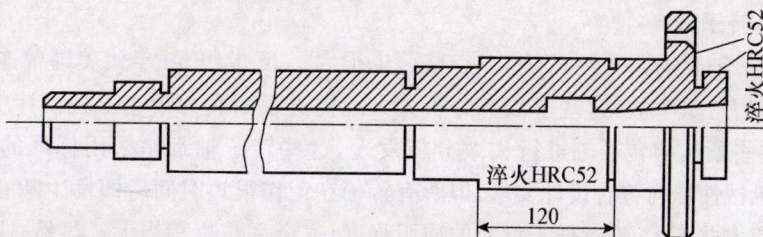

图 11-4　C620 车床主轴及热处理技术条件

机床主轴是典型的受扭转—弯曲复合作用的轴件,它受的应力不大(中等载荷),承受的冲击载荷也不大,如果使用滑动轴承,轴颈处要求耐磨。因此大多采用45钢制造,并进行调质处理,轴颈处由表面淬火来强化。载荷较大时则用40Cr等低合金结构钢来制造。

对 C620 车床主轴的选材结果如下:

材料:45钢。

热处理:整体调质,轴颈及锥孔表面淬火。

性能要求:整体硬度为220~240HB;轴颈及锥孔处硬度为52HRC。

工艺路线:

锻造→正火→粗加工→调质→精加工→表面淬火及低温回火→磨削。

该轴工作应力很低,冲击载荷不大,45钢处理后屈服极限可达400 MPa以上,完全可满足要求。现在有部分机床主轴已经可以用球墨铸铁制造。

2. 汽车半轴

汽车半轴是典型的受扭矩的轴件,但工作应力较大,且受相当大的冲击载荷,其结构如图 11-5 所示。最大直径达 50 mm,用 45 钢制造时,即使水淬也只能使表面淬透深度为10%半径。为了提高淬透性,并在油中淬火防止变形和开裂,中、小型汽车的半轴一般用40Cr 制造,重型车用 40CrMnMo 等淬透性很高的钢制造。

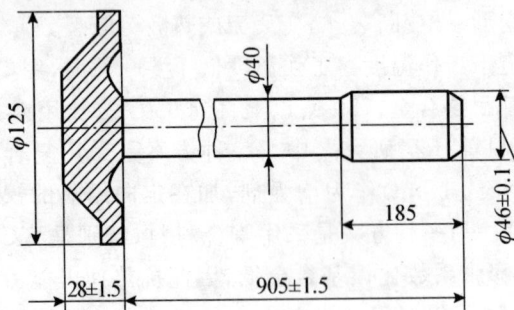

图 11-5 130 载重车半轴简图

例 130 载重车半轴。

材料:40Cr。

热处理:整体调质。

性能要求:杆部硬度为37~44HRC;盘部外圆硬度为24~34HRC。

工艺路线:

下料→锻造→正火→机械加工→调质→盘部钻孔→磨花键。

3. 汽轮机转子轴

汽轮机转子轴是非常大型的轴,工作载荷也很大。20 世纪 50 年代美国曾连续发生过多起转子轴断裂的严重事故,这些事故的分析大大地促进了断裂力学在工程设计中的应用。

通过对这些断裂的转子轴进行失效分析发现,这些转子轴都是采用标准的转子钢制造的,其常规的机械性能均符合设计要求,但所有转子在工作很短时间后即发生断裂。而根据计算,断裂时的应力并不大,都远低于材料的屈服强度,安全系数也相当大。显然,这种断裂从常规的设计观点看是难以解释的。从断口分析发现,断裂是由一些缺陷(如白点、焊接裂纹等)引起的,缺陷尺寸超过了根据断裂韧性计算出来的临界裂纹尺寸。因此,从断裂力学的观点很容易解释这种断裂发生的原因。所以必须采用缺陷很少的优质转子钢制造转子轴。

4. 机床齿轮

机床齿轮工作条件较好,工作中受力不大,转速中等,工作平稳无强烈冲击,因此其齿面强度、心部强度和韧性的要求均不太高,一般用 45 钢制造,采用高频淬火表面强化,齿面硬度可达 52HRC 左右,这对弯曲疲劳或表面疲劳是足够了。齿轮调质后,心部可保证有 220HB 左右的硬度,能满足工作要求。对于一部分要求较高的齿轮,可用合金调质钢(如 40Cr 等)制造。这时心部强度及韧性都有所提高,弯曲疲劳及表面疲劳抗力也都增大。

例　普通车床床头箱传动齿轮。

材料:45 钢。

热处理:正火或调质,齿部高频淬火和低温回火。

性能要求:齿轮心部硬度为 220～250HB;齿面硬度 52HRC。

工艺路线:

下料→锻造→正火或退火→粗加工→调质或正火→精加工→高频淬火→低温回火(拉花键孔)→精磨。

5. 汽车齿轮

汽车齿轮的工作条件远比机床齿轮恶劣,特别是主传动系统中的齿轮,它们受力较大,超载与受冲击频繁,因此对材料的要求更高。由于弯曲与接触应力都很大,用高频淬火强化表面不能保证要求,所以汽车的重要齿轮都用渗碳、淬火进行强化处理。因此,这类齿轮一般都用合金渗碳钢 20Cr 或 20CrMnTi 等制造,特别是后者在我国汽车齿轮生产中应用最广。为了进一步提高齿轮的耐用性,除了渗碳、淬火外,还可以采用喷丸处理等表面强化处理工艺。喷丸处理后,齿面硬度可提高 HRC1～3 单位,耐用性可提高 7～11 倍。

例　北京牌吉普车后桥圆锥主动齿轮(图 11－6)。

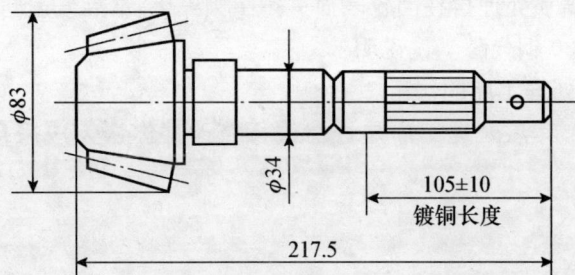

图 11－6　北京吉普后桥圆锥主动齿轮简图

材料:20CrMnTi 钢。

热处理:渗碳、淬火、低温回火,渗碳层深 1.2～1.6 mm。

性能要求:齿面硬度为 58～62HRC,心部硬度为 33～48HRC。

工艺路线:

下料→锻造→正火→切削加工→渗碳、淬火、低温回火→磨加工。

以上各类零件的选材,只能作为机械零件选材时进行类比的参照。其中不少是长期经验积累的结果。经验固然很重要,但若只凭经验是不能得到最好的效果的。在具体选材时,还要参考有关的机械设计手册、工程材料手册,结合实际情况进行初选,重要零件在初选后,需进行强度计算校核,确定零件尺寸后,还需审查所选材料淬透性是否符合要求,并确定热处理技术条件。目前比较好的方法是，根据零件的工作条件和失效方式，对零件可选用的材料进行定量分析，然后参考有关经验作出选材的最后决定。

复习思考题

1. 在选材时要考虑哪些原则？注意哪些问题？

2. 零件常见失效形式有哪几种？请简述失效分析的步骤和方法。

3. 制定下列零件的热处理工艺，并编写简明的工艺路线（各零件均选用锻造毛坯，且钢材具有足够的淬透性）。

(1)某机床变速箱齿轮（模数 $m=4$），要求齿面耐磨，心部强度和韧性要求不高，选用 45 钢制造。

(2)某机床主轴，要求有良好的综合机械性能，轴颈部分要求耐磨（$50\sim55$HRC），选用 45 钢制造。

(3)镗床镗杆，表面要求耐磨和极高的硬度，心部要求有较高的综合机械性能，材料选用 38CrMoAlA。

4. 模数为 3.5 的汽车圆柱直齿轮，承受大的冲击，要求心部性能：$\sigma_b>900$ MPa，$\sigma_s>700$ MPa，$A_k>50$ J；要求表面硬度达到 $58\sim60$HRC，试问：该齿轮应该选那种材料制造较好？其工艺路线如何安排？并说明其热处理的主要目的及工艺方法。

5. 已知直径为 $\phi60$ 的轴，要求心部硬度为 $30\sim40$HRC，轴颈表面硬度为 $50\sim55$HRC，现库存 45、20CrMnTi、40CrNi、40Cr 四种钢材，宜选用哪种材料制造为好？其工艺路线如何安排？

6. 某柴油机凸轮轴，要求表面有高的硬度（>50HRC），而心部具有良好的韧性（$A_k>40$ J）。原采用 45 钢调质处理再在凸轮表面进行高频淬火，最后低温回火。现因工厂库存的 45 钢已用完，已改用 20 钢代替。试说明：

(1)原 45 钢各热处理工序的作用。

(2)改用 20 钢后，其热处理工序是否需进行修改？你认为应采用何种热处理工艺最恰当？

参 考 文 献

[1]史美堂.金属材料及热处理.上海:上海科学技术出版社,2009.

[2]刘劲松,蒲玉兴.航空材料及热处理.北京:国防工业出版社,2008.

[3]艾云龙,刘长虹,罗军明.工程材料及成形技术.北京:科学出版社,2007.

[4]周峥.工程材料及热处理.济南:山东大学出版社,2004.

[5]周凤云,杨可传.工程材料及应用.武汉:华中理工大学出版社,1999.

[6]齐乐华,朱明,王俊勃.工程材料及成形工艺基础.西安:西北工业大学出版社,2002.

[7]刘燕萍.工程材料.北京:国防工业出版社,2009.

[8]相瑜才,孙维连.工程材料及机械制造基础.北京:机械工业出版社,2003.

[9]徐自立.工程材料.武汉:华中科技大学出版社,2003.

[10]王运炎,叶尚川.机械工程材料.2版.北京:机械工业出版社,2005.

[11]朱张校.工程材料.北京:清华大学出版社,2001.

[12]丁厚福,王立人.工程材料.武汉:武汉理工大学出版社,2001.

[13]殷风仕,姜学波.非金属材料学.北京:机械工业出版社,1998.

[14]李克友.高分子合成原理及工艺学.北京:科学出版社,1999.

[15]王爱珍.工程材料及成形技术.北京:机械工业出版社,2003.

[16]李家驹.陶瓷工艺学(上下册).北京:中国轻工业出版社,2001.

[17]高瑞平.先进陶瓷物理与化学原理及技术.北京:科学出版社,2001.

[18]陆佩文.无机材料科学基础(硅酸盐物理化学).武汉:武汉理工大学出版社,2002.

[19]关振铎.无机材料物理性能.北京:清华大学出版社,1995.

[20]王运炎.机械工程材料.北京:机械工业出版社,2003.

[21]吕广庶,张远明.工程材料及成形技术基础.北京:高等教育出版社,2001.

[22]邓文英.金属工艺学(上册).北京:高等教育出版社,2000.

[23]周玉.陶瓷材料学.2版.北京:科学出版社,2004.

[24]郭景坤,等译.陶瓷的结构与性能.北京:科学出版社,1998.

[25]韩桂芳.氧化物陶瓷基复合材料研究进展.宇航材料工艺,2003,33(5):8-11.

[26]范志国.金属基陶瓷复合材料的制备方法及其新进展.昆明理工大学学报,2003,28(4):49-52.

[27]郝元恺.高性能复合材料学.北京:化学工业出版社,2004.

[28]倪礼忠,陈麒.复合材料科学与工程.北京:科学出版社,2002.

[29]束德林.工程材料力学性能.北京:机械工业出版社,2007.

[30]王俊昌.工程材料及机械制造基础.北京:机械工业出版社,2002.

[31]石德珂.材料科学基础.2版.北京:机械工业出版社,2003.

[32]郑明新.工程材料.2版.北京:清华大学出版社,1991.

[33]刘智恩.材料科学基础.2版.西安:西北工业大学出版社,2003.

[34]蓝立文.高分子物理.西安:西北工业大学出版社,1993.

[35]朱征.机械工程材料.北京:国防工业出版社,2007.

[36]储凯.机械工程材料.重庆:重庆大学出版社,1998.

[37]崔忠圻,刘北兴.金属学与热处理原理.哈尔滨:哈尔滨工业大学出版社,2007.

[38]樊新民.热处理工简明实用手册.南京:江苏科学技术出版社,2008.

[39]高聿为.机械工程材料教程.哈尔滨:哈尔滨工程大学出版社,2009.

[40]范逸明.简明金属热处理工手册.北京:国防工业出版社,2006.

[41]朱张校.工程材料.4版.北京:清华大学出版社,2009.

[42]刘天模,徐幸梓.工程材料.北京:机械工业出版社,2001.

[43]魏小胜,张长清.工程材料.武汉:武汉理工大学出版社,2008.

[44]孙维连,魏凤兰.工程材料.北京:中国农业大学出版社,2006.

[45]刘燕萍.工程材料.北京:国防工业出版社,2009.

[46]王焕庭.机械工程材料.大连:大连理工大学出版社,1995.

[47]郑明新.工程材料.北京:清华大学出版社,1991.

[48]戈晓岚,赵茂程.工程材料.南京:东南大学出版社,2004.